粤北岩溶生态系统与石漠化研究

魏兴琥　王兮之　黄金国　陆冠尧
李辉霞　刘淑娟　陈同庆　何春燕　著

科学出版社
北京

内 容 简 介

　　本书是对粤北岩溶生态环境系统研究成果的总结。本书基于粤北岩溶生态系统和石漠化的多年调查、模拟实验和实地观测资料，结合遥感分析、解译、室内试验测定等研究方法，对该区域不同岩溶地貌自然生态系统的植被、土壤、流域环境、石漠化时空分布、石漠化过程、水土流失及其人类活动对自然岩溶生态系统的影响、石漠化过程导致的生态系统退化及危害进行详细的分析与讨论，此外还对石漠化治理的策略、原则、技术体系等进行探讨。本书的研究成果对于中国岩溶环境研究，特别是对于深入探讨粤北岩溶生态系统、建设粤北生态文明、保护和治理岩溶退化环境有一定的科学意义和应用价值，同时对岩溶区百姓脱贫致富也有重要的指导意义。

　　本书对于地理学、生态学、资源与环境科学、喀斯特环境学、地理信息科学的研究人员和相关院校师生有很好的参考价值。

图书在版编目（CIP）数据

粤北岩溶生态系统与石漠化研究/魏兴琥等著. —北京：科学出版社，2016.3

　ISBN 978-7-03-047630-2

　I. ①粤…　II. ①魏…　III. ①岩溶–生态系–研究–广东省 ②岩溶–沙漠化–研究–广东省　IV. ①P642.252.65

中国版本图书馆 CIP 数据核字（2016）第 047236 号

责任编辑：张　欣　朱海燕/责任校对：何艳萍
责任印制：徐晓晨/封面设计：北京图阅盛世文化传播有限公司

科 学 出 版 社 出版
北京东黄城根北街 16 号
邮政编码：100717
http://www.sciencep.com

北京教图印刷有限公司 印刷
科学出版社发行　各地新华书店经销
*

2016 年 6 月第　一　版　　开本：787×1092　1/16
2018 年 5 月第三次印刷　　印张：13 3/4　插页：3
字数：308 000

定价：118.00 元
（如有印装质量问题，我社负责调换）

前　　言

我国南方岩溶区是全世界最大的一片裸露、半裸露型岩溶区，也是石漠化广为发生发展的脆弱生态区域。在以云贵高原为中心的滇、黔、桂、湘、粤、川、渝、鄂 8 省（区、市）451 个县（市）的 107.14 万 km² 地域范围内，碳酸盐岩分布面积达 45.09 万 km²，其中石漠化土地面积达到 12.96 万 km²，二者分别占土地总面积的 42.08% 和 12.09%。粤北岩溶山区是南方岩溶区的东延部分，也是广东省土地石漠化的重要区域之一。该区域涉及广东省韶关市、清远市的 15 个区（县、市），土地总面积为 20 576km²，区内广泛发育泥盆系、石炭系、二叠系、三叠系等多套碳酸盐岩沉积构造，碳酸盐岩分布面积达 9475.63km²。该区碳酸盐岩地层质纯层厚，比较稳定，在长期的内、外地质营力作用下，粤北岩溶区自西向东形成岩溶山地、岩溶丘陵和岩溶准平原等地貌。与南方岩溶区其他区域相比，粤北岩溶区同样分布于中亚热带-南亚热带季风湿润气候区，但更为充沛的降水与充足的热量，使其生态系统相比黔、桂、滇等石漠化重度发生区更稳定，石漠化面积、程度也相对较小。对这一区域的研究、治理工作也较其他区域薄弱。但与其他岩溶区一样，粤北岩溶区土层浅薄且不连续，土、石二元结构限制了植被发育生长，岩溶山地土壤瘠薄，水分渗漏严重，生境保水性差，水土资源不协调。充沛的降水也加剧了地表侵蚀和碳酸盐岩溶蚀。因此，粤北山区也是石漠化广为分布和发生的区域。对于广东省而言，粤北地区是重要的生态屏障，除了连江流域、北江流域外，还有众多河流发源或流经该区域，粤北地区生态环境的好坏直接影响到这些流域的生态健康，也直接影响到下游珠江三角洲区域的生态安全。

早在 20 世纪 80 年代，广东省科学院组织综合科学考察队对广东省山区地貌、土壤、植被、水资源、气候、农业、林业等开展了系统调查，基本掌握了广东省岩溶区的分布、面积、类型。1998~1999 年，广东省地质调查院与广东省水文工程地质一大队共同开展了粤北岩溶石山地区地下水资源勘查与生态环境地质调查工作，完成了粤北地区岩溶分布范围、面积、植被、地下水等方面的系统调查，特别对石漠化分布区域、面积、程度进行了初步调查研究，使我们对粤北地区约 20 000km² 范围的石漠化面积、比例，特别是不同石漠化程度土地的面积、比例及其在粤北各县、市的分布及比例有了初步的了解。

对粤北岩溶生态环境的系统研究始于 2004 年，截至 2015 年，佛山科学技术学院国土资源环境与旅游研究中心共主持了 6 项关于粤北岩溶环境研究的国家自然科学基金项目（"粤北岩溶山区土地石漠化过程与逆转机理研究"，基金号：30471412，李森，2004~2006 年；"粤北岩溶山地土地石漠化过程耦合试验模拟研究"，基金号：30870469，李森，2006~2008 年；"基于植被恢复演替的典型岩溶流域生态水文过程研究"，基金号：31070426，王兮之，2011~2013 年；"粤北岩溶山区岩石-土壤-植物系统钙迁移循环过程及其生态效应"，基金号：31170486，魏兴琥，2012~2015 年；"石漠化过程对人工任豆林林分蒸腾的影响及其机制"，基金号：41401108，李辉霞，2015~2017 年；"基于水动力过程的粤北岩溶区土地利用方式对钙迁移、沉积影响机制研究"，基金号：41571091，魏兴琥，2016～2019 年）、2 项广东省自然科学基金项目（"粤北典型岩溶区土壤垂直渗漏特征与过程研究"，基金号：S2012010009272，魏兴琥，2013～2014 年；"粤北岩溶地区土壤地表流失、地下漏失的观测与模拟"，基金号：2015A030310505，陆冠尧，2015～2018 年）、1 项教育部人文社会科学研究项目（"西南喀斯特地区生态系统服务对人类活动的响应与优化调控"，李辉霞，2013～2015 年）、1 项广东省哲学社会科学"十二五"规划项目（"粤北岩溶山区农地石漠化预警与优化调控研究"，黄金国，2013～2014 年），得益于这些项目的资助，我们能够系统地开展粤北岩溶生态系统微观和宏观的时空演变、生态效应影响要素分析、石漠化过程与防治策略探讨，科学地评价岩溶生态自然、人工两大系统的变化及相互影响，为创建和谐稳定的岩溶环境提供科学依据。

本书正是对上述研究成果的总结，全书共 7 章，第 1 章由魏兴琥执笔，第 2 章由王兮之、黄金国执笔，第 3 章由魏兴琥、陆冠尧、李忠云执笔，第 4 章由王兮之执笔，第 5 章由魏兴琥、陆冠尧、李辉霞、刘淑娟执笔，第 6 章由魏兴琥、何春燕、陈同庆执笔，第 7 章由黄金国执笔。全书由魏兴琥、刘淑娟统稿、修改。梁钊雄老师、陈同庆老师对部分章节的图进行了修改。

本书的出版得到国家自然科学基金项目（31170486、41571091）资金上的帮助，中国科学院西部行动项目"西南喀斯特生态系统服务功能维持机理与调控技术研究"（KZCX2-XB3-10）——"喀斯特生态系统格局变化监测评估与调控对策"课题、中国科学院科技服务网络计划（STS 计划）"广西喀斯特区生态服务提升与民生改善研究示范"项目（KFJ-EW-STS-092）——"喀斯特退化土壤修复与植被调控技术试验示范"课题、中国科学院成都山地灾害与环境研究所国家 973 项目"长江上游坡耕地整治与高效生态农业关键技术试验示范"子课题"云贵高原岩溶山地石漠化坡耕地整治与高效生态农业技术集成与示范"——施用矿质肥料促进喀斯特石漠化坡耕地植被恢复的试验等给予了粤北岩溶环境研究工作经费上的支持，在此表示衷心感谢。

非常感谢中国科学院成都山地灾害与环境研究所张信宝研究员对粤北岩溶环境研究给予的大力帮助，他数次来到广东省并实地考察粤北岩溶环境，指导项目组开展岩溶侵蚀、地下渗漏等研究，为开展粤北岩溶生态系统研究提出了很多创新性的建议。也非常感谢中国科学院亚热带农业生态研究所王克林研究员对我们研究工作给予的大力支持。

我们的研究成果也得益于佛山科学技术学院李森教授为粤北岩溶系统研究所做的开创性工作和奠定的良好的科研基础；佛山科学技术学院资源环境实验室关共凑老师、梁钊雄老师在野外样品测定和分析中给予了大力帮助，王雪老师参与了野外考察与试验调查工作；华南师范大学地理科学学院与佛山科学技术学院联合培养的研究生李红兵、罗红波、王金华、周红艳、徐喜珍、陈晓芳、雷俐、甘春英、王军、陈洲、李忠云和北京师范大学张素红博士先后在粤北岩溶环境研究中开展了野外调查、定位观测实验研究及论文撰写等工作；佛山科学技术学院资源环境与城乡规划管理专业 2008 级本科生林晓灿、马婷婷、王杰，2009 级本科生黄演基、顾登全、方艾、陈凌星，2010 级本科生刘颖茵、潘怡、蔡永龙，2011 级本科生谭凌杰、刘耀文、叶翠韵、冼丽璇；地理信息科学专业 2005

级本科生杜锦兴、刘慧珊，2010 级本科生张羿；自然地理与资源环境专业 2013 级本科生丘丹璇、孙小曼等参与了试验测定和野外调查的相关工作，在此深表谢意。

　　与其他岩溶区研究相比，粤北岩溶环境研究起步晚，对土地石漠化过程与作用机理的认识至今还处于初级研究阶段，众多科学问题还需进一步深入研究，尤其是石漠化治理的技术体系亟需完善和研究。本书总结的已有研究成果对认识我国南方岩溶区土地石漠化发展与逆转过程，揭示土地石漠化本质及形成机理具有一定的理论价值，对制定和实施石漠化防治措施也有重要的指导意义。希望借本书能够与广大岩溶研究的同行交流共勉，共同促进粤北岩溶生态系统的研究与石漠化治理工作。

　　由于作者水平所限，书中疏漏之处在所难免，敬请广大读者和专家批评指正。

魏兴琥
2015 年 9 月

目　　录

前言
第1章　绪论 ………………………………………………………………… 1
　1.1　研究背景与意义 …………………………………………………… 1
　1.2　研究现状与进展 …………………………………………………… 2
　　1.2.1　研究阶段 …………………………………………………… 2
　　1.2.2　研究进展 …………………………………………………… 3
　1.3　存在问题与未来研究方向 ………………………………………… 6
　1.4　研究内容与方法 …………………………………………………… 7
　　1.4.1　主要研究内容 ……………………………………………… 7
　　1.4.2　主要研究方法 ……………………………………………… 10
　参考文献 ………………………………………………………………… 12
第2章　粤北岩溶区概况 ………………………………………………… 14
　2.1　自然概况 …………………………………………………………… 14
　　2.1.1　气象 ………………………………………………………… 14
　　2.1.2　水文 ………………………………………………………… 15
　　2.1.3　地质地貌 …………………………………………………… 15
　　2.1.4　石漠化土地 ………………………………………………… 17
　　2.1.5　土壤 ………………………………………………………… 17
　　2.1.6　植被 ………………………………………………………… 17
　2.2　社会经济概况 ……………………………………………………… 20
　参考文献 ………………………………………………………………… 22
第3章　粤北岩溶区地表生态特征 …………………………………… 23
　3.1　粤北岩溶自然生态系统特征 ……………………………………… 23
　　3.1.1　土壤生态系统特征 ………………………………………… 23
　　3.1.2　不同地貌部位土壤钙随深度的变化 ……………………… 36
　　3.1.3　土壤碳酸盐、钙、有机质及 pH 的相关性 ……………… 40
　3.2　植被生态系统特征 ………………………………………………… 40
　　3.2.1　粤北岩溶区植被类型 ……………………………………… 40
　　3.2.2　粤北岩溶区植物区系特点 ………………………………… 45
　　3.2.3　岩溶峰林不同地形植被特征 ……………………………… 46
　3.3　岩溶水特征 ………………………………………………………… 53
　　3.3.1　岩溶水类型 ………………………………………………… 53
　　3.3.2　岩溶水水化学特征 ………………………………………… 54

3.4 粤北岩溶环境人工生态系统特征 ································· 55
   3.4.1 粤北岩溶区土地主要利用方式 ························· 55
   3.4.2 不同土地利用类型的生态系统特征 ··················· 56
参考文献 ··· 66

第 4 章 粤北岩溶区流域生态系统与石漠化土地变化分析 ··········· 69
4.1 流域概况 ··· 69
4.2 连江流域水环境分析 ······································· 70
   4.2.1 数据与分析方法 ································· 70
   4.2.2 流域水化学特征 ································· 71
   4.2.3 流域水化学类型分析 ····························· 71
   4.2.4 流域水化学特征控制因素 ························· 73
   4.2.5 流域水化学时空变化特征 ························· 74
4.3 连江流域植被覆盖变化 ····································· 78
   4.3.1 数据处理与研究方法 ····························· 78
   4.3.2 结果与分析 ····································· 79
4.4 连江流域石漠化土地时空演变 ······························· 86
   4.4.1 数据处理与分析方法 ····························· 86
   4.4.2 流域石漠化土地分类体系 ························· 87
   4.4.3 流域石漠化土地时间变化 ························· 88
   4.4.4 流域土地类型空间变化 ··························· 89
   4.4.5 流域主要土地类型空间变化方向分析 ··············· 93
4.5 粤北岩溶流域生态水文过程模拟 ····························· 98
   4.5.1 数据处理与模型构建 ····························· 98
   4.5.2 参数率定与模型评价 ····························· 99
   4.5.3 模拟结果与分析 ································· 101
参考文献 ··· 104

第 5 章 粤北土地石漠化过程及作用机制 ······················· 105
5.1 石漠化概念及分级 ··· 105
   5.1.1 石漠化概念与分级问题评述 ······················· 105
   5.1.2 土地石漠化概念的修正及内涵释义 ················· 106
   5.1.3 石漠化土地分级及其指征 ························· 107
5.2 粤北石漠化程度及驱动力分析 ······························· 110
   5.2.1 粤北典型岩溶山区土地石漠化程度遥感评价 ········· 110
   5.2.2 人为活动对石漠化的驱动作用 ····················· 117
   5.2.3 石漠化驱动力的定量分析 ························· 119
   5.2.4 土地石漠化发展演变的驱动机制 ··················· 120
5.3 石漠化土地的植被演替、盖度、生物量及多样性变化 ··········· 121
   5.3.1 石漠化过程中植被群落特征及演替趋势 ············· 122

5.3.2　石漠化过程中植被盖度变化 125
5.3.3　石漠化过程中现存生物量变化 126
5.3.4　石漠化过程中物种多样性变化 127
5.4　石漠化过程的土壤退化 128
5.4.1　不同石漠化程度的土壤粒度变化 128
5.4.2　不同石漠化程度的土壤养分含量变化 133
5.5　石漠化土地的土壤侵蚀过程 140
5.5.1　试验设计与方法 140
5.5.2　石漠化土地土壤地表与地下流失结果分析 141
5.6　石漠化土地的水文循环过程 150
5.6.1　试验设计与方法 150
5.6.2　石漠化土地"五水"转化特征 151
5.7　岩溶生态系统石漠化过程降水-侵蚀-土壤-植被耦合关系 160
5.7.1　试验设计与方法 161
5.7.2　不同石漠化阶段植被-降水截留量关系 161
5.7.3　不同石漠化阶段植被-土壤关系 161
参考文献 163
第6章　岩溶土壤垂直流失过程 166
6.1　土壤垂直流失概念 166
6.2　土壤垂直流失特征与数量 166
6.2.1　粤北典型岩溶山地地下裂隙、漏斗、孔穴、洞穴的分布特征 166
6.2.2　粤北典型岩溶山地土壤地下流失时间与流失量 173
6.2.3　土壤垂直流失影响要素分析 175
6.3　土壤垂直流失对地表环境的影响 177
6.3.1　地下土壤粒度垂直分布特征 177
6.3.2　地下土壤有机质与碳酸钙变化特征 181
6.3.3　地下土壤钙离子变化特征 183
6.4　土壤地下流失程度评价指标体系 185
参考文献 186
第7章　粤北石漠化环境的治理与恢复 188
7.1　石漠化危害 188
7.1.1　破坏土地资源，使可利用耕地资源减少 188
7.1.2　水资源供给减少，用水短缺 189
7.1.3　农业生态环境恶化，灾害频繁 189
7.1.4　经济发展滞后，贫困现象严重 189
7.2　石漠化治理策略与优化模式 190
7.2.1　石漠化治理思路 190
7.2.2　石漠化治理对策 190

　　　7.2.3　石漠化治理的优化模式 ……………………………………… 193
　　7.3　石漠化治理技术 ……………………………………………………… 197
　　　7.3.1　不同强度等级石漠化土地的造林植草技术 …………………… 197
　　　7.3.2　水土保持技术 ……………………………………………………… 200
　　　7.3.3　土地整理技术 ……………………………………………………… 202
　　　7.3.4　水资源开发及其高效利用技术 ………………………………… 205
　参考文献 …………………………………………………………………… 207
附图 ………………………………………………………………………… 209

第1章 绪 论

1.1 研究背景与意义

在广东省，岩溶山区总面积达到 20 576km²，占全省土地总面积的 11.57%，其中碳酸盐岩面积为 9475.63km²，主要分布在粤北地区的 15 个区（县、市），包括清远市的阳山县、英德市、连州市、清新区北部、连南瑶族自治县东部，韶关市的乳源瑶族自治县、曲江区、浈江区、武江区、翁源县、乐昌市、仁化县南部、始兴县西南部、新丰县西北隅，以及河源市连平县西部（曾士荣，2006）。粤北地区是我国南方中亚热带脆弱的岩溶生态环境区域，是石漠化演变过程十分典型、石漠化问题依然严重的区域，也是可以和世界其他岩溶地区，以及可以和我国南方岩溶地区中、西部石漠化分布区相比较的一个重要区域，其在我国石漠化研究中是一个占有重要位置的区域。1998～1999 年最早的调查结果显示，在粤北　20 000km² 的土地面积范围内，石漠化土地面积达到 2343.21km²，占粤北碳酸盐岩分布面积的 21.36%，集中分布在粤北的阳山县、乳源瑶族自治县、英德市和连州市。其中，重度石漠化面积占岩溶石山地区面积的 4.34%，中度石漠化面积占 7.09%，轻度石漠化面积占 9.93%（黄树鹏等，2002）。王金华等（2007）对不同时期卫星遥感影像进行解译，辅以野外调查的方法，结果证明，在 1974 年、1988 年、2004 年 3 个阶段，粤北的英德、阳山、乳源、连州 4 县（市）石漠化土地面积分别为 1674.87km²、1217.12km²、534.56km²，总体上呈逆转趋势。但在阳山县岭背镇、江英镇西南和乳源瑶族自治县大桥镇、大坪乡等局部地区，仍出现石漠化面积扩大或面积缩小、程度升级等反弹现象。也有研究表明，20 世纪 60～90 年代，广东省石灰岩地区的植被覆盖率由 35.8% 减少到 16.8%，水土流失的面积、强度分别由 18.2% 和 605t/（km²·a）增加到 41.3% 和 2863t/（km²·a），80 年代初期岩石裸露率大于 70% 的石漠化土地占岩溶面积的 6.12%，到 90 年代初期已占到 11.25%，年均扩展 31.84km²，扩展速率达 6.28%，说明岩溶区生态退化形势依然严峻。特别是 20 世纪 70 年代以来，粤北岩溶山区人口自然增长率高达 20.7‰～33.99‰。在人口过快增长和水土资源短缺的压力下，陡坡开荒加剧，地表侵蚀加剧，导致基岩裸露增加，土地石漠化广为发展。石漠化已成为导致粤北地区环境退化和人民贫困的主要因素。不仅如此，粤北地区又是广东省中部重要的生态屏障，源于该区域的连江、北江、西江、东江流域和众多支流是珠江流域的主要干流，也是珠江三角洲河网的主要水源，所以其生态区位非常重要。尤其是连江流域、北江流域，是石漠化土地的主要分布区，石漠化的发生、发展直接影响到连江流域、北江流域的生态环境质量，进而影响到珠江流域的环境健康。对这一区域的岩溶环境进行研究和对退化环境进行治理不仅关系到区域本身，也涉及整个广东省的生态环境安全。

相比贵州省、云南省、广西壮族自治区等石漠化重灾区，自然环境与经济环境相对优越的广东省的石漠化发生程度与分布广度要轻一些，所以粤北岩溶退化环境的治理并未引起各级政府部门的足够重视，由此也导致当地群众与基层干部对石漠化的危害与发展认识不足、轻视，甚至忽略了对石漠化的治理，并且也未在政策上给予重视，砍伐森林、毁林开垦时有发生，尤其在岩溶"土山"区，大面积毁林、栽植桉树至今依然十分普遍。进入 21 世纪后，生态文明建设已成为国家的重要任务，广东省经过 30 多年的快速发展，也将产业结构调整和环境健康发展作为政府的主要目标，《中共广东省委、广东省人民政府关于进一步加强环境保护推进生态文明建设的决定》和《珠江三角洲地区改革发展规划纲要（2008—2020 年）》明确了广东省生态文明建设的目标，并先后出台了《关于深入贯彻〈广东省珠江三角洲水质保护条例〉的意见》《广东省西江流域水质保护规划》《广东省北江流域水质保护规划》和《广东省东江流域环境保护和经济发展规划纲要（1996—2010 年）》《南粤水更清行动计划（2013—2020 年）》等诸多文件与规划纲要。2010 年起，有关林业部门着手编订《广东省岩溶地区石漠化综合治理中期规划》，并选择连平县、连州市、乳源瑶族自治县作为省级石漠化综合治理试点县（市）。这些文件和规划为粤北岩溶环境的研究和石漠化土地治理奠定了良好的基础。

从科学研究角度，粤北岩溶区与贵州省、云南省、广西壮族自治区等岩溶区相比，降水强度更大、气候更潮湿、石漠化更易发生和发展，西南区石漠化分布区主要集中在中亚热带偏北区域，而粤北石漠化分布区多集中在中亚热带偏南区域，其气候、生物都存在差异，从而造成治理技术因地域而不同，该岩溶区域的研究数据和结果将使我国南方岩溶环境研究更加系统、全面和科学。

1.2 研究现状与进展

1.2.1 研究阶段

粤北岩溶环境的研究大致经历了 3 个阶段。

20 世纪 70～80 年代：广东省丘陵山区综合科学考察阶段。为配合完成国家发展计划委（今员会国家发展和改革委员会）、中国科学院下达的南方山区综合科学考察任务与广东省山区国土资源开发治理和保护的需要，广东省科学院组织成立广东省科学院丘陵山区综合科学考察队，对粤北、粤西、粤杜步区 43 个行政县，包括韶关市、河源市、梅州市全区和清远市、汕头市、惠州市、广州市、肇庆市、茂名市、阳江市的部分县（区），土地总面积为 105 823.3km^2 的地貌、土壤、植物、水资源、气候、农业、林业等开展了系统调查，出版了《广杜步区研究》丛书。这项工作对广东省内岩溶环境的地貌、土壤、水资源、植物及分布有了初步研究，为岩溶环境研究奠定了良好的基础。

20 世纪 90 年代～21 世纪初：岩溶生态环境调查与石漠化监测阶段。这一阶段的主要工作包括 1998～1999 年由广东省地质调查院与广东省水文工程地质一大队共同开展的粤北岩溶山区生态环境地质调查和 2005 年由广东省林业调查规划院组织完成的"广东省石漠化监测报告"。前一工作主要对粤北地区包括清远市的阳山县、英德市、连州市、清新区北部、连南瑶族自治县东部，韶关市的乳源瑶族自治县、曲江区、浈江区、武江区、翁源县、乐昌市、仁化县南部、始兴县西南部、新丰县西北隅，以及河源市连平县西部，土地总面积为

20 576km^2 的岩溶区地下水资源及生态环境,尤其是对石漠化开展了系统调查。而后一工作是对整个广东省岩溶区 6 市(地区)、21 个县(市)的石漠化土地面积、程度及空间分布、石漠化土地因人为因素或自然因素影响所产生的动态变化情况和有关石漠化监测区的自然地理、生态环境及社会经济因素的系统调查监测。这项监测工作使广东省岩溶环境及石漠化现状数据与空间分布情况更加准确翔实,是石漠化深入研究的基础。

21 世纪初至今:岩溶环境系统调查与研究阶段。从 2004 年开始,在上述研究成果的基础上,为进一步了解广东省岩溶生态系统循环过程的水、土、生物、矿物元素的协同变化,分析石漠化发生、发展的过程及危害,佛山科学技术学院李森、王兮之、魏兴琥、李辉霞、黄金国、陆冠尧等先后开展了"粤北岩溶山区土地石漠化过程与逆转机理研究"(国家自然科学基金项目,30471412,李森,2004~2006 年)、"粤北岩溶山地土地石漠化过程耦合试验模拟研究"(国家自然科学基金项目,30870469,李森,2006~2008 年)、"基于植被恢复演替的典型岩溶流域生态水文过程研究"(国家自然科学基金项目,31070426,王兮之,2011~2013 年)、"粤北岩溶山区岩石-土壤-植物系统钙迁移循环过程及其生态效应"(国家自然科学基金项目,31170486,魏兴琥,2012~2015 年)、"石漠化过程对人工任豆林林分蒸腾的影响及其机制"(国家自然科学基金项目,41401108,李辉霞,2015~2017 年)、"粤北典型岩溶区土壤垂直渗漏特征与过程研究"(广东省自然科学基金项目,S2012010009272,魏兴琥,2013~2014 年)、"粤北岩溶地区土壤地表流失、地下漏失的观测与模拟"(广东省自然科学基金项目,2015A030310505,陆冠尧,2016~2017 年)、"西南喀斯特地区生态系统服务对人类活动的响应与优化调控"(教育部人文社会科学研究项目,李辉霞,2013~2015 年)、"粤北岩溶山区农地石漠化预警与优化调控研究"(广东省哲学社会科学十二五规划项目,黄金国,2013~2014 年)、"广东岩溶山地土地石漠化过程耦合模拟研究"(广东省教育厅育苗工程项目,陆冠尧,2012~2013 年)。这些项目使我们对粤北石漠化土地分布、类型、侵蚀状况、石漠化过程导致的生态系统变化、岩溶生态系统内的物质循环、岩溶环境人-地关系、岩溶流域环境等方面有了深入和系统的了解。

1.2.2 研究进展

1. 粤北石漠化发展程度与分布研究

1998~1999 年,广东省地质调查院与广东省水文工程地质一大队共同开展了粤北岩溶石山地区地下水资源勘查与生态环境地质调查工作,首次对粤北地区岩溶分布范围、面积、植被、地下水等方面进行了系统调查,特别是对石漠化分布区域、面积、程度有了初步调查研究。调查结果显示,在约 20 000km^2 的调查区内,石漠化面积达到 2343.21km^2,占碳酸盐类岩石分布面积的 21.36%,集中分布在粤北的阳山县、乳源瑶族自治县、英德市和连州市。其中,重度石漠化(岩石裸露率大于 70%)面积占岩溶石山地区面积的 4.34%,中度石漠化(岩石裸露率为 50%~70%)面积占 7.09%,轻度石漠化(岩石裸露率为 30%~50%)面积占 9.93%(黄树鹏等,2002)。

王金华等(2007)根据李森等(2007a)和 Li 等(2009)建立的石漠化土地分级指

征，利用"3S①"技术对 20 世纪 70 年代、80 年代及 21 世纪初卫星遥感影像的解译辅以野外调查的方法等，研究了 1974~2004 年来粤北石漠化土地时空演变。结果表明，在粤北的英德、阳山、乳源、连州 4 县（市）共有石漠化土地 534.51km²，其中极重度、重度、中度和轻度石漠化土地分别占总面积的 0.63%、30.41%、43.21% 和 25.75%。1974年，本区石漠化土地为 1674.87km²，至 1988 年石漠化土地减少至 1217.12km²，年均逆转-32.70km²，动态度达-1.95%，极重度、重度、中度、轻度石漠化土地分别减少了 36.16%、6.21%、28.95% 和 32.53%，表明该时段石漠化已初步逆转，极重度、轻度石漠化是逆转的主体。1988~2004 年本区石漠化土地又由 1217.12km² 减少至 534.56km²，年均逆转-42.66km²，动态度降至-3.51%，极重度、重度、中度和轻度石漠化土地分别减少了 68.44%、30.35%、47.41% 和 74.21%，表明这一时段石漠化土地加速逆转，重度、中度、轻度石漠化土地均成为逆转主体，但局部地区仍出现石漠化程度加重的现象。但曾帮锐对广东省石灰岩山区石漠化变化的研究也表明，20 世纪 60~90 年代，广东省岩溶区枯度覆盖率下降，水土流失面积强度增大，石漠化面积呈增加的趋势。王兮之等（2007）从景观类型水平上对粤北石漠化土地景观空间格局动态过程的时空变化进行了定量分析。

2. 粤北石漠化过程的研究

石漠化不仅是地表土壤流失的过程，还伴随着植物多样性的丧失、生物生产力的降低与生态系统稳定性的减弱等过程。李森等（2007b，2010）通过系统研究认为，粤北土地石漠化过程是由植被退化丧失过程、土壤侵蚀过程、地表水流失过程、碳酸盐岩溶蚀侵蚀过程和土地生物生产力退化过程相互联系、组合而成的土地退化过程，也是岩溶山区土地生态系统演变为石质荒漠系统的地表生态过程。在轻度石漠化向极重度石漠化发展的过程中，仅 2~3 年，植被就从灌草混合群落退化为草本群落，物种减少 76%，植被盖度降低 87.2%；土壤侵蚀量逐渐加大，土壤物质不断流失和丢失，土层变薄，侵蚀模数以十多倍、数十倍的速度增加。罗红波等（2007）、魏兴琥等（2008，2013a，2013b）选择粤北岩溶山区石漠化土地分布最集中、最典型的英德市黄花镇岩背村为研究区域，系统地调查了不同石漠化程度的植被特征、物种多样性变化、土壤理化性质变化及其相关性，证明了在石漠化由轻到重的变化过程中，石灰岩植被的生境越来越向旱生和岩生方向转化，植被种类组成越来越简单。从轻度→中度→重度→极重度石漠化土地，植被盖度分别为 94.65%→84.98%→79.21%→<12.14%；现存生物量从轻度的 513.57g/m² 到中度的 406.95g/m²、重度的 261.57g/m² 和极重度的 57.54g/m²，呈显著下降趋势；丰富度指数、Shannon-Wiener 指数也显著下降；土壤粒度逐渐变粗。此外，土壤碳储存量也与石漠化程度有关，中度、轻度和潜在石漠化单位面积土壤有机碳分别是极重度的 49.23倍、47.9 倍和 29.4 倍（魏兴琥等，2013a，2013b）。

3. 粤北石漠化土壤侵蚀的研究

岩溶区地貌类型复杂，基岩多样，裂隙发育，地表径流过程研究难度大。为系统地

---

① "3S"，即遥感（RS）、地理信息系统（GIS）、全球定位系统（GPS）。

探讨粤北石漠化土壤侵蚀和水循环过程,在粤北阳山县江英镇设置了石漠化径流试验场,通过自然降水过程和人工模拟降水结合的方法观测径流侵蚀程度。根据 36 场模拟降水的结果,降水初期土壤侵蚀量较大,变幅也较大,随着降水时间的延长,土壤侵蚀量明显降低且波动减少,并逐渐趋于稳定,处于稳定阶段的土壤侵蚀量与雨强之间存在显著的线性关系(李森等,2010;Li et al.,2009)。还在同一径流试验场对不同地类的石漠化土地侵蚀速度做了初步研究,未扰动灌丛草坡侵蚀量达到 67.92t/(km^2·a),耕地侵蚀量达到 1756.96t/(km^2·a),是草坡侵蚀量的 25.87 倍;裸地侵蚀量达到 2455.37t/(km^2·a),是草坡侵蚀量的 36.15 倍。原始灌丛草坡地和耕地的土壤侵蚀量均与次降水量存在相关性,裸地的侵蚀量与连续 30min 最大雨强的相关性高,说明地表植被抵御短期强降水侵蚀土壤的效果明显(张素红等,2006)。张素红(2007)采用 ^{137}Cs 示踪法分析测得粤北石漠化地区多年平均土壤侵蚀模数为 2433.2t/(km^2·a),远高于喀斯特地区土壤允许侵蚀量。耕作土壤侵蚀模数高于非耕作土壤,坡耕地侵蚀模数高达 4968.3t/(km^2·a)。

魏兴琥等(2013a,2013b)从 2012 年开始对粤北岩溶山地土壤垂直渗漏进行调查,先后调查了清连高速剖面、连南瑶族自治县威建水泥厂剖面等 8 个典型剖面,对岩溶山地剖面裂隙、漏斗、孔穴的分布特征与比例有了初步分析(雷俐等,2013),根据平面图与剖面调查计算了土壤垂直渗漏的体积与比例。

4. 碳酸盐岩溶蚀研究

李红兵(2006)通过埋设标准石灰岩溶蚀试片和设置侵蚀针的方法观测了阳山县江英镇石漠化径流试验场的溶蚀率与土壤侵蚀率,标准石灰岩溶蚀试片的土下平均溶蚀率为 2.41%,地面平均溶蚀率为 1.20%;侵蚀针的变化结果表明,裸地土壤年侵蚀最大厚度达 12.9cm,土壤侵蚀最小厚度为 2cm,年平均侵蚀厚度为 2.85cm。魏兴琥将粤北的碳酸盐岩溶蚀样片置于酸雨程度较大的佛山市禅城区进行了近 3 年的观测,35 个月的逐月测定数据表明,含云灰岩在土壤表层、10cm、20cm 和 30cm 处的年溶蚀量平均为 3.19g/cm^2、0.81g/cm^2、0.78g/cm^2 和 0.69g/cm^2,云灰岩分别为 2.74g/cm^2、0.92g/cm^2、0.69g/cm^2 和 0.57g/cm^2。地表溶蚀量远大于土壤中岩石溶蚀量,年际间溶蚀量也有差异,溶蚀量大小与降水量有很好的联动性。云灰岩在地表的溶蚀量远小于含云灰岩,但土壤中二者差异不大。不同 pH 水溶液对含云灰岩和云灰岩两种碳酸盐岩溶蚀的影响模拟实验表明,在 3～30h 的短时间尺度,pH 为 6.0 和 pH 为 3.0 会增加含云灰岩的溶蚀量,而云灰岩在 pH 为 6.0 的微酸环境中的溶蚀量增加,在自然石灰岩环境的积水(pH 为 7.7)中,溶蚀量会随着浸泡时间的延长而稳定增加;在 1～30d 的长时间尺度,含云灰岩和云灰岩在 pH 为 3.0 溶液中,1d 和 5d 的溶蚀量分别是 pH 为 7.7 的自然溶液中溶蚀量的 106 倍、11.4 倍和 30.5 倍、47.4 倍。显然,过酸的水溶液会显著增加石灰岩的溶蚀量;相同 pH 与相同的溶蚀时间下,云灰岩的溶蚀速率大于含云灰岩(魏兴琥等,2013a,2013b)。

5. 粤北石漠化治理研究

粤北岩溶山区是广东省石漠化土地分布的主要区域,经过多年的治理,土地石漠化出现了逐步逆转的态势,但石漠化仍是当地生态环境改善和社会经济发展的主要制约因素，治理石漠化环境是加快岩溶山区经济发展、解决贫困的基础（陈朝辉，1992）。黄金国等（2008）分析了粤北岩溶山区农业水土环境问题的现状及主要成因，提出了改善农业生态环境，促进农业水土资源可持续利用的针对性措施和石漠化治理的模式。刘鉴明等（1999a，1999b，1999c）根据粤北阳山县江英镇石灰岩山区的生态环境特点、土壤类型和各类土壤的肥力特性，确立粤北石漠化开发与治理的主攻方向，提出农业综合开发与治理、调整作物结构、改革耕作制度、推广良种良法和反季节蔬菜栽培等一系列措施。黎景良和后斌（2008）以粤北山区的韶关市作为研究区域，利用遥感（RS）和地理信息系统（GIS）技术，构建一套适合研究区域的土地可持续利用评价指标体系，提出一个土地可持续利用定量评价模型及土地可持续利用的可行性建议。孔淑琼等（2005）、张苏峻和刘福权（2006）、叶照桂（2006）通过分析粤北石漠化的现状、形成与环境效应，提出了相应的治理对策。

总体而言，对粤北石漠化的研究已进入新的、更系统的阶段，也取得了一些初步成果，但在石漠化过程中，岩石-土壤-植被生态系统耦合机制、钙迁移循环及其生态意义、侵蚀因子及其降水模拟等方面还需深入研究，在岩溶区生态环境恢复综合技术、生态补偿、产业结构调整等方面也需进一步探讨完善。

1.3　存在问题与未来研究方向

2004年至今，尽管开展了一系列粤北岩溶生态系统的研究，取得了大量第一手资料，积累了一些成果，但多为粤北岩溶环境的基础研究，虽掌握了最基本的石漠化、溶蚀量、侵蚀量、多样性、植被土壤等基础数据，但对于整个岩溶生态系统，如基于不同地貌类型、基于不同流域、基于不同基岩，乃至石灰岩与砂页岩结合的生态系统的研究，特别是宏观尺度下岩溶系统变化及其对其他系统的影响研究还很薄弱。此外，岩溶系统既是复杂的生态系统，也是极其脆弱的生态系统，其对自然和人类的影响十分敏感，在全球环境变化及人类活动强度增加的背景下研究其变化规律，寻求人类干扰的适宜度对于保持人-地关系和谐也至关重要。基于这些原因，下一阶段关于粤北岩溶环境的研究应强化以下几个方面。

1）环境变化预测及其对岩溶环境的影响。包括岩溶区产业结构改变导致的空气、水、土壤污染对岩溶环境的影响，如酸雨程度增加对石灰岩溶蚀的影响、对土壤的影响、对水化学的影响等。

2）人类活动对岩溶生态系统景观格局的影响。包括岩溶区土地利用方式变化（耕地、林地扩展）对土壤侵蚀、自然植被、石漠化、碳储存等的影响，化肥使用对岩溶土壤、岩溶流域的影响等。

3）基于流域尺度的岩溶生态系统变化对流域生态的影响。包括岩溶流域尺度和整个流域尺度下水化学变化过程及岩溶生态系统对其他生态系统的影响，岩溶水化学对全球生态系统的作用等。

4）岩溶区资源可持续利用与保护。包括岩溶植被保护、生物资源开发，岩溶土壤资源保护与利用，石漠化治理策略与技术，岩溶水资源保护与利用等。

1.4 研究内容与方法

1.4.1 主要研究内容

1. 粤北岩溶山区土地石漠化过程、耦合及逆转机理研究

（1）土地石漠化时空演变过程的分析与模拟研究

利用 20 世纪 50～60 年代的航空相片和 70 年代与 21 世纪初的多光谱扫描仪/专题制图仪卫星遥感影像数据，编制粤北岩溶山区土地石漠化动态变化系列图件（1：25 万）；解读、分析 20 世纪 70 年代中期至 21 世纪初粤北岩溶山区土地石漠化宏观尺度的时空格局、演变过程及分异规律。

（2）土地石漠化生态过程的观测、模拟与研究

在石漠化典型地段布设定位观测点，以轻度石漠化、中度石漠化、重度石漠化三级退化土地和石漠化人工恢复、石漠化人工+自然恢复两种逆转土地为对象，对人为活动的强度与方式、雨水坡面径流水和裂隙水对地表的侵蚀、地表形态变化、小气候变化、土壤营养元素的变化与迁移、土壤水分变化、植物群落退化与恢复演替、主要建群种的生理生态、生物生产量的减增等多个因子、因子团及其效应等进行定位观测和对比，阐明植被变化与土壤侵蚀、基岩之间的关系。

选择典型石漠化土壤剖面，通过对石漠化土壤剖面的测量和采样，运用 ^{137}Cs 同位素等示踪技术，分析土壤流失与土壤丢失等侵蚀特征及侵蚀量。

选择典型岩溶丘陵布设定位试验观测点，开展天然降水条件下和人工模拟降水条件下，土地石漠化发展过程中，土壤侵蚀量、营养物质损失量、坡面上降水产流入渗的试验观测；并在不同程度石漠化土地上埋设碳酸盐岩试片，对基岩（石芽、角石、溶沟）的形态变化、土壤 CO_2 及土壤酸含量、岩石溶蚀量等进行观测。以非石漠化土地为对照，结合气象观测，探讨石漠化过程中降水变化与水分流失、土壤侵蚀（土壤流失与土壤丢失）对植物群落及植物生长特性、土壤营养元素迁移、碳酸盐岩侵蚀的影响，探讨土壤 CO_2 及酸含量、土壤侵蚀量对岩石"生长"的影响，研究土地石漠化的多个生态过程及其生态效应。

（3）土地石漠化多过程、多维度生态过程耦合与生态过程建模研究

在对粤北岩溶山地气候-基岩-土壤-植被-水文的复杂性、脆弱性和区域气候变化、人为活动强度与方式分析的基础上，依据上述调查、观测、模拟试验的研究结果，阐明岩溶山地复杂界面上土地石漠化的植物退化过程、土壤侵蚀过程、水文循环过程、碳酸盐岩溶蚀过程、生物生产力退化过程等多过程、多维度生态过程耦合关系。运用地-气耦合生态过程计算机模拟系统，构建土地石漠化生态过程模型，揭示土地石漠化生态过程耦合的作用机理和本质，并通过对土地石漠化过程及其恢复机理的综合分析，提出不同

程度石漠化土地修复或重建的可行途径。

2. 基于植被恢复演替的典型岩溶流域生态水文过程研究

（1）流域生态格局及石漠化演变规律

基于遥感数据解译、实地抽样调查等方法，确认流域内岩溶区与非岩溶区的植被分布现状（植被类型、主要群落类型的种类组成）、空间格局；分析岩溶区植被与土壤分布及动态和石漠化过程的相关性及石漠化格局演变模式。

（2）岩溶流域与植被演替及石漠化格局耦合的生态水文过程

分析森林、灌丛和草地植被对生态水文过程的调节作用，对岩溶地下河系统与大气降水、地表水、土壤水之间的水文循环过程及水资源进行定量评价，在景观尺度上对生境异质性、生态系统空间分布格局和流域尺度上水分循环之间相互作用的过程与机理进行分析，对植被自然恢复与控制性恢复的生态条件进行对比分析，确定各种干扰方式对植被和土壤动态过程的影响，以及不同植被格局的生态水文效应。

（3）连江典型岩溶子流域适宜性分布式生态水文模型构建

利用 RS 与 GIS 技术提取模型所需的流域内水文气象、植被、地形、土壤、土地利用等参数，构建典型岩溶子流域适宜性分布式水文模型，应用构建的土壤与水分评价工具（soil and water assessment tools）模拟预测不同植被覆被情景下，岩溶流域生态水文过程的变化趋势，评价植被恢复重建的生态工程措施对遏制石漠化进程、修复退化生态系统的效能。

3. 粤北岩溶山区岩石-土壤-植物系统钙迁移循环过程及其生态效应

（1）石灰岩溶蚀条件下，钙在岩石-土壤-植物系统中迁移的形态、路径、数量及循环过程

通过模拟实验和定位观测，分析石灰岩丘陵（或峰林）上的石灰岩和不同埋深的石灰岩溶蚀过程中钙迁移的形态，计算钙的溶蚀量；通过对岩石、土壤、自然植物群落生物循环过程中钙变化的观察与分析，揭示在岩石-土壤-植物系统中钙迁移的路径、数量，阐明石灰岩溶蚀过程中钙的循环过程。

（2）石灰岩沉积条件下，钙在岩石-土壤-植物系统中回迁的形态、路径、数量及循环过程

通过模拟实验和定位观测，分析石灰岩洼地自然植物群落、土壤、岩石、地下水中钙迁移的形态和数量变化，计算钙的沉积量；通过对自然植物群落生物循环过程、土壤、岩石、水中钙变化的观察与分析，揭示在岩石-土壤-植物系统中钙回迁的路径、数量，

阐明石灰岩沉积（钙富集）过程中钙的循环过程。

（3）水动力过程（降水-地表径流-入渗）对岩石-土壤-植物系统中钙迁移变化的影响

通过雨强、径流量与径流水、土壤水、侵蚀土中钙含量变化关系的研究，揭示植被与降水径流、水、土壤中钙含量的关系。

（4）粤北岩溶区植被对岩溶环境的生态适应性研究

通过对岩溶丘陵、山地植被特征及主要优势种进行观察，以及对岩溶峰间洼地天然植被特征及主要优势种进行观察与比较，分析石灰岩溶蚀和石灰岩沉积环境下岩溶区植被群落的特点及变化，分析主要物种的根、茎、叶、花、果实、枯落物中钙元素的变化，并分析其形态特征和组织结构特征，掌握岩溶植物对富钙环境的生态适应机制。

4. 粤北典型岩溶区土壤垂直渗漏特征与过程研究

（1）粤北典型岩溶山地和丘陵地下裂隙、孔穴、洞穴的分布特征

详细调查计算各样点地下裂隙、孔穴、洞穴数量、大小、形状、走向等。

（2）地表与地下土壤的空间分布面积和容量及影响要素分析

通过典型断面调查，结合 CAD 图像处理，计算地表、各裂隙、孔穴、洞穴中土壤面积和体积，并对其形成发育的机理进行探讨。

（3）地表和地下裂隙、孔穴、洞穴土壤的理化性质变化及其相互关系

分层采集典型裂隙土、孔穴土、洞穴土，分析碳、钙含量和粒度变化，测定不同渗漏深度土壤的形成年代，通过理化性质变化和时间过程，分析土壤垂直渗漏对地表土壤环境的长期影响。

（4）岩溶山地和丘陵土壤垂直渗漏评价指标体系建立

根据裂隙、孔穴、洞穴大小、形状、走向、长度等建立土壤垂直渗漏评价分析指标。

5. 喀斯特地区生态系统服务对人类活动的响应与优化调控

1）在区域尺度，基于长时间序列卫星遥感影像，研究不同时期喀斯特景观空间格局特征，分析喀斯特区域生态系统结构与功能特征及变化规律，确定喀斯特区域的关键生态系统服务功能。

2）在景观和生态系统尺度，根据长期定位观测资料和系统取样，明确土地利用变化对水土流失、土壤水分养分、微生物等的影响机理，揭示不同喀斯特生态系统服务功能对人类活动干扰的响应机制。

3）结合区域尺度的景观格局时空变化规律和生态系统尺度的响应机理研究，通过尺

度转换方法，分析人类活动的空间分布特征，揭示人类活动强度与景观格局时空变化的耦合机制。

6. 粤北岩溶山区农田石漠化预警与优化调控研究

1) 以实地调查、文献查询和图表分析为基础，对粤北岩溶山区石漠化发生、发展的生态机理、危害程度、强度、发生范围、生态环境背景等方面进行研究，确定影响石漠化的自然因素（主要包括地貌、岩性、地表起伏指数、基岩裸露率、植被覆盖率、≥25°坡地面积比、土壤类型、土层厚度、多年平均降水量和暴雨频数等）和人为因素（主要包括人口自然增长率、人均耕地面积、农业人口密度、农业人口比重、土地垦殖率、坡耕地占耕地面积的比例、人均受教育程度、生活习惯、环境保护意识等）。

2) 借助 SPSS 软件，应用相关分析法和主成分分析法确定预警指标，并根据预警的逻辑思路：明确警义→寻找警源→分析警兆→预报警度→排除警患，在分析石漠化驱动机制的基础上，按"压力-状态-响应"模型对石漠化风险因子进行了分级，构建石漠化预警指标体系。

3) 采用人工神经网络方法，选用 MATLAB 神经网络工具箱及其相关函数，利用统计数据，对石漠化预警指标和石漠化强度指数进行训练和检测，构建基于神经网络的石漠化预警模型，通过模型运算，确定石漠化在时间范围内和空间范围内所处的警度级别。

4) 根据不同的警度级别，提出排警措施。

1.4.2 主要研究方法

1. 面上调查

（1）石漠化现状与地表生态环境调查

对粤北岩溶山区土地石漠化发展、逆转，以及生态恢复的成效与问题进行面上调查，对石漠化现状图进行野外调绘，对不同石漠化程度土地类型、植被、土壤厚度、岩石裸露率等进行系统调查。

（2）石漠化区域社会经济情况调查与资料搜集

收集粤北地区与石漠化有关的自然、资源、社会经济及其发展规划等方面的资料。

2. 野外定点试验、观测

分别在阳山县杜步镇及英德市黄花镇岩背村、九龙镇根竹园村设立岩溶山地、岩溶丘陵坡面不同石漠化程度的定点观测样地，观测不同石漠化样地植被、土壤、地表形态、土壤侵蚀、土壤水分、气候等变化，并为模拟试验和土壤样品分析提供系统样地。

3. 模拟试验

在阳山县江英镇和英德市九龙镇石漠化观测样地，采用中国科学院水利部水土保持研究所研制的 BX-1 型便携侧喷式模拟降水机进行模拟试验，模拟不同强度降水、不同植被覆盖度、不同岩石裸露率等条件下，地表土壤的侵蚀过程。

制作标准碳酸盐岩试片，在阳山县江英镇按系统样地和土层厚度分别埋设碳酸盐岩试片，定期测定试片溶蚀量，埋设 2~3 年。

在连南瑶族自治县三江镇清连高速 K2117~K2116 和 K2118 两个岩溶山地剖面（长度、高度分别为 360m、40m 和 283m、38m，2011 年人工开挖形成）和连南瑶族自治县威建水泥厂剖面设置定点观测调查采样点。对整个山体植被、岩石、坡度长度、宽度、高度进行详细调查，用全站仪测量地形，绘制地形图；然后在每个剖面建立网格坐标，以米为单位，详细调查剖面所有地表土、地下裂隙、孔穴、洞穴分布，除在网格纸上标注外，还要对剖面进行等距离、等像素照相。最后，选择最长裂隙、最深漏斗分层（每50cm 一个）采集土样。为防止开挖剖面暴露对土壤的影响，采集土样时在指定点位垂直深入剖面内 50cm 以上取土。

在佛山科学技术学院基础实验楼，将英德市九龙镇石漠化样地石灰土土样置于特制陶盆中，观测自然降水（雨量、雨水 pH）对土壤和砾石钙元素的迁移量；同样，在陶盆不同石灰土深度（0cm、20m、40cm）埋设不同碳酸盐岩标准溶蚀样片，每月测定样片重量变化，并选择较长时间的降水过程测定单次降水对溶蚀样片的影响。

4. 图像解译

室内遥感制图：利用最新的专题制图仪卫星影像数据的相关波段，编制训练区植被指数图（TM5 波段）、光谱指数图（TM5/TM4 波段）和综合指数图，依据训练区石漠化综合景观特征和光谱特征，制定粤北山区石漠化土地分类分级系统；利用卫星遥感影像，采用人机交互方式判读，编制土地石漠化动态变化系列图件；对岩溶山区流域基础数据平台建立所需的遥感数据、数字高程模型（DEM）和各种相关图件（如植被类型图、土地利用图、土壤图、地质图、水系图等）进行数字化、几何纠正与空间位置配准，并建立统一的投影；获取所需的水文数据、气象数据、土壤数据、地质数据、社会经济统计数据等，利用 GIS 空间数据处理与分析功能，将这些数据转换为与其他空间数据具有相同的空间分辨率与投影系统；根据 SWAT 模型运行所需参数与数据库的特点，构建适合研究所用的连江流域基础数据平台。

5. 室内测定

将野外采集的土壤、植物、水、岩石等样品在室内分析测定，主要依托佛山科学技术学院资源环境实验室，^{137}Cs、^{14}C 样委托外单位测试。

测定内容包括：土壤物理性质（粒度、容重、持水量）；土壤化学性质（pH、有机碳、N、P、K、Ca、Mg）；植物元素含量（Ca、Mg）；水体化学性质（pH、EC、Na^+、NH_4^+、K^+、Mg^{2+}、Ca^{2+}，F^-、Cl^-、NO_3^-、SO_4^{2-}、HCO_3^-、TN、TP）；此外，测定部分土样 ^{137}Cs 的含量，用 ^{14}C 的方法测定裂隙土和漏斗土样的年代。

土壤粒度采用激光粒度分析仪 Mastersizer 2000 测定；碳酸盐含量用盐酸气量法测定；有机质含量用重铬酸钾氧化-外加热法测定；pH 用玻璃电极法测定；土壤全钙、交换性钙、水溶性钙含量的测定，分别用浓硝酸-氢氟酸-高氯酸消解、乙酸铵振荡浸提、去离子水振荡浸提进行样品前处理，然后用 4510 型原子吸收分光光度计（上海安捷伦公司生产）测定。

6. 模型制作

构建连江典型子流域适用性分布式生态水文模型：在对改进的 SWAT 分布式生态水文模型模拟结果分析的基础上，针对不同的时空尺度，以及岩溶山区地质条件、水资源循环特点、生态格局与过程特征，通过流域生态水文过程与地表覆被变化关系的模拟选取与确定相关 SWAT 模型参数，分别构建不同地质背景条件下连江典型岩溶子流域具有适用性的 SWAT 分布式生态水文模型。

利用 DEM（1∶25 万）数据，在 GIS 软件的支持下，确定连江及其子流域的边界范围；根据流域内不同水资源特点、地貌与地质条件（如岩溶地区、非岩溶地区等）、植被覆盖特征、土地利用强度、区域经济发展情况，以及整个流域内上、中、下游的水文过程的差异性等状况，重点选取 3～5 个关键子流域进行生态水文过程模拟与适用性模型构建。

参 考 文 献

陈朝辉. 1992. 搞好自然环境和经济环境建设, 解决广东省贫困山区问题. 广州: 中山大学出版社.

黄金国, 李森, 魏兴琥. 2008. 粤北岩溶山区土地石漠化治理与农业综合开发模式研究. 中国沙漠, 28(1): 39～43.

黄树鹏, 陆魏峰, 曾土荣, 等. 2002. 粤北岩溶石山地区地下水资源勘查与生态环境地质调查报告. 广州: 广东省地质调查院.

孔淑琼, 陈慧川, 支发兵. 2005. 粤北岩溶区的石漠化及其治理对策探讨. 污染防治技术, 18(4): 19～23.

雷俐, 魏兴琥, 徐喜珍, 等. 2013. 粤北岩溶山地土壤垂直渗漏与粒度变化特征. 地理研究, 32(12): 2204～2214.

黎景良, 后斌. 2008. 基于栅格空间数据的粤北山区土地可持续利用评价. 测绘通报, 1: 40～43.

李红兵. 2006. 阳山县江英镇石漠化土地溶蚀与侵蚀过程的观测与试验研究. 广州: 华南师范大学硕士学位论文.

李梦先. 2006. 我国西南岩溶地区石漠化发展趋势. 中南林业调查规划, 25(3): 19～22.

李森, 董玉祥, 王金华. 2007a. 土地石漠化概念与分级问题再探讨. 中国岩溶, 26(4): 279～284.

李森, 魏兴琥, 黄金国, 等. 2007b. 中国南方岩溶区土地石漠化的成因与过程. 中国沙漠, 27(6): 918～926.

李森, 魏兴琥, 张素红, 等. 2010. 典型岩溶山区山地土地石漠化过程的初步研究——以粤北岩溶山区为例. 生态学报, 30(3): 674～684.

刘鉴明, 卢家诚, 朱世清, 等. 1999a. 江英乡石灰岩山区农业综合开发与治理研究Ⅰ. 土壤与环境, 8(2): 87～91.

刘鉴明, 卢家诚, 朱世清, 等. 1999b. 江英乡石灰岩山区农业综合开发与治理研究Ⅱ. 土壤与环境, 8(3): 174～178.

刘鉴明, 卢家诚, 朱世清, 等. 1999c. 江英乡石灰岩山区农业综合开发与治理研究Ⅲ. 土壤与环境, 8(4):

290~294.

罗红波, 魏兴琥, 李森, 等. 2007. 粤北岩溶山区土地石漠化过程的植被特征与多样性初步研究. 水土保持研究, 14(6): 335~339.

王金华, 李森, 李辉霞, 等. 2007. 石漠化土地分级指征及其遥感影像特征分析——以粤北岩溶山区为例. 中国沙漠, 27(5): 765~770.

王兮之, 李森, 王金华. 2007. 粤北典型岩溶山区土地石漠化景观格局动态分析. 中国沙漠, 27(5): 758~764.

魏兴琥, 李森, 罗红波, 等. 2008. 粤北石漠化过程土壤与植被变化及其相关性研究. 地理科学, 28(5): 662~666.

魏兴琥, 马婷婷, 王杰, 等. 2013a. 不同 pH 水溶液对石灰岩溶蚀影响的模拟研究. 佛山科学技术学院学报(自然科学版), 31(2): 17~23.

魏兴琥, 徐喜珍, 雷俐, 等. 2013b. 石漠化对峰丛洼地土壤有机碳储量的影响——以广东英德市黄花镇为例. 中国岩溶, 32(4): 371~376.

叶照桂. 2006. 粤北灰岩地基岩溶发育的特征与对策. 岩石力学与工程学报, 25(增刊 2): 3400~3404.

曾士荣. 2006. 粤北岩溶石山地区石漠化现状及其对水环境的影响. 水文地质工程地质, (3): 101~105.

张素红. 2008. 粤北岩溶山地石漠化研究. 北京: 北京师范大学博士学位论文.

张素红, 李森, 李红兵, 等. 2006. 粤北石漠化地区土壤侵蚀初步研究. 中国岩溶, 25(4): 280~284.

张苏峻, 刘福权. 2006. 广东省岩溶地区石漠化现状与治理. 广西林业科学, 35(2): 108~109.

Li S, Wei X H, Huang J G, et al. 2009. The causes and processes responsible for rocky desertification in Karst areas of southern China. Sciences in Cold and Arid Regions, 1(1): 80~90.

第2章 粤北岩溶区概况

2.1 自然概况

粤北岩溶区位于广东省北部，东经 112°07′～114°30′，北纬 24°00′～25°28′。行政区划包括清远市的阳山县、英德市、连州市、清新区北部、连南瑶族自治县东部，韶关市的乳源瑶族自治县、曲江区、翁源县、乐昌市、韶关市区、仁化县南部、始兴县西南部、新丰县西北隅，以及河源市连平县西部等（图 2-1），总面积为 20 576km²。

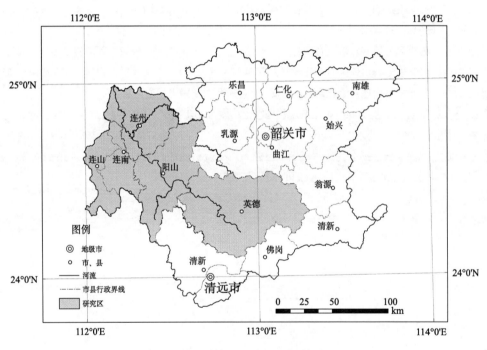

图 2-1 粤北研究区位置图

Fig.2-1　Location of the study area in north of Guangdong province

2.1.1 气象

粤北岩溶区主要分布于广东省南亚热带西北部，包括粤西的云浮市、封开县、怀集县、英德市南部等地，中亚热带西北部，包括连州市、连南瑶族自治县、阳山县、韶关市、乳源瑶族自治县、乐昌市、曲江区、英德市北部等。南亚热带西北部年均温为 20.7～21.5℃，最热月（7 月）平均气温为 28.0～28.8℃，最冷月（1 月）平均气温为 11.2～12.9℃，极端最低温度为-4.2～-1.4℃，日平均气温≥10℃的年积温为 6850～7800℃。年太阳总辐射量为 4100～4727MJ/m², 年日照时数为 1570～1904h。年降水量为 1446～1753mm，4～9 月为雨季，雨季降水量占年降水总量的 78%～82%。中亚热带西北部年平均气温为 18.8～20.7℃，最热月（7 月）平均气温为 26.9～27.1℃，最冷月（1 月）平均气温为 8.8～10.7℃，极端最低温度为 -6.9～-3.2℃。冬季气温较低，日最低气温≤5℃的天数平均每年达 28～45d；年平均霜日约为 15d，霜期为 50～70d；年平均结冰日有 3～7d，结冰期有 30～40d，年平均降雪有 1～4d。日平均气温≥10℃的年积温为 5800～6700℃，年太阳总辐射量为 4150～4723MJ/m²，年日照时数为 1468～1861h，年平均降水量为 1468～1880mm，降水量的地区分布不均，南部较多北部较少。

2.1.2 水文

该区属珠江流域北江水系，受地形影响，区内河流流向多由北向南。主干河流北江发源于江西省信丰县西溪湾，流域面积为 4.67 万 km²，干流全长为 468km，总落差为 310m，主要支流有连江、南水河、武江、浈江、翁江等，其中连江最大，流经主要的岩溶分布区（图 2-2）。其中，连江有石灰铺河、水边河、石牯塘河、波罗河、杜步河、岭背河、同灌水、星子河、东陂河等次级支流。武江有游溪河、杨溪河、九峰河、田头水、白沙水、宜章河等支流。浈江有锦江支流。翁江有贵东水、九仙水、龙仙水、周陂水、六里河、青塘河、横石水河和烟岭河等支流（广东省科学院丘陵山区综合科学考察队，1991）。

据水文测流资料，北江位于英德市横石水文站（位于调查区南侧外边缘）的多年平均流量为 1073m³/s，最大流量为 15 000m³/s，最少流量为 100m³/s；集水面积为 34 013km²，年径流深为 992.3mm，年径流量为 338.4 亿 m³，年径流模数为 31.5L/（km²·s）。北江多年平均流入广东省的水量为 107m³/s。其他主要水系的情况：连江在连州市高道水文站的多年平均流量为 327m³/s，集水面积为 9007km²，年径流量为 103.1 亿 m³；翁江在翁源水文站的多年平均流量为 59.5m³/s，集水面积为 2000km²，年径流量为 18.8 亿 m³。

另据广东省水资源遥感调查资料，粤北岩溶石山地区北江、连江、翁江、浈江、锦江、武江 6 个流域的水库面积共 125.92km²，大中型水库的总库容为 21.78 亿 m³。区内最大水库为乳源瑶族自治县境内的南水水库，其总库容 12.453 亿 m³，较大水库为连州市潭岭水库、英德市长湖水库、曲江区小坑水库等。

2.1.3 地质地貌

粤北岩溶山区在地质构造上属华南褶皱系的中部，南岭纬向构造带的南端，地质构造复杂。在经历多次和多种性质的地壳运动中，侏罗纪、白垩纪的燕山运动与新生代古近纪-新近纪和第四纪的喜马拉雅运动最为强烈，这两次构造运动最终塑造了粤北岩溶山区现代地壳的轮廓，并导致古生界寒武系至中生界的三叠系，尤其是晚古生界泥盆-石炭系和泥盆-二叠系的碳酸盐岩大面积出露（广东省科学院丘陵山区综合科学考察队，1991）。该区分布的碳酸盐岩类岩石主要见于泥盆系东岗岭组（D_2d）、天子岭组（D_3t），石炭系大赛坝组（C_1ds）、石磴子组（C_1s）和梓门桥组（C_1z）及壶天群（CH），二叠系下统（P_1），二叠系上统长兴组（P_2c），三叠系大冶组（T_1d）等地层。粤北岩溶山区岩溶分布面积为 20 576km²，占全省总面积的 11.57%，其中碳酸盐岩面积约为 9475.63km²。

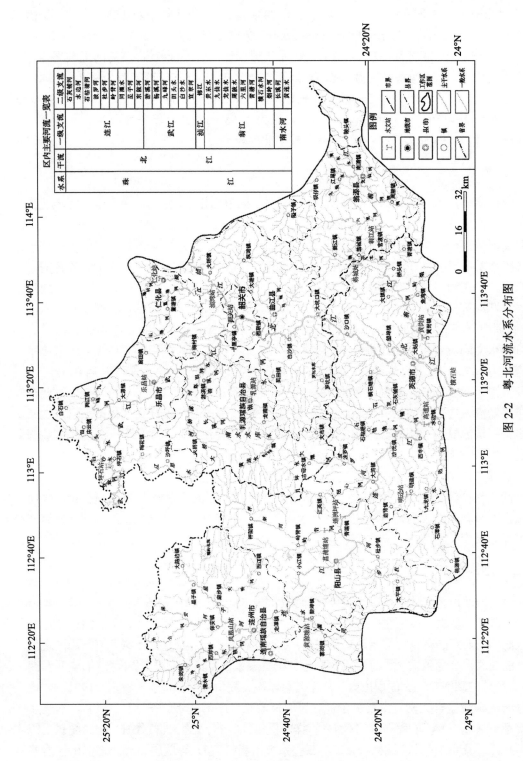

图 2-2 粤北河流水系分布图

Fig.2-2 River system distribution map in north of Guangdong province

据本书遥感解译结果，粤北山区阳山县、英德市、连州市和乳源瑶族自治县岩溶分布面积为 6024km^2。

粤北岩溶总体地势为北高南低，地貌以中山、低山、丘陵为主，三列弧形山系及其间两列河谷盆地构成地貌的基本骨架，其间岩溶地貌广布。粤北岩溶地貌类型包括岩溶山地、岩溶丘陵、岩溶准平原 3 类。最高点为与湖南省交界处的石坑崆，海拔高程为 1902m，最低处为英德市区及其南、北侧的岩溶准平原分布区，地面标高为 30～50m。岩溶地貌集中成两片分布，一片是连（州）阳（山）石灰岩高原，它是广东省最大的一片岩溶山区，面积达到 4300km^2，另外一片位于大瑶山西侧的石灰岩高原（图 2-3）。此外，在曲江区、英德市、翁源县、清远市等地也有岩溶地貌分布。

2.1.4　石漠化土地

广东省石漠化面积为 44.02km^2，主要分布在粤北、粤西北的罗定、云安、清新、英德、连州、阳山、乳源、乐昌、封开、怀集等县（市）（附图 1）（张素红，2007）。

广东省地质调查院对粤北岩溶山区做了生态环境地质调查，粤北东部英德-翁源及北部曲江-乐昌一带以覆盖型岩溶盆地为主；西部阳山-连州及西北部乳源-乐昌坪石一带以裸露石灰岩为主，石灰岩分布面积占研究区面积的 46%。岩溶山区的耕地面积一般仅占国土总面积的 7.1%～19.0%，耕地最少的阳山县杜步镇仅占 0.8%；耕地中多为旱地和望天田，灌溉水田仅占耕地的 22.2%～61.6%；裸岩、石砾地面积占国土面积的 1.0%～13.4%，比例较高的乐昌市沙坪、云岩镇及乳源瑶族自治县大桥镇裸岩面积占 32.4%～42.9%。岩溶石山地区的森林覆盖率为 31.6%～63.2%，大大低于其他地区（韶关市全市的森林平均覆盖率为 70.8%，乐昌、乳源、曲江、翁源 4 县（市）的森林平均覆盖率为 67.4%～72.7%）。

据 2005 年广东省林业调查规划院的广东省岩溶地区石漠化监测报告统计数据，广东省现有石漠化土地 81 329.8hm^2，占全省面积的 7.64%，主要分布在粤北的乐昌、乳源、阳山、连州、英德、连南、清新等县（市），以峰丛、峰林、残丘等地貌类型为主。

2.1.5　土壤

粤北岩溶区土壤石灰土属非地带性土壤类型，主要为碳酸盐岩风化的残留物，受裸露岩石非均质地表和海拔高度影响，石灰土分为红色石灰土和黑色石灰土两类，以红色石灰土为主，多分布于海拔 600m 以下的缓坡、洼地和谷地，受富铁铝化成土过程和亚热带温暖湿润气候影响，风化淋溶作用强，土层厚度为 30～60cm，局部堆积地貌处厚度超过 1m。而黑色石灰土分布则多发育于岩溶山地、丘陵、盆地等的岩石裂缝、沟槽、坑洼等局部区域，受微地形影响，枯落物积累多，有机质含量高，结构疏松，但土层浅薄，多数只有有机质表层，土壤富含钙物质和腐殖质。

2.1.6　植被

由于研究区地貌类型复杂，气候条件优越，适宜各种植物的生长和繁殖，因此植物生长迅速，种类十分丰富。典型常绿阔叶林是本研究区的地带性植被，随着海拔高度的增加，形成明显的植被垂直带谱。由于岩溶山地岩石裸露、土层浅薄、岩层透水性强、

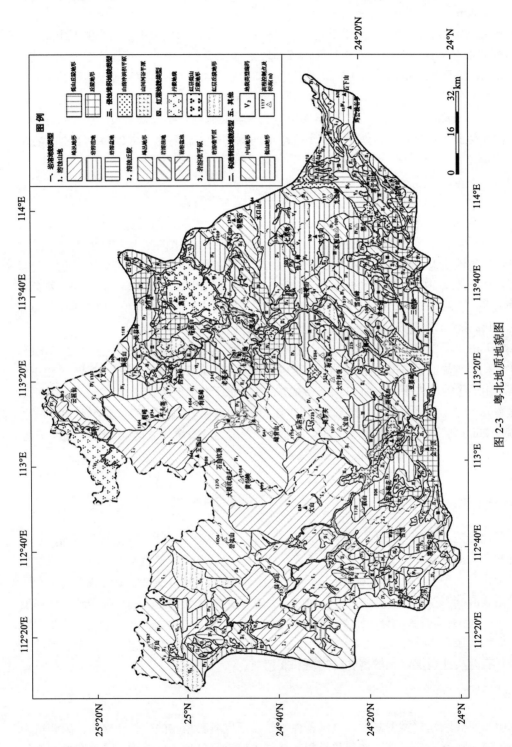

图 2-3　粤北地质地貌图

Fig.2-3　Geological and topographic map in north of Guangdong province

岩面吸热散热快、昼夜温差大、土壤含碳酸钙、呈中性至碱性反应、土壤干旱等特点，生长在岩溶山地上的植物，多数具有喜钙、耐旱、岩生适应等特性，主要形成具有旱生性的石灰岩常绿落叶阔叶混交林、石灰岩灌丛和石灰岩灌丛草坡等植被类型。

石灰岩常绿落叶阔叶混交林主要分布于石灰岩山地的山腰和山麓土层较厚的地方，林木低矮，高为 8～15m，林木分布疏密不均，参差不齐，也不连续，乔木有 1～2 层，以榆科、壳斗科、蔷薇科、樟科、漆树科、胡桃科、无患子科等种类为主，优势种较明显，常见的落叶树有化香树（*Platycarya strobilacea*）、黄连木（*Pistacia chinensis*）、圆叶乌桕（*Sapium rotundifolium*）、酸枣（*Choerospondias axillaris*）、光皮树（*Cornus wilsoniana*）、朴树（*Celtis sinensis*）等，常见的常绿树有青冈栎（*Quercus glauca*）、环木石楠（*Photinia davidsoniac*）、桂花（*Osmanthus fragrans*）、铁榄（*Sinosideroxylon wightianum*）等；灌木层中多有刺灌木、攀援灌木和藤本灌木，常见的有蔷薇科、芸香科、金缕梅科、马鞭草科等，如竹叶椒（*Zanthoxylum armatum*）、山黄皮（*Clausena excavata*）、红背山麻杆（*Alchornea trewioides*）、苎麻（*Boehmeria nivea*）、粗糠柴（*Mallotus philippinensis*）、龙须藤（*Bauhinia championii*）等；草本植物层比较稀疏，以蕨类、苔草属、百合科等的种类较多，如铁线蕨（*Adiantum* spp.）、槲蕨（*Drynaria fortunei*）、苔草（*Carex* spp.）、沿阶草（*Ophiopogon japonicum*）等。

石灰岩灌丛是石灰岩地区分布面积最大的植被类型，大多是由常绿落叶阔叶混交林反复破坏而形成的。灌丛结构密实而杂乱，高度为 1～1.5m，覆盖度为 50%～80%，由许多高度大致相同的灌木、半灌木、攀援灌木、藤本和草本植物组成，其中以常绿灌木和攀援灌木占优势，以小叶型植物为主，有 20%～25%的植物有刺，常见的植物种类有牡荆（*Vitex negundo*）、龙须藤（*Bauhinia championii*）、金丝桃（*Hypericum chinense* L.）、悬钩子（*Rubus* spp.）、竹叶椒（*Zanthoxylum planispinum*）等；灌丛下的草本植物比较稀疏，覆盖度很小，为 5%～8%，组成植物多为喜钙植物和肉质植物，常见的有乌韭（*Stenoloma chusanum*）、铁线蕨（*Clematis* spp.）、毛轴碎米蕨（*Cheilanthes chusanna*）、肾蕨（*Nephrolepis cordifolia*）等。群落中常混有小乔木，组成种类多为喜钙植物，具有叶小、多刺、肉质等耐旱特征，常见的种类有黄荆、火棘、红背山麻杆、线绣菊、鸡血藤（*Millettia* spp.）等。

石灰岩灌丛草坡是石灰岩灌丛或者石灰岩常绿落叶阔叶混交林经过人为反复破坏及火烧后而形成的，多分布于具有薄层红色石灰土层覆盖的石灰岩山麓坡积裙地带，群落结构简单，主要由禾草植物组成，其间散布着少量灌木和乔木幼树，群落高度为 40～80cm，覆盖度为 50%～80%，以野古草（*Arundinella hirta*）、金茅（*Eulalia speciosa*）、芒穗鸭嘴草（*Ischacmum aristatum*）占优势，其他组成植物有五节芒（*Miscanthus floridulus*）、白茅（*Imperata cylindrica* var. Major）、青香茅（*Cymbopogon caesius*）、黄背草（*Themeda triandra*）、两歧飘拂草（*Fimbristylis dichotoma*）、一枝黄花（*Solidago virgo-aurea*）、牡蒿（*Artemisia japonica*）、野菊（*Dendranthema jndicum*）、千里光（*Senecio scandens*）、铁扫把（*Lespedeza cuneata*），以及各种蒿类，草丛间常见散生有黄荆、火棘、牡荆、小果蔷薇（*Rosa cymosa*）、黄药（*Rhamnus crenata*）等灌木。

2.2　社会经济概况

　　粤北岩溶山区行政区划包括清远市的阳山县、英德市、连州市、清新区北部、连南瑶族自治县东部，韶关市的乳源瑶族自治县、曲江区、翁源县、乐昌市、韶关市区、仁化县南部、始兴县西南部、新丰县西北隅，以及河源市连平县西部，总面积为 20 576km^2（曾士荣，2006），占全省总面积的 11.57%。

　　粤北岩溶山区是广东省石漠化土地分布的核心区域，根据广东省林业调查规划院 2005 年的遥感调查，粤北岩溶山区的石漠化土地主要分布于韶关市的武江区、曲江区、翁源县、乳源瑶族自治县、乐昌市和新丰县，清远市的阳山县、英德市、清新区，河源市的连平县，石漠化总面积为 70 336.3hm^2，其中韶关市石漠化面积为 42 303.8hm^2，清远市石漠化面积为 26 321.4hm^2，河源市石漠化面积为 1711.1hm^2（姜丹玲，2008），分别占粤北岩溶山区石漠化总面积的 60.15%、37.42% 和 2.43%。按照基岩裸露率、植被与土被的综合覆盖率和坡度 3 个主要指标，以及土地利用方式等社会经济因素，可将粤北岩溶山区石漠化划分为极重度石漠化、重度石漠化、中度石漠化、轻度石漠化 4 个等级，其中极重度石漠化面积为 440.1hm^2，占石漠化面积的 0.64%，主要分布在阳山县东南部的、杜布镇、阳城镇、江英镇、岭背镇，乳源瑶族自治县的洛阳镇、大布镇、东平镇、乳城镇，连州市的星子镇、大路边镇，英德市的黄花镇、石灰铺镇；重度石漠化面积为 24 186.5hm^2，占石漠化面积的 35.24%，主要分布于乳源瑶族自治县必背镇、大桥镇，阳山县江英镇、青莲镇、阳城镇、岭背等镇，英德大湾镇、青塘镇，连州市、大路边镇、清江镇、星子镇、东陂镇、保安镇、龙坪等镇，除在乳源瑶族自治县大桥镇、连州市大路边镇及其附近为大片分布外，其余为小片状分布或呈零星分布；中度石漠化面积为 29 887.1hm^2，占石漠化面积的 43.56%，主要分布于乳源瑶族自治县大桥镇、必背镇，连州市东陂镇、西岸镇、九陂镇、西江镇、龙坪镇等镇，阳山县江英镇、青莲镇、七拱镇、大莨镇、岭背镇等镇，英德大湾镇、青塘镇等镇，一般呈小块斑状出现或呈零星状分布；轻度石漠化面积为 14 111.5hm^2，占石漠化面积的 20.56%，主要分布于阳山县—连州市一带的裸露石灰岩分布区，呈较均匀的斑点状分布，在本区东部和北部的覆盖型岩溶地区，盆地中周边分布的峰林或残丘也多数属轻度石漠化（表 2-1）。

　　粤北岩溶山区是广东省少数民族最集中的区域，有瑶、壮、蒙古、回、满、彝、侗等多个少数民族，以汉族、瑶族、壮族人口最多，主要分布在连山、连南、阳山、乳源各县。同时，粤北岩溶山区也是广东省矿产、能源、林业、重工业基地，资源丰富，但人口密度较大，人均耕地面积少。由于地下岩溶发育，地表水渗漏严重，所以是历史性干旱地区和经济落后山区，有大面积的岩溶山区水资源严重短缺，土地在山上、水源在山下的水土资源不协调状况使得水资源成为制约当地经济发展的主要因素。20 世纪 70 年代中期以来，粤北岩溶山区人口增长过快，自然增长率高达 20.7‰～33.99‰，人口增长高于全省平均水平，许多岩溶地区陷入了"越生越穷，越穷越生"和"越穷越垦，越垦越穷"的恶性循环（孔淑琼等,2005；罗红波等，2007）。区内经济发展差异较大，靠

表 2-1　粤北岩溶山区石漠化等级与主要分布区域

Tab.2-1　The rocky desertification grade and the main distribution area of north Karst mountain area

市（区、县）	轻度石漠化（hm²）	中度石漠化（hm²）	重度石漠化（hm²）	极重度石漠化（hm²）	合计（hm²）	占总面积的比例（%）
武江区	2 795.8	584.4	1 196.5	3.9	4 580.6	6.51
曲江区	180.1	2	416.9	8.9	607.9	0.86
翁源县	176.7	0	1 110.8	0	1 287.5	1.83
乳源瑶族自治县	1 025.7	5 715.1	2 218	0	8 958.8	12.74
乐昌市	9 592.6	11 496.4	5 646.2	23.7	26 758.9	38.04
新丰县	0	0	110.1	0	110.1	0.16
阳山县	340.6	6 009.8	9 479.9	339.2	16 169.5	22.99
英德市	0	5 527.6	3 401.4	64.4	8 993.4	12.79
清新区	0	551.8	606.7	0	1 158.5	1.65
连平县	0	0	1 711.1	0	1 711.1	2.43
合计	14 111.5	29 887.1	25 897.6	440.1	70 336.3	100

近大的江河或位于主要交通要道上的乡镇经济发展较快，裸露石灰岩地区的乡镇经济发展则大大落后于其他乡镇，阳山、连州、乳源等县（市）许多山区乡镇居民饮用水问题尚未得到解决，无法进行正常的生产生活，整体经济发展水平落后，石漠化加剧了生态环境恶化，严重制约了当地社会经济的发展，是广东省贫困户较多的地方。"十一五"期间，粤北岩溶山区经济社会面貌发生了重大历史性变化，不少地方形成了优质米、油料、甘蔗、蚕桑、茶叶、蔬菜、水果、笋竹等商品生产基地，农业龙头企业逐渐壮大；以煤炭工业、电力工业、建材工业、森林工业、冶金工业等为主的小型工业企业也得到了较快的发展，以旅游、物流业为龙头的第三产业发展迅猛，但总体而言，粤北岩溶山区的经济发展水平与珠江三角洲地区还相差甚远，也远低于全省的平均水平（表 2-2）。

表 2-2　粤北岩溶山区主要县（市）经济发展水平与珠江三角洲和广东省的对比（2013 年）

Tab.2-2　Contrast north Karst mountain area main county（city）economic development level with the pearl river delta and Guangdong province（2013）

省（市、县）	第一产业（万元）	第二产业（万元）	第三产业（万元）	地区生产总值（万元）	人均生产总值（万元/人）
阳山县	239 178	166 792	345 174	751 144	1.417 3
英德市	458 040	639 747	903 638	2 001 452	1.906 1
连州市	268 420	271 424	551 460	1 091 304	2.182 6
连南瑶族自治县	60 726	92 933	104 331	257 990	1.612 4

续表

省（市、县）	第一产业 （万元）	第二产业 （万元）	第三产业 （万元）	地区生产总值 （万元）	人均生产总值 （万元/人）
乳源瑶族自治县	65 699	292 680	223 319	581 698	2.908 5
翁源县	193 649	254 421	267 185	715 255	2.138 2
乐昌市	197 827	323 256	432 719	953 802	2.413 7
仁化县	168 543	392 244	287 912	848 699	4.245 9
始兴县	152 445	246 065	187 945	586 455	2.826 1
新丰县	100 359	247 567	182 215	530 141	2.476 9
连平县	85 423	646 112	209 381	940 916	2.750 7
珠江三角洲	10 611 000	240 509 400	279 484 400	530 604 800	12.39
广东省	31 354 000	306 008 700	333 933 300	671 296 000	5.876 045

由于特殊的自然条件和社会经济发展背景，粤北岩溶山区的经济发展水平还很低，部分居民的温饱问题仍未解决，是广东省主要的贫困地区，也是广东省生态环境十分脆弱的区域，水土流失严重、水资源短缺、旱涝灾害频繁等一系列生态环境问题已成为制约当地社会经济可持续发展的核心问题之一。石漠化的存在不仅制约当地群众的生存状况和社会经济的可持续发展，而且对珠江三角洲及港澳地区的生态安全构成严重威胁，甚至影响到广东省国民经济可持续发展和社会主义和谐社会的构建。

参 考 文 献

广东省科学院丘陵山区综合科学考察队. 1991. 广杜步区国土开发与治理. 广州: 广东科技出版社.

姜丹玲. 2008. 广东省岩溶地区石漠化分布特性与防治对策分析. 广东林业科技,24(2): 109～114.

孔淑琼, 陈慧川, 支发兵. 2005. 粤北岩溶区的石漠化及其治理对策探讨. 污染防治技术,18(4): 19～23.

罗红波, 魏兴琥, 李森, 等. 2007. 粤北岩溶山区土地石漠化过程的植被特征与多样性初步研究. 水土保持研究, 14(6): 335～339.

张素红. 2008. 粤北岩溶山地石漠化研究. 北京: 北京师范大学博士学位论文.

曾士荣. 2006. 粤北岩溶石山地区石漠化现状及其对水环境的影响. 水文地质工程地质,(3): 101～105.

第3章 粤北岩溶区地表生态特征

3.1 粤北岩溶自然生态系统特征

3.1.1 土壤生态系统特征

1. 土壤类型

粤北岩溶区基岩为石灰岩，它是岩溶土壤形成的物质基础。石灰岩是浅海沉积物，主要构成物为碳酸盐，碳酸盐岩的矿物成分主要是方解石（$CaCO_3$）或白云石$[MgCa(CO_3)_2]$，其次是 SiO_2、Fe_2O_3、Al_2O_3 及黏土物质。在粤北，广布奥陶系、泥盆系、石炭系、二叠系、三叠系等沉积地层，包括石灰岩、白云岩、白云质灰岩、泥质石灰岩，总面积达到 7221.47km^2（广东省科学院丘陵山区综合科学考察队，1991a）。由于石灰岩具有易溶性特征，如果是纯石灰岩，其风化产物很容易在降水作用下溶蚀流失，很难形成土壤，但大部分石灰岩为不纯石灰岩，尽管方解石易溶蚀流失，但 SiO_2、Fe_2O_3、Al_2O_3 及黏土物质却残留并构成石灰岩土壤的主要组成成分，由于石灰岩的溶蚀特征，石灰岩地区土壤层除一些洼地、坡麓地形外，在山顶、坡面大多很薄。按照中国土壤发生分类（1998 年）（周健民和沈仁芳，2013），石灰土主要有红色石灰土和黑色石灰土两类，按照中国土壤系统分类（2001 年）（周健民和沈仁芳，2013），石灰土分为钙质湿润淋溶土和黑色岩性均腐土。

2. 土壤特性

（1）红色石灰土

红色石灰土主要分布在石灰岩地区海拔 600m 以下的缓坡、洼地和谷地，总面积为 3833.56km^2，占石灰土总面积的 96.56%。成土过程为富铁铝化过程，由于亚热带具有温暖湿润的气候，风化淋溶作用强，剖面发生层层次明显，为 A-E-B-C 型。有机质表层为 10～20cm，坡麓和低洼处枯落物层厚度可达 1～3cm，红棕色，黏壤土，粒状结构，疏松，根多；淋溶层厚为 15～20cm，棕红色，黏壤土，稍紧实，有少量粗根，柱状至块状结构；淀积层厚为 20～25cm，紧实，浅红色，少量粗根，黏土，块状结构，有明显胶膜和铁锰结合物。在粤北岩溶山地坡面和岩溶丘陵坡面，土层厚为 50cm 左右，在局部坡麓、谷地和洼地厚度超过 1m。土体中碳酸钙大部分被淋失，富含铁铝，氧化铝达 29% 左右，氧化铁达 12%～17%，黏粒硅铝率约为 2.0，硅铁铝率为 1.5 左右。黏土矿物以水云母、埃洛石、高岭石为主，次为蒙脱石、铁、锰氧化物。土壤反应从上至下由微酸性至中性，pH 为 6.0～7.0。根据 174 个土样分析结果，表土层有机质含量为 2.79%±0.48%，全氮为 0.14%±0.01%，全磷为 0.08%±0.02%，全钾为 1.43%±0.44%，碱解氮为

103.7±10.3mg/kg，速效磷为 4.7±2.7mg/kg，速效钾为 74.8±5.8mg/kg（广东省地方史志编纂委员会，1999）。但在粤北不同区域、不同地形、不同植被的岩溶区，红色石灰土性质差异较大。根据英德市九龙镇石角村峰林坡麓土壤剖面测定结果，有机质表层、淋溶层、淀积层的土壤容重分别为 1.03g/cm³、1.24g/cm³ 和 1.47g/cm³。峰林坡麓灌丛草坡土壤有机质含量明显高于峰林洼地竹林土壤，碱解氮、有效磷、速效钾、碳酸钙含量也有较大差异（表 3-1）。即使在同一山体坡面，受岩石裸露率、土层厚度、植被、地形等影响，土壤粒度也有差异。不同粒级土壤在不同海拔高度波动较大，受地表形态和地形影响也较大（魏兴琥等，2014）。

表 3-1 九龙镇峰林坡麓与洼地红色石灰土化学性质

Tab.3-1 Chemical character of terra rossa in peak forest plain slope and depression, Jiulong town

采样点	土层深度（cm）	有机质（g/kg）	碱解氮（mg/kg）	有效磷（mg/kg）	速效钾（mg/kg）	碳酸钙含量（%）
峰林坡麓（灌丛草坡）	0～5	111.08	5.81	0.11	18.25	12.94
	5～10	73.67	3.53	1.27	8.18	10.27
	10～20	68.91	3.66	5.33	8.93	9.74
	20～40	51.13	3.32	—	—	9.09
峰林洼地（竹林）	0～5	37.15	4.32	12.58	10.17	9.09
	5～10	57.71	3.10	16.64	9.05	7.60
	10～20	29.14	2.34	9.38	55.47	7.50
	20～40	30.69	2.38	7.64	59.67	8.21

（2）黑色石灰土

黑色石灰土分布在岩溶山地、丘陵、盆地等岩石裂缝、沟槽、坑洼等局部区域，面积较小，只有 136.43km²，占石灰土面积的 3.44%。由于所处地形中枯落物积累多，湿度大，有机质易积累，土体构型为 A-C 型，受周围岩石溶蚀作用和阻积作用，富含钙物质和腐殖质。土层厚度多取决于裂缝、沟槽、坑洼的深度，分布于岩石间裂缝、沟槽的黑色石灰土厚度有时达到 20～30cm，而分布于裸露岩石表面、由溶蚀形成的浅坑、浅槽、浅缝等处的黑色石灰土则很浅薄，有时还不到 1cm 厚。即使没有高等植物生长，苔藓、地衣、藻类等也可以附生于岩石表面逐渐形成浅薄土层，且有机质含量很高。根据对英德市黄花镇极重度石漠化裸露岩石表面坑洼处浅层土壤的分析，有机质含量高达 131.88g/kg，而土层厚度为 59cm 的灌丛土壤的有机质含量只有 34.42g/kg。据 27 个岩溶区黑色石灰土土样分析结果，表土层有机质含量为 4.24%±0.06%，全氮为 0.21%±0.01%，全磷为 0.13%±0.01%，全钾为 0.91%±0.14%，碱解氮为 162.0±15.8mg/kg，速效磷为 16.0±1.4mg/kg，速效钾为 53.0±11.4mg/kg，交换量为 0.18～0.33mol/kg（广东省地方史志编纂委员会，1999）。

3. 粤北岩溶山地峰丛洼地坡面土壤粒度与钙元素、有机质分布变化

岩溶峰丛洼地是粤北岩溶区的主要地貌类型，该地貌由山体围合而成，从下到上依次由最低处的落水洞、相对平缓的坡地、裸露岩石散布的坡中部和陡耸的山顶组成相对封闭的生态系统，坡面形态多样、地形复杂、土壤破碎、植被斑块化，坡面径流、垂直渗漏交互且过程复杂，其表层岩溶带具有地表、地下双重水文的特殊地质结构，水土环境异常脆弱，加之随着人为干扰的加重，土壤侵蚀越来越严重，区域生态环境十分脆弱。坡面径流侵蚀是造成石漠化的主要动力，而土壤颗粒粗粒化是侵蚀的结果和石漠化形成的主要过程。通过坡面土壤粒度研究可以了解峰丛洼地地表土壤退化过程及影响要素。此外，碳-水-钙循环是驱动岩溶环境元素迁移的动力（袁道先，1993），钙元素的迁移富集状况直接影响到岩溶区土壤的形成与发育（韦启璠等，1983），也影响土壤的酸碱性（熊毅和李庆逵，1987）和植物的生长与植被分布（许仙菊等，2004），坡度、岩石裸露率、植被、土壤厚度的复杂化是否也会导致土壤钙元素迁移、分布的复杂化？为分析土壤粒度及钙元素的变化规律，选择英德市黄花镇岩背村一典型封闭型岩溶峰丛洼地自然坡面作为土壤粒度与钙元素特征研究的典型调查区，其地貌特征如图 3-1 所示。调查区为典型峰丛洼地地貌，六边形封闭峰丛，最底部有落水洞，最高峰与落水洞高差为130m，山峰东西水平距离为 400m，南北为 560m。山坡中部海拔为 520m。植被为典型石灰岩灌丛，具有岩生性。常见物种有竹叶椒、苎麻、野菊、悬钩子（*Rubus macilentus*）、单叶铁线莲（*Clematis* spp.）、三裂叶葛藤（*Pueraria phaseoloides*）、纤毛鸭嘴草（*Ischacmum aristatum*）、四季报春（*Primula obconica*）等。山坡中部被开垦为梯田，农耕最早始于民国初，已有近百年历史，主要种植玉米、花生、大豆和各种蔬菜。

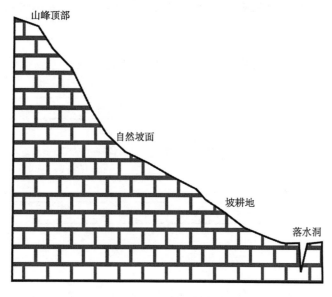

图 3-1　岩溶峰丛洼地断面

Fig.3-1　Profile of Karst peak-cluster depression

（1）峰丛坡面地表特征及土壤特征

选择海拔和坡度两个指标来反映峰丛坡面的地形变化。再根据喀斯特地区土壤分布零星、浅薄，基岩裸露率高的特点，选择岩石裸露率和土层厚度两个指标来反映峰丛坡面的土壤发育状况（表3-2）。对峰丛自然坡面岩石裸露率的变化进行进一步分析后可以看出，随着海拔的降低，岩石裸露率总体上呈下降趋势，但在坡面不同位置，变化差异较大，在坡面上部，岩石裸露率高且变化小；在海拔566m之后，岩石裸露程度不断降低，降幅在30%以上。在接近坡中部，岩石裸露率变幅又变大。这种变幅特征的出现，根源于岩溶地区峰丛洼地高低差所决定的势能加速了地表径流的冲刷能力，致使地表水土流失严重，峰丛的正地形地区极易形成地表径流，在陡坡，水流的加速度比较大，使其对土壤的冲刷能力提高，最终导致地表土壤随径流流失，岩石裸露。另外，也体现在坡面物质的输入、输出区差异上，山坡中上部及山顶等正地形部位，在雨水侵蚀下，成为物质的完全输出区；坡中部既承接了山坡上部的冲积物，又不断地向下流失，致使中部的物质积累与流失的程度取决于坡度的大小及地表径流的冲刷，而本区域坡度较缓，一般处于积累状态，岩石裸露率减小；坡底附近通常坡度较缓，成为中、上部冲积物的承接地区，是土壤的输入区，同时由于峰丛洼地地形破碎，坡面密布石沟、石槽、石坑、裂隙等小地形，致使地形对岩石裸露的空间变异的影响趋于复杂化和多样化。当土地利用类型变为耕地后，土层厚度总体上呈增加趋势，表现出与自然坡面有延续性。在梯田上部和中部，岩石被挖出作为田埂堆积，地表被平整，土层厚度变化幅度不大，其随高程降低缓慢增加，在接近洼地底部的梯田，土层厚度增幅最大。显然，即使受到人类耕作的强烈干扰，长期作用形成的自然坡面的地表特征依然存在。也就是说，在长期地表侵蚀动力的作用下，峰丛洼地坡面土壤逐渐由上至下迁移，并随水进入落水洞，流入地下河。

表3-2　峰丛自然坡面与梯田地表特征

Tab.3-2　Features of surface in natural hill slope and terrace of Karst peak-cluster depression

	高程（m）	590	580	571	566	538	525	515	505	491	480	474
峰丛自然坡面	坡度（°）	51	40	59	58	52	36	24	20	21	18	24
	岩石裸露率（%）	94.4	92.8	92.0	91.8	60.0	25.0	15.0	55.0	2.2	33.0	4.2
	平均土层厚度（cm）	3.3	1.8	4.4	5.6	13.3	17.6	18.3	9.1	23.5	18.7	22.0
峰丛梯田	高程（m）	472	462	452	442	432	422					
	平均土层厚度（cm）	42.0	36.5	23.0	25.0	74.5	68.0					

（2）峰丛坡面与梯田地表土壤粒度变化

在峰丛自然坡面中，无论是0～5cm土层、5～10cm土层，还是10～15cm土层，不同粒级土壤均表现出相近的变化趋势和比例：砂粒，尤其是细砂粒含量所占比例最高，且随峰丛海拔的降低有增加趋势，粗砂粒含量在峰顶和坡上部高于细砂粒，但波动较大，二者所占比例多超过80%，0～5cm土层粗砂粒含量为18.75%～56.97%，5～10cm土层粗砂粒含量为12.6%～48.91%，10～15cm土层粗砂粒含量为17.03%～54.73%，0～5cm土层粗砂粒含量高于5～10cm和10～15cm土层；0～5cm土层细砂粒含量为27.31%～

56.27%，5～10cm 土层细砂粒含量为 31.71%～53.19%，10～15cm 土层细砂粒含量为 32.46%～59.96%，0～5cm 土层细砂粒含量略低于 5～10cm 和 10～15cm 土层。次为粉粒和黏粒，0～5cm 土层粉粒和黏粒含量分别为 6.98%～24.13%和 1.19%～15.69%，5～10cm 土层粉粒和黏粒含量分别为 7.28%～27.58%和 1.2%～18.19%，10～15cm 土层粉粒和黏粒含量分别为 6.51%～23.04%和 1.22%～12.25%。石砾所占比例最低，大多在 1%以下（图 3-2）。显然，不同粒级土壤在不同海拔高度波动较大，其受地表形态和地形影响较大。

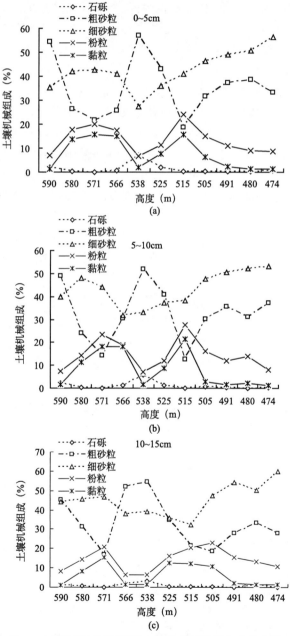

图 3-2　峰丛坡面不同深度土壤粒度随海拔高度的变化

Fig.3-2　Changes of soil particle size in different depth of natural hill slope with altitude

　　小于 0.05mm 的粗粉粒和黏粒随海拔高度变化有相似的规律，在坡顶含量很小，之后逐渐上升，在 566m 高度又迅速降低，之后又上升，515m 高度又开始缓慢降低。大于 0.25mm 的粗砂粒的变化与之相反；而细砂粒除了坡中部有所减少外，基本上都是随着海拔的降低而上升。大于 1mm 的石砾和粗砂粒有相似的变化规律，但其所占比例远低于粗砂粒，在海拔 538m 处，含量最高，在 0～5cm、5～10cm 和 10～15cm 分别为 7.06%、5.97%和 3.37%。

　　粒度变化分析结果表明，侵蚀无疑是土壤颗粒变化与迁移的主要动力，但决定侵蚀方式和程度的要素在岩溶区要远比其他区域复杂。峰丛洼地地貌复杂：峰尖坡陡、岩石裸露、裂隙发育，坡中地形起伏，石笋、石牙耸立，微地形多样，沟、槽、缝发育，坡下缓平、土厚，整体的地形特点决定了土壤物质由上至下的搬运过程，同时岩溶环境的土-石二元结构造成地表侵蚀和地表土壤相似的非延续性特征，裸露的岩石切断了地表侵蚀的路径，各种因岩石裸露形成的微地形使土壤就地堆积或残存于岩石沟、槽、缝中，溶蚀裂隙又可能使土壤随垂直渗漏流失。因此，峰丛洼地地表土壤侵蚀搬运是一个复杂过程，既有地表侵蚀，又有垂直渗漏，既有由上至下的细颗粒物质迁移，又有局部微地形造成的堆积过程。从砂粒物质比例就可以看出，峰丛洼地地表是长期侵蚀作用的结果，粗颗粒物随深度减少也说明垂直渗漏的存在。实际调查发现，粉粒和黏粒这些细粒物质除受地表侵蚀影响外，更易受微地形影响，尤其在岩石裸露率高的局部微地形，岩石洼地、石槽、石缝、裂隙、溶蚀沟都是细粒物质容易沉积的环境，同时这些微环境还是各种微生物喜欢的场所，也是枯枝落叶易残留的地方，所以细粒物质含量高低更受微地形变化的影响。

　　与自然坡面比较，梯田尽管与其位于同一坡面，但土壤机械组成却发生了很大变化（图 3-3），粗粉粒取代了粗砂粒成为地表土壤主要的粒级成分，在 6 个样点中，0～10cm 土层，粗粉粒最低为 29.53%，最高为 35.96%，10～20cm 土层粗粉粒含量高于 0～10cm 土层，最低为 34.44%，最高为 37.71%。次为细砂粒含量，0～10cm 土层为 25.58%～41.66%，10～20cm 土层为 27.33%～37.66%，而粗砂粒含量降至 8.11%以下。黏粒含量成为第三，0～10cm 土层黏粒含量为 14.74%～19.37%，10～20cm 土层黏粒含量为 14.55%～18.35%。石砾含量与自然坡面近似，所占比例均在 2%以下。

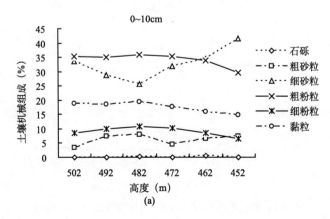
(a)

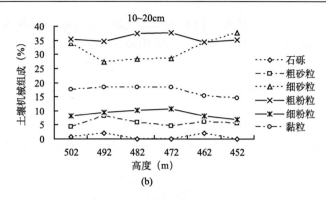

图 3-3 梯田不同土壤深度粒度随海拔高度的变化

Fig.3-3 Changes of soil particle size in different depth of terrace with altitude

梯田不同土壤深度不同粒度含量比例及其随海拔高度变化的规律基本相似，且变化相对稳定，但在梯田下部，细粒物质仍有降低的趋势，在平整的梯田，排除地表径流侵蚀的情况，说明垂直渗漏依然存在。

根据粒径分级标准，确定自然坡面与梯田不同样地的土壤质地，峰丛洼地自然坡面以砂土和砂质壤土为主，而梯田以黏壤土和粉砂质黏壤土为主，二者在土壤肥力、持水性、通气性方面有明显差异，并最终影响植被生长和抗蚀能力。土壤的抗蚀性能越强，则地表径流对土壤的冲刷程度越低（王世杰和季宏兵，1999；王世杰，2003），松散、不黏结的粗颗粒，越容易随水流失，流失量较大，土壤的抗蚀性能力弱。根据自然坡面与梯田土壤粒度变化及各粒级含量比例，说明峰丛洼地自然坡面地表土壤长期处于侵蚀状态，而梯田在一定程度上降低了侵蚀程度，减弱了土壤细粒物质的流失，但并没有完全阻止侵蚀。

（3）峰丛坡面土壤钙含量和有机质含量的变化

土壤中钙元素有 4 种存在形态，即矿物态钙、有机物中的钙、交换性钙和水溶性钙。其中，前两种形态的钙需要长期的风化作用和分解才能释放，属于难溶成分。交换性钙是被土壤胶体表面吸附的钙离子，是土壤阳离子交换作用的主要组分，其含量很高，变幅也大，钙离子的饱和度因 pH 而异。水溶性钙指存在于土壤溶液中的钙，是土壤溶液中含量最高的离子。交换性钙与水溶性钙之和称为有效钙，占土壤全钙含量的 5%～60%，一般为 20%～30%（王果，2009）。谢丽萍等（2007）测得岩溶区土壤全钙平均含量为 18g/kg（即 1.8%），交换性钙平均占全钙含量的 50.9%。从表 3-3 可见，在黄花镇岩溶峰丛坡面的 11 个土壤剖面中，黄花镇峰丛自然坡面的土壤全钙、交换性钙、水溶性钙的含量明显偏低。全钙含量为 3.386～6.209g/kg，平均值为 4.172g/kg，交换性钙含量为 0.527～1.698g/kg，平均值为 1.050g/kg，水溶性钙含量主要集中在 0.018～0.028g/kg（仅在第 10 剖面有极端值 0.062g/kg），平均值为 0.026g/kg，有机质含量为 33.818～105.346g/kg，平均值为 50.881g/kg。11 个剖面中，交换性钙占全钙的比例为 13.67%～27.62%（平均值为 22.29%），水溶性钙占全钙的比例为 0.30%～1.61%（平均值为 0.56%）。土壤钙含量与坡面地形和土壤质地密切相关。因为地形和土壤颗粒组成不但影响土壤的结构和性能（罗绪强等，2009；李天杰等，2004），还影响土壤中大部分养分含量（王洪杰等，2003）。黄花镇峰丛坡面连续下降，土壤机械组成以砂粒为主，土壤中的钙元素容易被侵蚀、溶蚀迁移，因而其钙含量总体较低。

表 3-3   峰丛坡面土壤钙含量和有机质含量（平均值±标准差）

Tab.3-3   The contents of calcium and organic matter of soils on hill-slope of Karst peak-cluster
（mean±SD）

土壤剖面	全钙 （g/kg）	交换性钙 （g/kg）	水溶性钙 （g/kg）	有机质 （g/kg）
YB-PM-1	4.462±0.597	1.145±0.094	0.018±0.006	54.897±11.663
YB-PM-2	6.147±1.576	1.698±0.236	0.026±0.010	105.346±21.291
YB-PM-3	6.051±1.114	1.506±0.204	0.025±0.006	74.850±15.827
YB-PM-4	6.209±1.133	1.611±0.184	0.019±0.007	71.984±19.459
YB-PM-5	4.340±0.703	1.077±0.218	0.022±0.006	48.287±16.252
YB-PM-6	4.466±0.300	1.178±0.074	0.024±0.004	33.818±15.040
YB-PM-7	4.482±0.937	0.648±0.053	0.025±0.016	47.497±14.333
YB-PM-8	3.891±0.969	0.876±0.117	0.025±0.004	41.309±8.421
YB-PM-9	4.544±0.676	0.700±0.104	0.028±0.005	34.993±12.620
YB-PM-10	3.853±1.652	0.527±0.183	0.062±0.057	41.537±5.708
YB-PM-11	3.386±0.651	0.587±0.238	0.018±0.003	35.172±8.442

有机质变化幅度很大，为 105.35～33.82g/kg，特别在坡面上部变化剧烈，这与土壤表面的岩石裸露率有直接关系，在坡面上部，岩石裸露率超过 90%，裂缝、裂隙、沟槽、坑洼密布于岩石之间，土壤残留于这些微地形之中，土层薄，属于黑色石灰土，地表枯落物多集聚于此，地表径流侵蚀带来的细粒物质也被截留，因而土壤有机质含量远高于其他坡面。

（4）峰丛坡面土壤钙形态与海拔、坡度、土层厚度、岩石裸露率的关系

对黄花镇峰丛坡面土壤全钙、交换性钙、水溶性钙、海拔、坡度、土层厚度、岩石裸露率之间进行 Pearson 相关性分析，结果见表 3-4。除水溶性钙与其他各因素无显著相关外，其他各因素相互之间都呈极显著或显著相关。其中，全钙与交换性钙、全钙与海拔、交换性钙与海拔、交换性钙与坡度、交换性钙与岩裸露率都呈极显著的正相关，而土层厚度与全钙、交换性钙分别呈显著和极显著的负相关。这表明黄花镇峰丛坡面的地形变化（海拔和坡度）和土壤发育程度（土层厚度、岩石裸露率）是影响土壤全钙和交换性钙含量变化的重要原因，但对水溶性钙含量的影响却不明显。

表 3-4　土壤钙、海拔、坡度、土层厚度、岩石裸露率的相关关系

Tab.3-4　**Relationship of soil calcium, attitude, slope, soil thickness and coverage of rock**

因子	全钙	交换性钙	水溶性钙	海拔	坡度	土层厚度	岩石裸露率
全钙	1						
交换性钙	0.890**	1					
水溶性钙	−0.228	−0.402	1				
海拔	0.767**	0.875**	−0.427	1			
坡度	0.693*	0.812**	−0.462	0.853**	1		
土层厚度	−0.693*	−0.833**	0.289	−0.897**	−0.711*	1	
岩石裸露率	0.707*	0.838**	−0.215	0.899**	0.795**	−0.976**	1

**表示在 0.01 水平（双侧）上极显著相关；*表示在 0.05 水平（双侧）上显著相关。

按照 0～10cm、10～20cm 的土壤深度，将黄花镇峰丛坡面的土壤分为表层土和底层土（因海拔 580m 的剖面 2 的土壤不足 10cm 深，所以按 0～5cm、5～10cm 进行分层），然后再绘制 11 个土壤剖面表层和底层土壤的全钙、交换性钙、水溶性钙、有机质含量随海拔高度变化的折线图（图 3-4），分析其垂直方向的迁移特征。比较土壤表层和底层

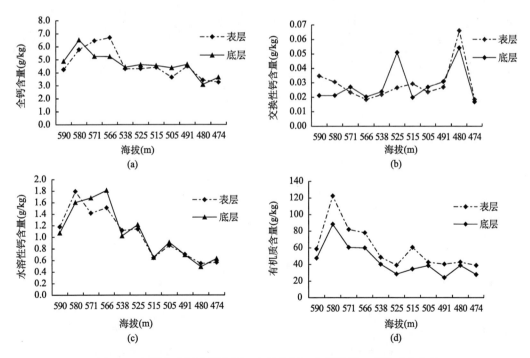

图 3-4　表层和底层土壤全钙、交换性钙、水溶性钙、有机质的含量

Fig.3-4　The contents of total calcium, exchangeable calcium, water soluble calcium, organic matter in surface and bottom soil

的全钙、交换性钙、水溶性钙和有机质的含量可以发现，土壤钙垂直迁移的规律性并不明显，而有机质含量则有明显的表层含量高于底层的特征。在海拔较高、坡度较陡的坡面上部，表层土壤与底层土壤的全钙、交换性钙、水溶性钙含量差异较大，而随着坡度变缓，土层增厚，表层与底层的土壤钙含量差异逐渐降低。坡面上部土壤侵蚀严重，土层稀薄，表层的土壤钙容易被地表水流直接带走，而土壤的母质——石灰岩不断风化成壤，释放钙元素到土壤底层。由于土壤中钙元素的流失与补充不同步，因此土壤中钙元素便处在一种非稳定的状态。而在坡面下部，坡度较缓，土层较厚，土壤中钙元素除受外在不稳定因素——地表侵蚀与岩石风化的影响外，还受土壤内部稳定的淋溶风化作用的影响，使得土壤中的钙元素处于动态平衡的状态，因而位于坡面下部的土壤表层与底层中全钙、交换性钙和水溶性钙的含量都很接近。

根据黄花镇峰丛坡面 11 个土壤剖面的全钙、交换性钙、水溶性钙和有机质平均含量随海拔高度的变化（图 3-5）可以发现，全钙、交换性钙和有机质含量与海拔呈显著负相关，位于陡峭坡面的土壤全钙、交换性钙和有机质含量明显高于平缓坡面。而水溶性钙含量则与海拔高度不具有显著相关性，除剖面 10（海拔 480m）的含量是极端高值外，其他剖面土壤中的水溶性钙含量呈小幅度波动。表 3-4 的相关性分析也表明，全钙和交换性换钙与海拔、坡度、土层厚度、岩石裸露率都有极显著的相关性，说明地形变化和土壤发育状况是影响峰丛坡面土壤全钙、交换性钙迁移的外在因素，有着明显的坡面迁移

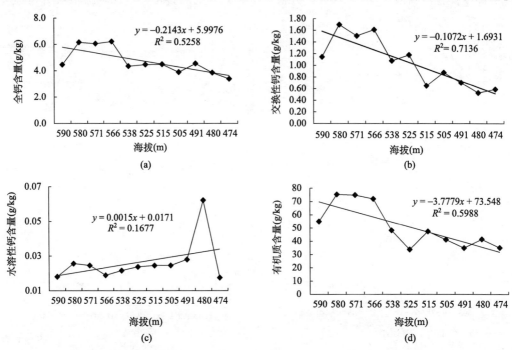

图 3-5　土壤全钙、交换性钙、水溶性钙、有机质的含量随坡面变化

Fig.3-5　Correlation of the contents of total calcium, exchangeable calcium, water soluble calcium, organic matter and attitude

x 的取值对应土壤剖面的序数

特征。黄花镇峰丛坡面具有坡度变化大的地形特点，地表侵蚀和垂直渗漏侵蚀共存（雷俐等，2013）。从坡顶至坡中（590～525m）坡面陡峻，地表水流速度快，因而地表侵蚀搬运严重，土壤物质不容易保留，使得岩石裸露率高，土层极其浅薄，土壤处于石灰岩风化成壤的初始阶段，石灰岩风化释放的钙元素直接进入土壤，土壤中的钙元素能够持续得到补充。坡度和缓的中部，是地表水的汇集区和滞留区，土壤中的钙元素更容易被溶解迁移。另外，石灰土的有机质含量对土壤中钙元素的含量也有重要影响，因为其对钙离子有较强的吸附和络合作用，可以抑制钙的流失和迁移（陈家瑞等，2012）。由图 3-5 可知，位于陡峻的坡面中上部的土壤有机质含量更高，能够吸附更多的钙，使得其全钙和交换性钙含量相对较高。海拔 525m 以下的坡面，坡度较小，土层逐渐增厚，石灰土发育过程中的淋溶脱钙作用更加明显（曹建华等，2003），地表水下渗的淋溶作用使得土壤钙被淋失。

黄花镇峰丛自然坡面土壤水溶性钙的含量极少，平均含量仅占全钙的 0.59%，总体上随坡面的海拔下降和坡度减小变化不明显。黄花镇峰丛坡面的坡度大，降水产生的地表径流速度快，土壤溶液中的钙离子极容易随地表水流失。通过对黄花镇峰丛坡面土壤机械组成进行分析，可以确定其土壤类型是砂质土，而砂质土具有通气性、透水性强，保水、蓄水、保肥性能弱的特点（李天杰等，2004），不利于水溶性钙的保留。地形和土壤质地是影响水溶性钙含量的关键因素，不过位于第 10 个剖面（即海拔 480m 处）水溶性钙的含量有极端高值 0.062g/kg，是其他各个部位土壤水溶性钙含量的 2～3 倍。根据实地调查的坡度测量（表 3-2）可以发现，此剖面正处于坡面中下部微微下凹的位置，形成局部的负地形，坡面流水在此汇聚产生积水沉积环境，使其更有利于水溶性钙的累积（陈同庆等，2014）。

岩溶峰丛坡面坡度陡，坡面不连续，地表侵蚀严重，土壤发育缓慢，土层浅薄，颗粒以砂粒为主，土壤中的有机质及营养元素容易被地表径流挟带和垂直渗漏流失。黄花镇峰丛自然坡面的土壤钙元素迁移特征可以归纳如下：除有机质含量外，土壤中全钙、交换性钙和水溶性钙的垂直迁移特征不明显，而全钙和交换钙有很明显的由高到低的坡面迁移特征；水溶性钙含量更易受微地形的影响，其随坡面迁移的特征不明显，但对土壤的水文状况响应灵敏。由于岩溶区普通土壤稀薄、生态脆弱，极容易发生土壤发育发生的逆转，从而导致石漠化的发生。因而，仍需进一步研究峰丛坡面土壤的有机质和土壤重要营养元素之一——钙元素含量的变化与石漠化程度的相关性。

4. 岩溶峰林不同地形土壤形态及钙元素分布特征

在粤北，岩溶丘陵与平原是仅次于岩溶山地的地貌类型，二者面积分别为 1394.8km^2 和 360km^2，占粤北岩溶总面积的 29.14%（广东省科学院丘陵山区综合科学考察队，1991a），岩溶丘陵与平原多发育为峰丛、莲座峰林、孤峰等地貌形态，峰尖坡陡，岩石裸露，石沟、石牙遍布。峰顶、峰壁、坡麓、峰间洼地地形、地表形态差异很大，这种差异不仅影响地表水的再分配和植被类型，还影响地表化学元素的迁移，最终导致不同地貌部位土壤理化性质的差异。为进一步了解地形对土壤及钙元素分布的影响，选取广东省英德市九龙镇石角村的两座典型岩溶山丘（24°08.113′N, 112°51.855′E, 海拔为 121m；24°08.383′N,

112°50.935′E，海拔为 164m）为研究对象，同时在两座山丘的底部选择积水洼地与无积水沟谷作为对比样地，每一类型选 3 块样地，每块样地在 200m² 以上，每块样地采用 S 型多点采样，每一点按 0～5cm、6～10cm、11～20cm、21～40cm 分层用土钻采样，重复 5 次，混合每层土样，用四分法收集 1kg 左右的土样。在两座山丘的顶部、峭壁、坡麓、积水洼地与无积水沟谷分别采集土样并测量样点的海拔、坡度、土壤深度（铁钎法）、岩石裸露率等指标。

（1）不同地貌部位土壤的类型及特征

从表 3-5 可见，调查区的地表形态和土壤物质组成的差别较大，岩溶区土壤非均质特征明显。在长期的侵蚀-堆积作用下，岩溶丘陵不同地貌部位的土层厚度、岩石裸露率、土壤粒度、坡度等地表形态有很大差异。山丘自上而下土层厚度由不足 10cm 逐渐增加至 100cm 以上，岩石裸露率则由 70%以上减小到 10%以内，土壤细粒物质增加，粗粒含量减少，有明显的侵蚀—搬运—堆积过程（图 3-6），坡度呈现缓—陡—缓—平的变化趋势。调查区土壤的碳酸钙平均含量为 41.51g/kg，pH 为 7.19～8.28，有机质含量相对偏高，平均值达 71.25g/kg。因而，粤北岩溶丘陵区同样具有岩溶生态环境中土壤的最基本特征：成土速率缓慢、富钙偏碱、有机质易于积累等。

表 3-5　调查区九龙镇确村土壤基本情况

Tab.3-5　The basic situation of soil in survey area

地貌部位	土层厚度 （cm）	岩石裸露率 （%）	坡度 （°）	碳酸钙 （g/kg）	有机质 （g/kg）	pH
丘顶	6.4	77	15	20.246	86.745	7.19
峭壁	2.7	93	77	9.110	139.467	7.42
坡麓	71.7	17	23.5	54.118	49.577	7.35
积水洼地	42.5	5	0	105.126	53.547	8.28
干旱沟谷	>100	8	2	8.572	26.898	7.48

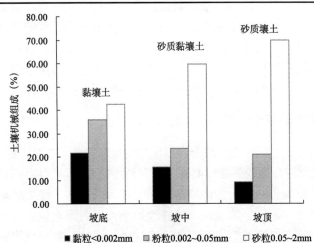

图 3-6　九龙镇峰林坡面土壤粒度变化

Fig.3-6　Changes of soil particle size in slope of Jiulong peak forest

在不同的地貌条件下，水热条件的再分配是完全不同的，这种差异会影响到喀斯特的发育过程及土壤的发生发展过程（张美良和邓自强，1994）。不同地貌部位的土壤处于不同发育阶段。在丘顶和峭壁，土壤发育处于初始阶段，一般只有几厘米厚，土体与母岩交界面清晰，缺失 E 层、B 层、C 层，多形成黑色石灰土。低处的洼地由于排水不畅，土壤淋溶作用不明显，形成的也多为黑色石灰土。在坡麓及沟谷部位土壤发育成熟，有比较完整的土壤剖面，淋溶作用明显，常形成红色石灰土。此外，地貌条件也影响土壤的碳酸盐含量、有机质含量及 pH。位于低处的洼地是地表水的汇集处，也是还原的积水环境，其碳酸钙含量和 pH 都很高，而其他部位的土壤都经历了地表水冲刷作用和淋溶作用，排水通畅，碳酸盐含量和 pH 都相对偏低。另外，黑色石灰土的有机质含量明显高于红色石灰土。

（2）不同地貌部位表层土壤钙元素变化

将不同地貌部位土壤 0～5cm、5～10cm、10～20cm、20～30cm、30～40cm 土层的全钙、交换性钙和水溶性钙含量平均值进行单因子方差分析并进行多重比较（表 3-6）。位于低处的积水洼地，无论是全钙、交换性钙，还是水溶性钙，在 5 个地貌部位土壤中含量均最高，并具有极显著差异。土壤全钙含量在丘顶、峭壁和坡麓之间没有显著性差异，含量仅为积水洼地土壤全钙含量的 29%～53%。位于低洼非积水环境的沟谷，其土壤全钙含量在所有部位中最低，仅为积水洼地土壤全钙含量的 8%。土壤交换性钙和水溶性钙含量在丘顶、峭壁、坡麓和干旱沟谷 4 个不同地貌部位之间的差异不明显，分别为 1.56～2.42g/kg 和 0.06～0.18g/kg，但坡麓和干旱沟谷的水溶性钙含量要明显高于丘顶和峭壁土壤。

表 3-6　不同地貌部位土壤钙浓度多重比较（平均值±标准差）

Tab.3-6　LSD analysis of soil calcium concentration in different geomorphological positions（mean±SD）

地貌部位	全钙（g/kg）	交换性钙（g/kg）	水溶性钙（g/kg）	交换性钙/全钙（%）	水溶性钙/全钙（%）
丘顶	32.81±21.4b	1.56±0.3b	0.07±0.01b	11.72±15.49a	0.61±0.70a
峭壁	18.67±11.1b	2.42±0.5b	0.06±0.01b	16.42±7.22a	0.4±0.18a
坡麓	27.92±28.7b	2.12±1.4b	0.16±0.18b	28.33±25.70ab	1.38±1.22ab
积水洼地	62.39±3.7a	4.58±0.3ab	0.22±0.11ab	7.39±8.15ac	0.34±0.16bc
干旱沟谷	5.02±1.75bc	2.10±0.221b	0.18±0.10b	44.75±11.78bc	3.53±0.91d

注：不同小写字母表示在 0.05 水平上差异性显著。

岩溶地区土壤的形成和发育是碳酸盐岩经长期溶蚀、风化过程和生物富集过程的结果。因此，其土壤化学组成一方面与母岩密切相关，另一方面具有岩溶地球化学过程的某些信息（曹建华等，2003）。由表 3-6 可知，在同一石灰岩地质背景下，不同地貌部位土壤全钙含量是呈非均质分布的。位于最顶部的土壤一般是由碳酸盐岩就地溶蚀风化的残留物，其土层很薄，淋溶作用微弱，是土壤发育的初始期，钙元素以释放、积累为主，因而具有相对较高的全钙含量。位于峭壁的土壤虽然同属于黑色石灰土（黑色岩性均腐土），全钙含量却较低，主要是由于坡度大，地表水的强烈冲刷作用，造成钙元素的大量流失。坡麓由于堆积作用，土层厚度增加，成土时间长，淋溶作用增强，钙元素向下淋失，使得其全钙含量也不高，但由于钙元素在淋溶过程中容易发生正向迁移或反向迁移的波动，使坡麓土壤全钙含量有最大变异系数（标准差/平均值）。位于底部的积水洼地，是坡面地表径流水的汇集处，也是上部钙淋失后的聚积处，而自身排水不畅，向下层淋溶强度较弱，易使低洼地表土成为 $CaCO_3$ 淀积层，其全钙含量自然最高。同样位于底部的沟谷，排水通畅，土层深厚，红色石灰土（钙质湿润淋溶土）逐渐向铁质湿润淋溶土过渡，土壤钙元素经过强烈的淋溶作用，使得土壤钙元素仅保持在痕迹量。通过对丘陵不同部位土壤全钙含量的比较分析可以看出，地形是影响土壤发育阶段、造成钙元素积累或流失的重要因素。

从表 3-6 看出，交换性钙在丘陵不同部位土壤中的含量相差不大。积水洼地土壤的交换性钙含量最高，达到 4.58g/kg，最低值 1.56g/kg 则出现在丘顶，峭壁、坡麓和干旱沟谷的含量都比较接近。土壤的交换性能是土壤胶体的属性，交换性钙的含量大小也会影响土壤胶体的属性。而影响土壤阳离子交换量的因素有很多，包括地表水文状况、土壤胶体类型、土壤质地、黏土矿物 SiO_2/R_2O_3 的比率及土壤溶液的 pH，但主要是由土壤胶体表面的负电荷量决定的（李天杰等，2004），土壤交换性钙含量在一定程度上反映了土壤胶体特征。位于低洼处，且有良好排水性能的干旱沟谷，其土壤成土时间长，土层最厚，淋溶作用强烈，有较多含负电荷的黏土矿物，能够吸附更多的阳离子，因而其交换性钙含量相对较高，其交换性钙含量/全钙含量的比值也最高。而位于地势较高处的峭壁，其土壤有机质含量较高，也能吸附较多的阳离子，使得其交换性钙含量/全钙含量的比值也保持较高水平。可见，有机质含量和黏土矿物含量等多因素共同影响土壤阳离子的交换量，使得交换性钙在不同地貌土壤中的含量具有相对稳定的特征。

以水作为溶剂的土壤溶液所含的水溶性钙离子在各部位的土壤中都较低，差异性也不显著（表 3-6）。岩溶区土壤溶液组分及其浓度随着土壤所处的地理环境和季节的变化而不同，土壤中钙离子的迁移受土壤空气中 CO_2 含量、土壤水分等因素制约（蒋忠诚，1999；何师意等，1997）。土壤溶液中的钙离子和胶体吸附的交换性钙相平衡，随交换性钙饱和度的增加而增加，也随 pH 的升高而增加，同时还与固相的碳酸钙含量相平衡（袁可能，1983）。位于低处的坡麓、洼地和沟谷，因为有地表水补给，加上本身较高的碳酸钙含量及较高的 pH 等因素，所以它们的干旱沟谷水溶性钙含量都高于丘顶与峭壁。干旱沟谷的土层较厚，地表水易下渗，钙离子容易随水流迁移下渗或随地表径流迁移，但由于其全钙含量最低，其水溶性钙/全钙的比值反而最高。虽然水溶性钙在土壤中的含量极低，但对环境中及外界水文状况变化的响应最敏感。

3.1.2　不同地貌部位土壤钙随深度的变化

根据土壤基本情况调查（表 3-5），丘顶和峭壁的土层极其稀薄，缺失 B 层，难以分析土壤钙元素随深度变化的规律。因而，主要讨论土层较厚的坡麓（70cm）、沟谷（100cm）和积水洼地（40cm）3 处土壤钙元素随深度的变化情况。其中，积水洼地是静水还原环境，其土壤发育和元素迁移特征都有明显不同，将单独进行讨论。

如图 3-7 所示，坡麓与沟谷的土壤全钙含量随土层深度有波状变化的趋势。位于地表（0～5cm）的全钙含量较高，这是因为位置较高的地表径流带来的溶蚀钙元素补给。由于向下淋溶作用的存在，全钙含量随着深度的增加逐渐下降，但是钙元素经过一定距离的迁移后，又分别在 50～60cm 的部位沉淀下来，所以全钙含量又上升为相对高值，这是因为碳酸钙的溶解和沉淀主要受控于土壤的 CO_2 浓度、水流状况和溶蚀强度的影响（蒋忠诚，1997；邓艳等，2006）。土层的底部，是土壤与成土母质——石灰岩的交界面，也是岩石在土下风化成壤的起点，如果没有裂隙，则在该界面出现上部迁移钙沉积和岩石表面溶蚀的双重特征，使该部位的全钙含量升高。因而，土壤全钙含量在两个剖面总体上呈现出地表—中下部—底部的相对高值。

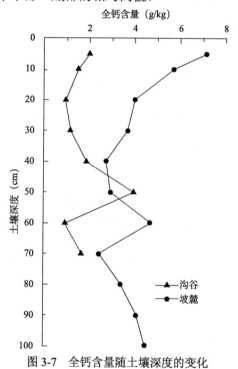

图 3-7　全钙含量随土壤深度的变化

Fig.3-7　Contents of total calcium changing with soil depth

土壤交换性钙含量在坡麓和干旱沟谷中随土壤深度的增加而逐渐下降，两者的变化趋势极为相似（图 3-8）。交换性钙容易受地表水下渗淋失作用的影响，坡麓和沟谷都位于山体的低处，地表水来源充足，排水通畅，淋溶作用强烈，这是引起交换性钙流失的外部水动力因素。通过实验测得两个剖面的土壤有机质含量都随土壤深度的增加而逐渐降低，有机质含量的降低也将导致交换性钙含量逐渐下降。由于交换性钙是土壤胶体吸附的阳离子的主要组分，其影响要素复杂，所以在多因素的共同作用下，土壤交换性钙含量的变化相对比较稳定。从图 3-6 的两条曲线可以看出，交换性钙含量的变化幅度比较小，无急剧型变化。

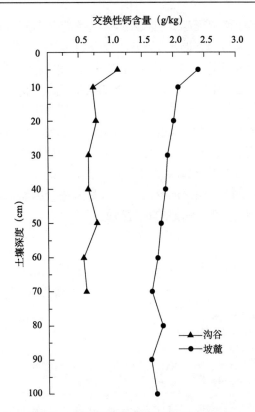

交换性钙含量（g/kg）

图 3-8　　交换性钙含量随土壤深度的变化

Fig.3-8　　Contents of exchangeable calcium changing with soil depth

从图 3-9 可见，在沟谷与坡麓两个剖面上，水溶性钙含量随土壤深度变化的差别比较大。水溶性钙在坡麓的变化比较复杂，先是在地表急剧下降，然后缓慢地下降到土层的中部，随后逐渐上升，再平缓地呈波状变化。水溶性钙在干旱沟谷的变化则比较单一，从地表至土层中下部水溶性钙含量的变化不大，在接近底部时，水溶性钙含量才有明显的增加，之后又下降，在底部达到最低值。造成沟谷和坡麓土壤水溶性钙含量变化差异的主要因素是不同的水动力条件。干旱沟谷位于地势最低处，土层较厚，是地表水汇集处，同时也带来地表水溶蚀的钙离子，加之较厚的土层减弱了地表水的下渗，向下淋失作用比较弱，所以水溶性钙在土层内既有缓慢下降也有逐渐上升的过程。坡麓处于较高的地势，而且还有一定的坡度，地表水冲刷强烈，水流下渗也比较通畅，向下淋失作用明显，然后在土层中下部随水下渗作用的减弱而淀积。在两个剖面的底部，土壤与石灰岩的交界面，水溶性钙含量都不高，究其原因还是由水作用力的减弱所致。

积水洼地位于丘陵底部边缘，受地表裸露岩石的阻隔，形成相对独立的微地形环境，由于地表水汇聚，排水不畅而形成静水还原环境。积水洼地的土壤富含碳酸钙和有机质，碳酸钙淋溶作用较微弱，属于钙质湿润淋溶土中相对年幼的土壤。由表 3-6 可知，积水洼地土壤的全钙、交换性钙和水溶性钙的含量在 5 个不同地貌部位最高，但是它们随土壤深度的变化却很微弱（图 3-10）。降水溶蚀的钙元素随水流汇聚至低处洼地，外源的补充使得其钙元素含量明显高于其他部位土壤。由于洼地底部有不透水层存在，水流重力下渗作用不明显，钙元素向下迁移的动力不足，使得洼地土壤钙元素的垂向迁移很微

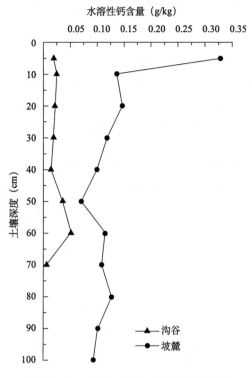

图 3-9　水溶性钙含量随土壤深度的变化

Fig.3-9　Contents of water soluble calcium changing with soil depth

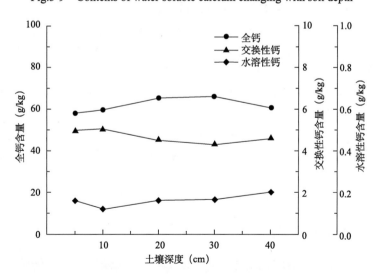

图 3-10　全钙、交换性钙、水溶性钙含量在积水洼地随土壤深度的变化

Fig.3-10　Contents of total calcium, exchangeable calcium, water soluble calcium changing with soil depth in depression

弱，加之周边岩石阻隔了积水外流，使这一微环境土壤多处于潴育状态，水中钙离子基本处于饱和状态，并易随二氧化碳溢出而出现碳酸钙沉积，这也进一步说明了地表水对于土壤钙元素的分布和迁移有着重要作用。

3.1.3 土壤碳酸盐、钙、有机质及 pH 的相关性

土壤碳酸盐、全钙、交换性钙、水溶性钙、有机质、pH 间相关分析的结果表明（表 3-7），土壤的碳酸盐含量和 pH 与全钙、交换性钙、水溶性钙都呈极显著正相关；全钙与交换性钙、交换性钙与水溶性钙都呈极显著正相关；而土壤有机质与碳酸盐、全钙、交换性钙、水溶性钙、pH 的相关性都不显著。

表 3-7　碳酸盐、土壤钙、有机质及 pH 的 Pearson 相关分析

Tab.3-7　Correlation analysis of Pearson correlation with carbonate, soil calcium, organic matter, pH

因子	碳酸盐（%）	全钙（g/kg）	交换性钙（g/kg）	水溶性钙（g/kg）	有机质（g/kg）	pH
碳酸盐（%）	1					
全钙（g/kg）	0.642**	1				
交换性钙（g/kg）	0.887**	0.487**	1			
水溶性钙（g/kg）	0.581**	0.137	0.637**	1		
有机质（g/kg）	−0.230	−0.163	0.038	−0.077	1	
pH	0.826**	0.590**	0.805**	0.423**	−0.261	1

**表示在 0.01 水平（双侧）上极显著相关。

岩溶土壤的形成和发育与其母岩——碳酸盐岩的溶蚀、风化过程和生物富集过程密切相关。石灰土中的碳酸盐含量是成土母质碳酸盐类岩石风化成壤后的痕迹量，反映了岩溶生态系统富钙偏碱的地球化学背景，土壤碳酸盐含量与全钙、交换性钙、水溶性钙和 pH 都呈极显著正相关关系，很好地反映了它们之间的相互联系。钙质湿润淋溶土的 pH 是由碳酸钙的水解所决定的（于天仁，1987），因而水溶性钙与 pH 也呈极显著正相关关系。土壤中的钙离子有活跃的迁移能力和生物作用，在 pH 接近中性或中性以上时，钙离子表现出较强的与其他离子竞争有机配位体的能力，钙质湿润淋溶土中离子钙主要以交换态形式存在（李天杰等，2004），因而全钙与交换性钙也呈极显著正相关关系。水溶性钙与交换性钙的饱和度相平衡，水溶性钙与交换性钙也呈极显著正相关关系。

3.2　植被生态系统特征

3.2.1　粤北岩溶区植被类型

粤北岩溶区面积广、分布范围大，由于岩石裸露、土层浅、岩层裂隙发育、透水性强，导致降水不易保留，土壤干旱，另外受碳酸钙溶蚀的影响，土壤富含钙物质而呈中性至碱性，因而生长在岩溶区的植物对岩溶环境形成了高度的适应性，多具有喜钙、耐旱、岩生的特性。在此基础上，受气候、地貌、地形、土壤的影响，粤北岩溶区形成了

石灰岩山丘常绿、落叶阔叶混交林，石灰岩灌丛，石灰岩灌丛草坡和石灰岩竹林 4 种常见的植被群系组类型（广东省科学院丘陵山区综合科学考察队，1991b）。

1. 石灰岩山丘常绿、落叶阔叶混交林

该群系组主要分布在韶关市各县及粤西的肇庆市和云浮、罗定等县（市）的局部区域。地貌属岩溶山地和岩溶丘陵，多呈现峰尖坡陡、岩石裸露的峰林形态，山地峰丛洼地最低处常有落水洞，孤座状或莲座状峰林中下部多有大小不一的岩洞，时常有地下河穿过。山坡上土壤覆盖不连续，石牙、石沟等遍布。该分布区的气候温暖多雨，但因岩层透水性大，土壤覆盖小，植被稀疏，因此环境干旱。分布在石灰岩山丘下部缓坡或堆积裙上的土壤一般比较深厚，多为红色石灰土，呈微酸性至中性反应。分布在石灰岩山丘上部岩沟、岩隙中的土壤一般比较浅薄，多为黑色石灰土，呈中性至微碱性反应。

石灰岩山丘常绿、落叶阔叶混交林比较低矮，高度为 8～15m，乔木层有 1～2 个层片，林冠参差不齐，近 1/3 乔木为落叶树种。优势种有化香树、黄连木、青冈栎等，主要伴生种有圆叶乌桕、酸枣、光皮树、朴树、紫弹树、黄梨木、任豆等落叶乔木和楞木石楠、川桂、阴香、山胡椒、桂花、樟叶槭、铁榄、粗糠柴（*Mallotus philippensis*）、菜豆树（*Radermachera sinica*）、杨梅、蚊母树（*Distylium myricoides*）等。在南亚热带地区的石灰岩混交林中则常见榕树、海红豆（*Adenanthera pavonina* var. *microcarpa*）、假苹婆等。灌木层中多有具刺灌木、攀援灌木和藤本植物，常见的有檵木、红背山麻杆、苎麻、粗糠柴、竹叶椒、小果蔷薇、山黄皮、龙须藤、铁线莲（*Clematis* spp.）、悬钩子、菝葜（*Smilax* spp.）等。草本植物层比较稀疏，以蕨类、苔草属、百合科等的种类较多，如铁线蕨、槲蕨、苔草、沿阶草等。

分布在本区中亚热带的石灰岩混交林与分布在南亚热带的石灰岩混交林，虽然群落的外貌结构基本相同，但组成种类有一定差异。根据种类组成又分为下列两个群系。

（1）化香树、黄连木、圆叶乌桕、青冈栎、桂花林群系

该群系主要分布于乐昌市庆云镇、黄圃镇、沙坪镇、秀水镇，连州市连州镇、西江镇、星子镇，连南县三江镇，乳源瑶族自治县乳城镇、大桥镇，阳山县阳城镇、江英镇、青莲镇，英德市英城街道办事处、大湾镇、黄花镇等地。例如，分布在乐昌市庆云镇湾雷村的化香树、黄连木、水冬瓜（*Adina racemosa*）、青冈栎、桂花群落。分布区地貌为石灰岩台地，海拔为 220m，地势呈波状起伏，坡度约为 15°，土壤覆盖度为 20%～30%，土层厚薄不一。林分郁闭度为 0.8～0.85，结构比较简单。乔木大致上可分为两层，上层乔木高度为 15m，胸径为 11～16cm，次层乔木高度为 6～12m，胸径为 6～12cm，优势种较明显。林下有稀疏的灌木层和草本植物层，并有少量的藤本植物和附生植物。落叶树种大概占 47%，主要有化香树、水冬瓜、乌桕（*Sapium sebiferum*）、黄连木、榔榆（*Ulmus parvifolia*）、光皮树、乌桕、黄檀（*Dalbergia hupeana*）等；常绿树种有青冈栎、润楠（*Machilus* spp.）、桂花、楞木石楠、女贞（*Ligustrum lucidum*）、樟叶槭、疏花卫矛（*Euonymus laxiflorus*）等。灌木层中有刺的种类较多，常见的灌木种有竹叶椒、小果蔷薇、南天竹（*Nandina domestica*）、沈氏十大功劳（*Mahonia shenii*）、莨芝、白马骨（*Serissa serissoides*）、光叶海桐、檵木、毛果巴豆、石岩枫（*Mallotus repandus*）等。草本层常见种类有五节芒、淡竹叶、苔草、天门冬、及己（*Chloranthus serratus*）、钟苞魔芋（*Amorphophallus campanulata*）、沿阶草、槲蕨、乌韭（*Stenoloma chusanum*）、卷柏（*Selaginella* spp.）等。常见的藤本植物有鱼藤（*Derris* spp.）、胡颓子（*Elaeagnus* spp.）、猕猴桃、薯蓣、络石（*Trachelospermum jasminoides*）、黄精（*Polygonatum cyrtonema*）等。由于建群种不同，本群系又可分为以下群落类型：①以化香树等为主的群落，主要分布于乐昌市庆云镇湾雷村，英德市黄花镇，连州市星子镇沈家村，阳山县江英镇南寮村。②以黄连木等为主的群落，分布于乳源瑶族自治县大桥镇田寮下村，南雄县珠现镇钟鼓岩。③以光皮树等为主的群落，分布于连州西江镇下柳塘村、东陂镇百家城村，阳山县阳城镇樊村、青莲镇水头山，乐昌市沙坪镇高寮村，蕉岭县文福镇坑头村。④以任豆等为主的群落，分布于乐昌市秀水镇大珠家村，阳山县阳城镇牛迳村、鸭仔田村，连南瑶族自治县三江镇。⑤以栓皮栎等为主的群落，分布于乐昌市沙坪镇下沙坪村。⑥以槲栎（*Quercus aliena*）等为主的群落，分布于乐昌市黄圃镇玉带冲。⑦含有榕树等热带树种的群落，分布于英德市石灰铺镇独山村、大湾镇古道村楼下洞。

（2）朴树、海红豆、黄连木、榕树、假苹婆林

该群系分布于本区南亚热带的石灰岩地区，在封开县莲都镇大石村，云浮市云城区石狗山和高峰街道，罗定市苹塘镇上洞村，肇庆市七星岩等地有零星分布。本群系落叶乔木种较少，只有20%～30%的树种和10%的乔木植株在冬季落叶，热带的种类成分较多，常见有榕树、笔管榕（*Ficus virens*）、黄葛树（*F. virens* var. *sublanceolata*）、斜叶榕（*F. gibbosa*）、假苹婆、黄牛木、海红豆、仪花（*Lysidice rhodostegia*）、樟叶朴（*Celtis cinnamomea*）等。例如，分布在封开县莲都镇大石村的朴树、海红豆、黄连木、榕树、假苹婆群落。所在地地貌为石灰岩丘陵，相对高度约为60m，地势陡峭，土壤覆盖度约为20%，大部分林木都生长在石缝中。林分郁闭度为0.85，乔木分为两层。上层乔木高度为15～16m，胸径为30～50cm，落叶树种有朴树、海红豆等，常绿树种有榕树、仪花等，次层乔木高度为3～12m，落叶树种有朴树、海红豆、黄连木、黄梨木，圆叶乌桕等，常绿树种有假苹婆、粗糠柴、青冈栎、黄牛木、土密树（*Bridelia tomentosa*）等。灌木层覆盖度约为30%，有刺种类较多，常见有山小桔（*Glycosmis parviflora*）、飞龙掌血（*Toddalia asiatica*）、雀梅藤、山石榴、九里香（*Murraya paniculata*）、山指甲（*Ligustrum sinense*）、苎麻、红背山麻杆、臭茉莉（*Clerodendrum philippinum* var. *simplex*）等。草本植物较稀少，常见种类有钟苞魔芋、海芋、槲蕨、铁线蕨、白花丹（*Plumbago zeylanica*）等。林中藤本和攀援植物较多，常见种类有鱼藤、龙须藤、胡颓子、异叶爬山虎（*Parthenocissus heterophylla*）、量天尺（*Hylocereus undatus*）等。

2. 石灰岩灌丛

石灰岩灌丛是本区石灰岩山丘上分布最普遍的类型，其中以阳山、乐昌、乳源、英德、连南等县（市）的分布面积较大，封开、怀集、罗定、云浮、阳春、清远、翁源、平远等县（市）也有分布，它在各类岩溶地貌上均有分布，特别是在一些峰林陡壁上更

为常见。它常与石灰岩常绿、落叶阔叶混交林和石灰岩灌丛草坡相连在一起。有些石灰岩灌丛是原生的,有些则是由常绿、落叶阔叶混交林破坏之后发育演替形成的次生灌丛。本类型呈现密灌丛外貌,相间分布于裸露林立的岩石之间。群落的高度为 1~2.5m,覆盖度为 50%~80%。灌丛主要由很多灌木、攀援灌木和藤本植物组成。据乳源瑶族自治县大桥镇 25m² 样方统计,共有灌木、攀援灌木、藤本植物和乔木幼树 33 种 121 株,其中灌木 59 株（占 48.8%）、攀援灌木 47 株（占 38.8%）、乔木幼树 8 株（占 6.6%）、藤本 7 株（占 5.8%）。由于攀援灌木及藤本植物数量多,并且和其他灌木交织在一起,因而形成密集而杂乱的结构。大多数灌木、藤本都为常绿、喜钙植物,具小型叶、具刺的种类也很多。例如,上述 33 种植物中,具刺的有 8 种（占 24%）。常见的灌木种类有黄荆、红背山麻杆、金丝桃（*Hypericum chinense*）、火棘、中华绣线菊、铜钱树（*Paliurus hemsleyana*）、竹叶椒、南天竹等。常见的攀援灌木有雀梅藤（*Sageretia thea*）、悬钩子、小果蔷薇等。常见的藤本有鸡血藤（*Millettia* spp.）、铁线莲、乌蔹莓（*Cayratia japonica*）等。灌丛中常见的乔木幼树有圆叶乌桕、黄连木、任豆、大叶水团花（*Adina polycephala*）、青冈栎、粗糠柴等。灌丛下的草本植物比较稀疏,覆盖度仅为 5%~10%,以蕨类、苔草属、景天科等的种类为主,常见的有乌韭、毛轴碎米蕨（*Cheilanthes chusana*）、肾蕨（*Nephrolepis cordifolia*）、景天（*Sedum* spp.）、苔草（*Carex* spp.）、卷柏、夏枯草（*Prunella vulgaris*）等。

本类型包括以下两个群落。

（1）檵木、黄荆、竹叶椒、火棘、小果蔷薇群落

该群落分布于北部的石灰岩丘陵山区。在乳源瑶族自治县大桥镇,乐昌市沙坪镇、云岩镇、梅花镇、黄圃镇,以及阳山、连州、连南、英德、梅州、蕉岭等县（市）都有分布。所在地为莲座峰丛或密集峰林地貌,一般海拔为 400~800m,相对高度为 200~500m,多呈连续起伏丘陵状。群落外貌为一丛丛半圆球形的绿色灌丛与灰色的石灰岩镶嵌分布。灌丛高度为 0.8~1.5m,覆盖度为 70%左右,主要由灌木和藤本植物交织而成,组成种类以亚热带种类为多,其中以檵木、黄荆、火棘、老虎簕（*Caesalpinia nuga*）、厚果鸡血藤（*Millettiapachycarpa*）、小果蔷薇、金丝桃、红背山麻杆等占优势。常见灌木种类还有粗糠柴、大叶水团花、美丽胡枝子（*Lespedeza formosa*）、盐肤木、竹叶椒、毛果巴豆、石岩枫、铁榄、紫弹树、白马骨等。此外,还有一些乔木幼树,如青稠（*Quercus myrsinaefolia*）、小叶青冈栎（*Q.glauca* var. *gracilis*）等。常见攀援灌木还有龙须藤、悬钩子、莨芝等。常见藤本植物有铁线莲、斑鸠菊（*Vernonia* spp.）、海金沙等。灌丛下的草本植物很稀疏,一般覆盖度都在 5%以下,常见种类有珍珠茅（*Scleria* spp.）、卷柏、沿阶草、山莴苣（*Lactuca indica*）、苔草,以及白茅（*Imperata cylindrica* var. *major*）、五节芒（*Miscanthus floridulus*）等。在该群落附近,特别是山地下部缓坡,常有块状的草坡分布,它以金茅（*Eulaliaspeciosa*）、五节芒为主,其他还有臭根子草（*Bothriochloa intermedia*）、纤毛鸭咀草（*Ischaemum indicum*）、白茅、小糠草（*Agrostis alba*）等。在坡麓土层较厚的草坡上常有马尾松散生,还有人工栽培的杉木、油茶、油桐、板栗等。

（2）黄荆、红背山麻杆、胶樟、山石榴、雀梅藤群落

该群落分布在粤中、粤西的石灰岩地区，如云浮、罗定、阳春、怀集、封开、高要等县（市）的局部区域。所在地为孤座峰林或连座峰丛地貌，海拔为 100～200m，相对高度为 80～150m，坡度大，一般为 20°～70°，常有陡壁。群落呈深绿色与灰色母岩镶嵌，总覆盖度为 80% 左右，灌丛高度为 80～150cm，组成种类以热带种类为多，常以黄荆、红背山麻杆、胶樟（*Litsea glutinosa*）、山石榴（*Randia spinosa*）、雀梅藤、龙须藤等占优势。其他常见灌木有黄牛木、了哥王、酒饼叶（*Desmos chinensis*）、银柴（*Aporosa dioica*）、竹叶椒、裸花紫珠（*Callicarpa nudiflora*）、圆叶乌桕、苎麻、石岩枫、粗糠柴、山黄皮、九里香、五色莓（*Lantana camara*）等。常见攀援灌木有龙眼睛（*Phyllanthus reticulatus*）、莨芝、白簕（*Acanthopanax trifoliatus*）、菝葜、紫玉盘（*Uvaria* spp.）等。藤本有铁线莲、玉叶金花（*Mussaenda pubescens*）、海金沙、鱼藤、槌果藤（*Capparis* spp.）、鸡眼藤（*Morinda umbellata*）、野葛藤、小木通（*Clematis armandi*）等。此外，灌丛中还有一些乔木幼树，如斜叶榕、任豆、菜豆树、八角枫（*Alangium chinense*）、香叶树（*Lindera communis*）、海红豆、假苹婆、假柿树（*Litsea monopetala*）等。灌丛下的草本植物很稀疏，常见有翠云草、野鸡尾（*Onychium japonicum*）、鳞毛蕨、短叶黍（*Panicun brevifolium*）等。在岩壁上常有山蒟（*Piper hancei*）、量天尺、球兰、瓜子金（*Dischidia chinensis*）等攀援生长。

3. 石灰岩灌丛草坡

（1）五节芒、芒群落

在岩溶山地土层较厚、坡度较陡、径流严重、易干旱的区域多出现五节芒、芒群落。群落外貌整齐，主要由草本层构成，覆盖度达 95% 以上，主要由芒（*Miscanthus sinensis*）、五节芒等高大草本组成，叶层高为 1～1.8m，花茎高为 2～3m。其他常见种类还有石芒草、斑茅（*Saccharum arundinaceum*）、大菅（*Themeda gigantean*）、野古草、金茅、细柄草（*Capillipedium parviflorum*）、白茅等。高草丛下还有一些较矮小的草本植物，如牡蒿、紫菀（*Aster* spp.）、鳞毛蕨（*Dryopteris* spp.）、泽兰、星宿菜、野苦麦、蕨菜等。此外，草层中也有小量灌木散生，常见种类有算盘子、映山红、黄药、野柿（*Diospyroskaki* var. *sylvestris*）、山苍子（*Litsea cubeba*）等。

（2）黄荆、野香茅、白茅、鸭咀草群落

该群落主要分布于本省石灰岩山丘区，其中以阳山、连南、英德、乳源、乐昌等县（市）分布面积较大。分布区为峰丛地貌，该群落多出现在山麓坡积裙上。所在地坡度较平缓，母岩露头较少，土壤为红色石灰土，土层浅薄，呈微酸性反应。这些地区多为人们开垦后的撂荒迹地或放牧地，常有火烧，水土流失较严重。群落呈现草坡外貌，结构简单，主要由草本植物层组成，其中也散布有少量的灌木和乔木幼树。草本层高度为 40cm 左右，覆盖度为 50%～80%，组成种类以野香茅、白茅、鸭咀草、臭根子草等占优

势,其次还有野古草、金茅、五节芒、扭黄茅、蕨菜(*Pteridium aquilinum* var. *latiusculum*)、珍珠茅、牡蒿、一枝黄花(*Solidago decurrens*)、千里光(*Senecio scandens*)等。此外,在下层还有一些矮小植物,如夏枯草、地榆(*Sanguisorba officinalis*)、苔草、卷柏等。散生乔木有马尾松、枫香等。散生的灌木在粤北常见有黄荆、檵木、红背山麻杆、小果蔷薇、竹叶椒、火棘、全缘叶火棘、黄药、美丽胡枝子、白马骨等。在粤西则常见有黄荆、雀梅藤、了哥王、黄花稔、山石榴、老鼠耳(*Berchemia lineata*)、山芝麻等。

4. 石灰岩竹林

(1)箬叶竹林和苦竹林

在粤北连南、连州等县(市)石灰岩山地坡面常见箬叶竹(*Indocalamus* spp.)林和苦竹(*Pleioblastus* spp.)林群落,它们多散布于灌丛中,群落低矮,外貌整齐,竹株高度一般为 1.5~2.5m,杆径粗为 0.3~0.5cm,密度高。

(2)粉单竹林

粉单竹(*Lingnania chungii*)林散布于南亚热带石灰岩丘陵、盆地洼地、坡麓及坡面中下部地势平缓、土层厚的区域,合轴丛生,每丛 10~25 株,株高为 10~18m,茎秆粗为 5~8cm,林下散生少量灌木。在村旁,偶见与吊丝竹(*Dendrocalamus minor*)林混生。

3.2.2 粤北岩溶区植物区系特点

岩溶环境土壤受石灰岩溶蚀影响,富含钙离子,使土壤呈碱性反应,加之岩石裸露使土壤分布不均匀且斑块化,土壤保水性能很差,即使降水量充沛,但基本随径流和入渗进入地表河或地下河。富钙、旱化、土层薄且不均匀、石牙林立等地表特点使石灰岩植被区系与区域内相同气候区分布的花岗岩、砂页岩等区域植被发生了明显变化。土壤干旱导致原有的落叶、常绿混交林中落叶种类明显增加,如同样是壳斗科,在花岗岩、砂页岩地区,除长柄山毛榉(*Fagus longipetiolata*)、亮叶山毛榉(*F.lucide*)等为落叶乔木外,其他都为常绿乔木,而在岩溶区,一些优势科属植物中落叶乔木种类取代了常绿种成为优势种,如壳斗科的麻栎(*Quercus acutissima*)、栓皮栎(*Q.variabilis*)等。

岩溶富钙的土壤环境也成为岩溶植物必须适应的条件,不同植物通过形成对土壤钙的不同生理机制来适应富钙环境,在英德市九龙镇峰林坡麓对不同植物根系与根际土壤钙离子含量的测定中发现,该区域的植物对高钙环境具有高度的适应性,尤其以岩溶峰顶和坡麓的优势种竹叶椒最为明显,其根际土壤总钙含量高达 64.91g/kg,是土壤全钙平均值的 14.72 倍,表现出明显的抑制作用。也有一些植物,如三裂叶葛藤、雀梅藤、小果蔷薇、红背山麻杆和白茅等,根际土壤中总钙含量低于平均值,说明不同物种对土壤中钙的适应方式不同。依据根系对根际土中钙的吸收能力可以将这些植物可以分为三类:第一类为根系中钙含量与根际土中钙含量相当,如八角枫、粉单竹、石岩枫等,对土壤环境表现出较好的适应性;第二类为根系中钙含量低于根际土中钙含量,如黄连木和秋枫等,在高钙环境下表现出了抑制性;第三类为根系中钙含量明显高于根际土中钙含量,如菜豆树、乌蔹莓等，植株根系对土壤中钙的吸收能力较强（表 3-8）。

表 3-8　九龙镇峰林坡麓植物根系对土壤钙离子吸收系数类型
Tab.3-8　Plant type of adaptability to karst caicium-rich environment base on the ratio of calcium in root and rhizosphere,Jiulong peak forest

适应方式	吸收系数	物种
适应性吸收	钙含量≈根际土中钙含量	八角枫、粉单竹、石岩枫、鸡血藤、绿叶地锦、黄荆、櫶木、苎麻、白茅、沿阶草、四季报春和华南毛蕨
抑制性吸收	钙含量<根际土中钙含量	黄连木、秋枫、龙须藤、悬钩子、竹叶椒、石山棕榈、藤金合欢、纤毛鸭嘴草和卷柏
主动性吸收	钙含量>根际土中钙含量	菜豆树、乌蔹莓、单叶铁线莲、三裂叶葛藤、雀梅藤、小果蔷薇和红背山麻杆

　　岩溶环境地表的非均质特征，尤其是裸露岩石林立、石缝、石槽等发育也使岩溶植物具有岩生、旱生的特点，尤其是藤本、攀援灌木和刺灌丛居多，如乌蔹莓、三裂叶葛藤、菝葜、悬钩子、雀梅藤、龙须藤、小果蔷薇、竹叶椒等都是最常见的灌木种类。

3.2.3　岩溶峰林不同地形植被特征

　　植被对于广布于南方热带、亚热带区域脆弱的岩溶生态环境至关重要，植被类型、结构、分布特征、物种多样性等直接关系到岩溶生态系统的健康与否。在影响植被的诸多因素中，地形因素非常重要，地形通过改变局部水、热、光强及土壤理化性质等直接或间接对群落中物种的分布格局产生影响（Swanson et al.,1988），也可以通过影响植物生长所需的热量、水分和光照条件来改变植物分布（沈泽昊和张新时，2000；王国宏和杨利民，2001；宋同清等，2010；Brewer et al.,2002）。在岩溶环境中，土-石二元结构决定了岩溶地表的复杂性和非均质性，并在溶蚀、侵蚀作用下形成了独特的岩溶峰丛洼地、峰丛台地、峰林丘陵、峰林平原等多种地貌，同时也造就了独特的岩溶植被类型。国外关于岩溶植被的物种组成、结构与多样性特征方面的研究证明，石灰岩森林物种丰富度和群落生物量低于非岩溶区（Proetor et al.,1983；Murphy and Luge,1986）。但也有研究证明，岩溶森林比其他森林的物种丰富度高（Kelly et al.,1988）。Trejo-Torres 和 Ackerman（2002）研究表明，岩溶生境中水分是影响植物区系组成的限制因素。Brewer 等（2002）在伯利兹岩溶区的研究结果也表明，岩溶森林的组成、多样性和结构在地形梯度上较大的变化可能与由谷底至山顶水分逐渐降低有关。国内对岩溶森林的研究最早始于 20 世纪 40 年代（侯学煜，1952），80 年代后，对岩溶植被的研究主要集中在贵州茂兰、广西木论、弄岗等几个典型的岩溶森林区，如周政贤（1987）、杨汉奎和程任泽（1991）、朱守谦等（1995）分别对茂兰岩溶森林物种和区系组成、生长特点和生物量进行了系统研究；杜道林等（1996）还对茂兰岩溶森林南方铁杉的广东松和种群结构与动态进行了比较研究；侯满福和蒋忠诚（2006）对茂兰岩溶原生林不同地球化学环境的植物物种多样性的研究表明，特殊的地形条件与元素地球化学特征引起局部小生境的分异，从而影响植物群落特征；蓝芙宁等（2004）对广西弄拉、弄刚和阳朔岩溶植被的比较发现,岩溶区生境具有很强的地形异质性,岩溶区森林群落物种与岩溶区特殊的地质背景有关;区智等(2003)对广西弄岗的岩溶植被演替进行了研究。上述研究对认识岩溶区植被特征很有帮助,但这些研究基本都集中在岩溶山地,对于广布于流域中下部的岩溶峰林平原而言,无论是孤峰,还是连座峰林,峰尖、坡陡、麓缓的特有地形特征与峰丛山地地貌地形不同,独特的地形造成岩石裸露率、土层厚度、坡度等差异很大,从而影响到植被分布。了解峰林平原的植被特征首先需要调查不同峰林地形的植物分布,这对于保护和合理利用岩溶峰林植物和土壤资源尤为重要。为此,选择广东省英德市九龙镇石角村两座能够到达峰顶的典型独座型岩溶峰林(24°08.113′N,112°51.86′E;24°08.01′N,112°54.63′E)作为调查点,坡麓海拔高度分别为121m和108m,山体相对高度为50~80m,呈东西走向,第一座峰林东西长约为120m,南北宽约为50m,峰顶平台东西宽为50多米,南北宽为45m。第二座峰林东西长约为80m,南北宽约为60m,峰顶西高东低,东边为缓平台,东西为55m,南北为25m左右。

1. 样地设置与调查方法

试验选择峰顶、峰壁、坡麓、峰间洼地4种地形,采用系统采样法,峰顶沿最长距离每隔5m一个样方,各5个样方,两座峰林峰顶平台均按东西向设置样带,峰壁和坡麓沿山体走向布置样带,每隔10m一个样方,各5个样方,峰间洼地选择最低处平地设置样带,每隔10m一个样方,样方大小均为3m×4m,共调查40个样方。每个样方内调查岩石裸露率、土层厚度、物种、盖度、高度,草本植物刈割、木本植物采集典型枝测定生物量。土层厚度用铁钎法,对角线与十字线点插钎,每个样方平均15个点,峰间洼地由于土层太厚,采用土钻测深。岩石裸露率通过量测样方内裸露岩石面积测算。

2. 数据处理与分析

物种α多样性指数计算公式如下:

$$\text{Simpson 指数}(\lambda):\quad \lambda = \sum_{i=1}^{s}\frac{n_i(n_i-1)}{N(N-1)},\quad i=1,2,3,\cdots,S \tag{3-1}$$

$$\text{丰富度指数}(R):\quad R=(S-1)/\ln N \tag{3-2}$$

$$\text{Shannon-Wiener 指数}(H'):\quad H'=-\sum_{i=1}^{s}(P_i)\ln(P_i) \tag{3-3}$$

式中,n_i 为第 i 个种的个体数;S 为每一样方内的总种数;N 为每一样方内所有种的总个体数;P_i=样方内各物种的个体数/总个体数×100%;H' 为多样性指数。

$$\text{物种重要值}(\text{IV})\text{计算}:\quad \text{IV}=(C_i+P_i+B_i+H_i)/4 \tag{3-4}$$

式中,C_i(相对盖度)=样方内个体盖度/每一样方内的总盖度×100%;B_i(相对生物量)=(样方内某植物的个体生物量/每一样方内的总生物量)×100%;H_i(相对高度)=(样方内某植物的高度/每一样方内所有物种的高度总和)×100%。

β多样性指数采用简森相似性系数(IS_J)(宋永昌,2001):

$$\text{IS}_J=\frac{a}{a+b+c}\times100\% \tag{3-5}$$

式中，*a* 为两个样地中共有种数；*b* 为只在样地一中出现的种数；*c* 为只在样地二中出现的种数。不同地形样地的每一个样方之间计算 Jaccard 相似性系数，并对各样地间的 Jaccard 相似性系数进行显著性差异分析。

数据采用 SPSS10.0 进行统计分析。

3. 峰林不同空间位置地表岩石裸露率与土层厚度

两座峰林不同空间平均的土层厚度与岩石裸露率差异很大（表 3-9），峰顶、峰壁和坡麓土层平均厚度不足 10cm，而峰间洼地土层厚度超过 146cm，极显著大于峰顶、峰壁和坡麓的土层厚度，峰壁岩石裸露率显著大于峰顶、坡麓和峰间洼地，峰间洼地岩石裸露率不足 1%，显著小于峰顶和坡麓。峰顶、坡麓地形相对平缓，峰间洼地基本为平地，峰壁陡峭。从地形及地表特征看，峰林具有较大的空间异质性。

表 3-9　峰林不同空间土层厚度与岩石裸露率差异分析（平均值±标准差）
Tab.3-9　LSD analysis of soil thickness and rock coverage in different spatial location of peak forest plain（mean±SD）

位置	土层厚度（cm）	岩石裸露率（%）	坡度（°）
峰顶	5.77±4.31a	46.18±31.27a	15
峰壁	0.12±0.15a	97.66±1.48b	82.4
坡麓	7.96±1.43a	30.96±26.05ac	18
峰间洼地	146±26.07b	0.76±0.98c	3

注：不同小写字母表示在 0.05 水平上差异性显著。

4. 峰林不同空间位置群落物种分布特征

根据两座峰林的峰顶、峰壁、坡麓、峰间洼地不同样地植物种调查结果（表 3-10），粤北峰林平原植物种超过 46 个，共有 31 科、43 属，最多为大戟科和禾本科，各有 4 个属，5 个种；次为蔷薇科和蝶形花科，各有 3 个属，3 个种。除峰间洼地出现 15 个物种外，峰顶、峰壁和坡麓物种数量差异不大，峰顶、峰壁出现 25 个物种，坡麓出现 26 个物种，但群落结构、物种类型和优势种变化较大。在峰顶，群丛为乔柿榕-竹叶椒+檵木-纤毛鸭嘴草，并且草坡占优势；峰壁，群丛为乔柿榕-红背山麻杆+檵木-五节芒，灌木占优势；乔柿榕虽为乔木，但在峰顶和峰壁长势低矮，未形成明显的层片；坡麓，群丛为黄连木-灰白毛莓-纤毛鸭嘴草，乔灌木占优势，尤其是藤灌丛植物，如厚果鸡血藤、龙须藤、单叶铁线莲等优势地位增加；峰间洼地，群丛为长毛八角枫-藤金合欢+粉单竹-纤毛鸭嘴草，长毛八角枫作为小乔木，层片优势不明显，粉单竹虽为灌木，但层片优势明显。显然地形对植被分布影响明显，攀援灌木种类在峰顶、峰壁、坡麓和峰间洼地分别有 6 种、3 种、8 种和 4 种，在峰顶和坡麓分别还有攀援草本植物种 1 种和 4 种，草本层优势种纤毛鸭嘴草通常出现在土层较厚的峰顶、坡麓和峰间洼地；几种乔木种都呈幼树状，比较低矮。无论在峰林的任何部位，土层较厚而且连续分布的区域以草坡为主要群

表 3-10　不同地形植物种的特征与重要值

Tab.3-10　Feature and important value of plants in different spatial location of peak forest plain

种	科	属	生态特征	峰顶物种重要值	峰壁物种重要值	坡麓物种重要值	峰间洼地物种重要值
纤毛鸭嘴草 Ischaemum indicum	禾本科	鸭嘴草属	多年生草本	**0.393**	0.042	**0.337**	**0.073**
竹叶椒 Zanthoxylum armatum	芸香科	花椒属	落叶灌木	**0.117**	0.026	0.000	0.004
檵木 Loropetalum chinese	金缕梅科	檵木属	常绿灌木	**0.092**	**0.086**	0.011	0.015
红背山麻杆 Alchornea trewioides	大戟科	山麻杆属	落叶灌木	0.077	**0.182**	0.023	0.000
龙须藤 Bauhinia championii	苏木科	羊蹄甲属	常绿攀援藤本	0.059	0.072	0.035	0.000
华南毛蕨 Pteridium revolutum	金星蕨科	毛蕨属	多年生草本	0.055	0.058	0.007	0.016
黄荆 Vitex negundo	马鞭草科	牡荆属	落叶灌木	0.034	0.016	0.037	0.000
美丽胡枝子 Lespedeza formosa	碟形花科	胡枝子属	常绿小灌木	0.032	0.000	0.000	0.000
小果蔷薇 Rosa cymosa	蔷薇科	蔷薇属	常绿攀缘灌木	0.022	0.000	0.022	0.000
菝葜 Smilax china	菝葜科	菝葜属	常绿攀缘藤本	0.021	0.010	0.000	0.005
五节芒 Miscanthus floridulus	禾本科	芒属	多年生草本	0.018	**0.082**	0.000	0.000
乔柄榕 Ficus microcarpa	桑科	榕属	常绿乔木	**0.016**	**0.050**	0.000	0.000
野菊 Chrysanthemum indicum	菊科	菊属	多年生草本	0.013	0.032	0.052	0.000
石山棕榈 Guihaia argyrata	棕榈科	棕榈属	常绿小灌木	0.011	0.036	0.000	0.000
圆叶乌桕 Sapium rotundifolium	大戟科	乌桕属	常绿小乔木	0.006	0.000	0.000	0.000
樟树 Cinnamomum appelianum	樟科	樟属	常绿乔木	0.005	0.000	0.000	0.000
苎麻 Boehmeria nivea	荨麻科	苎麻属	半灌木	0.004	0.030	0.027	0.060
灰白毛莓 Rubus tephrodes	蔷薇科	悬钩子属	落叶攀援灌木	0.003	0.032	**0.114**	0.060
金丝桃 Hypericum chinense	金丝桃科	金丝桃属	半常绿小灌木	0.003	0.009	0.000	0.000
藤金合欢 Acacia sinuata	含羞草科	金合欢属	常绿攀缘藤本	0.003	0.000	0.013	**0.310**
千里光 Senecio scandens	菊科	千里光属	多年生草本	0.002	0.000	0.000	0.000
火棘 Pyracantha fortuneana	蔷薇科	火棘属	常绿灌木	0.002	0.023	0.000	0.000
沿阶草 Ophiopogon bodinieri	百合科	沿阶草属	多年生草本	0.002	0.023	0.002	0.000
单叶铁线莲 Clematia henryi	毛茛科	铁线莲属	常绿攀缘藤本	0.002	0.000	0.035	0.000
戟叶鹅绒藤 Cynanchum sibiricum	萝藦科	鹅绒藤属	多年生攀援草本	0.002	0.000	0.002	0.000
黄连木 Pistacia chinensis	漆树科	黄连木属	落叶乔木	0.000	0.044	**0.103**	0.000
粗糠柴 Mallotus philippinensis	大戟科	野桐属	常绿小乔木	0.000	0.044	0.000	0.008
黄棉木 Adina polycephala	茜草科	黄棉木属	常绿乔木	0.000	0.044	0.000	0.012
榔榆 Ulmus parvifolia	榆科	榆属	落叶小乔木	0.000	0.044	0.000	0.000
毛果巴豆 Croton lachnocarpus	大戟科	巴豆属	常绿灌木	0.000	0.044	0.000	0.000
小叶海金沙 Lygodium microphyllum	海金沙科	海金沙属	常绿攀缘藤本	0.000	0.044	0.000	0.019
箬叶竹 Indocalamus longiauritus	禾本科	箬竹属	多年生草本	0.000	0.044	0.000	0.000
石岩枫 Mallotus repandus	大戟科	野桐属	常绿半攀缘灌木	0.000	0.044	0.005	0.000
长毛八角枫 Alangium kurzii	八角枫科	八角枫属	落叶小乔木	0.000	0.000	0.021	**0.068**
厚果鸡血藤 Millettia pachycarpa	豆科	崖豆藤属	大型攀援灌木	0.000	0.000	0.038	0.000
中南鱼藤 Derris fordii	碟形花科	鱼藤属	常绿攀缘藤本	0.000	0.000	0.005	0.000
细叶卷柏 Selaginella labordei	卷柏科	卷柏属	多年生草本	0.000	0.000	0.010	0.000
茜草 Rubia cordifolia	茜草科	茜草属	草质攀缘藤本	0.000	0.000	0.004	0.000
雀梅藤 Sageretia theezans	鼠李科	雀梅藤属	攀援灌木	0.000	0.000	0.000	0.010
小叶青冈栎 Quercus glauca	壳斗科	青冈属	常绿乔木	0.000	0.000	0.036	0.000
三裂叶野葛 Pueraria phaseoloides	碟形花科	葛属	草质攀缘藤本	0.000	0.000	0.021	0.000
乌蔹莓 Cayratia japonica	葡萄科	乌蔹莓属	草质攀援藤本	0.000	0.000	0.029	0.000
铁榄 Mastichodendron wightianum	山榄科	铁榄属	常绿小乔木	0.000	0.000	0.003	0.000
粉单竹 Lingnania chungii	禾本科	单竹属	多年生草本	0.000	0.000	0.000	**0.196**
构树 Broussonetia papyrifera	桑科	构属	落叶乔木	0.000	0.000	0.000	0.061
吊丝球竹 Dendrocalamus beecheyanus	禾本科	单竹属	多年生草本	0.000	0.000	0.000	**0.083**

丛，而在岩石裸露、土层间断的区域以石灰岩灌丛为主要群丛。乔木可以生长在峰林的不同部位，但其根系生长区域的土壤资源，尤其是养分资源是限制其生长的主要因素。竹灌丛是峰林平原特殊的一类群丛，与纤毛鸭嘴草一样，分布在地势相对平缓、土层厚的区域，基本都是合轴丛生竹类。草本植物在峰顶和坡麓出现分别有 7 种和 6 种，但坡麓植被灌丛层片厚，草本植物种中耐阴种增加。显然，峰林不同部位的地表土层、岩石裸露率、坡度差异使不同空间部位的物种、群落结构、层片、优势种等发生了适应性变化，地势较平缓、土层相对厚、岩石裸露率较低的峰顶与坡麓更有助于岩溶植被的发育和生长，群落结构更复杂。而峰间洼地对于竹灌丛生长有利，丛生竹类限制了大多数岩溶乔灌木生长。

5. 不同空间的植被盖度与生物量差异

峰林不同空间的植被盖度有差异，但不显著，由于峰壁岩石裸露率很高，植物只在一些缝隙和少量堆积土壤上生长，限制了其发展的空间，植被盖度要低于其他区域，但并无显著性下降。在坡麓位置，土层厚度增加，岩石裸露率下降，乔灌木和草本植物都有生长的环境，特别是灌木层中多种攀援灌木和藤本植物交织生长，使植被盖度增加。在峰间洼地，尽管土壤厚度深、岩石裸露率很低，但优势种粉单竹合轴丛生、生长旺盛，限制了其他乔灌木生长，植被盖度并没有显著增加。峰间洼地与峰顶的生物量干重显著高于峰壁与坡麓，峰壁植被的生物量最低，虽然坡麓植被盖度最高，但在乔灌木优势种中，藤灌丛植物占主导地位，乔木种数量稀少，藤灌丛植物延伸性强，但生物量不如竹叶椒、黄荆等灌丛（表 3-11）。

表 3-11　峰林不同空间植被盖度与生物量分析（平均值±标准差）

Tab.3-11　LSD analysis of coverage and biomass of vegetation in different spatial location of peak forest plain（mean±SD）

因子	峰顶	峰壁	坡麓	峰间洼地
植被盖度（%）	59.96±19.45a	47.56±18.66a	63.5±20.82a	61.92±17.80a
地上生物量（干重）（g/m²）	1200.48±593.52a	286.2±105.96b	381.03±168.09b	1361.78±494.31a

注：不同小写字母表示在 0.05 水平上差异性显著。

6. 峰林不同空间地表岩石裸露率、土层厚度与植被盖度及生物量相关性

峰林的不同空间决定了地表岩石裸露率与土层厚度差异，从而影响了物种的分布、植被盖度和生物量，相关性分析结果表明（表 3-12），岩石裸露率与土层厚度间呈极显著的负相关关系，但与植被盖度和生物量间未达到显著相关，土层厚度与生物量呈极显著的负相关关系，植被盖度与生物量之间关系不显著。这一结果验证了石灰岩植物对岩石环境的高度适应性，即使在岩石裸露率很高的环境，藤本植物、攀援植物仍能很好地生长并占据地上空间，保持较高的植被盖度，但岩石裸露率会影响土层厚度，最终影响地表生物量。

表 3-12　峰林不同空间岩石裸露率、土层厚度与植被盖度及生物量相关性分析

Tab.3-12　Analysis of correlations among the soil thickness, rock coverage, coverage and biomass of vegetation

指数	因子	岩石裸露率（%）	土层厚度（cm）	植被盖度（%）	生物量（g/m²）
岩石裸露率（%）	pearson correlation	1.000	−0.541**	0.028	0.282
	Sig.（2-tailed）	—	0.002	0.881	0.124
	N	40	40	40	40
土层厚度（cm）	pearson correlation	−0.541**	1.000	−0.195	−0.526**
	Sig.（2-tailed）	0.002	—	0.293	0.002
	N	40	40	40	40
植被盖度（%）	pearson correlation	0.028	−0.195	1.000	0.058
	Sig.（2-tailed）	0.881	0.293	—	0.758
	N	40	40	40	40
生物量（g/m²）	pearson correlation	0.282	−0.526**	0.058	1.000
	Sig.（2-tailed）	0.124	0.002	0.758	—
	N	40	40	40	40

**表示在 0.01 水平上差异性显著。

7. 不同峰林空间的 α 多样性

峰林的不同空间植物种数量明显分为两类：峰顶与峰间洼地地势平坦，物种显著少于峰壁与坡麓，峰顶的 Shannon-Wiener 指数、Simpson 指数和 Pielou 指数都显著低于其他空间，峰间洼地建群种粉单竹长势快速，既占据了空间，地下合轴丛生特点又能抑制其他物种生长，而峰顶出现两种地形，一种是处于地表侵蚀和垂直渗漏作用下的平坦地形的裸露岩石，另一种是土层较厚的缓坡地形，前者由于土壤仅留存于岩石缝隙，限制了乔灌木和草本植物生长，多以耐旱和藤灌丛植物为主，后者以鸭嘴草为优势种，制约了其他乔灌木植物生长，造成 Shannon-Wiener 指数、Simpson 指数和 Pielou 指数均较低。尽管峰壁植被稀疏，但地势复杂，适于不同环境的物种也相对较多，其 Shannon-Wiener 指数、Simpson 指数和 Pielou 指数均显著高于其他空间植被；同样，坡麓地带地势也复杂，而且堆积的土层较厚，相对优越的水、土资源为不同植物的生长提供了条件，物种数、Shannon-Wiener 指数、Simpson 指数和 Pielou 指数均显著高于峰顶，但除物种数外，多样性指数均低于峰壁，Pielou 指数显著低于峰间洼地（表 3-13）。显然，地势多样性有助于提高生物多样性，均一的裸露岩石结构和一元土壤结构都不利于生物多样性发展，长期处于地表侵蚀和垂直渗漏共同作用下的峰顶，其植被多样性同样有降低的风险，同样堆积土壤厚、地势平坦的峰间洼地物种多样性也会降低，只有土、石结合的岩溶二元结构才适合更多岩溶植物生长。

表 3-13　峰林不同空间植物多样性分析（平均值±标准差）

Tab.3-13　LSD analysis of plant diversity in different spatial location of peak forest plain（mean±SD）

位置	物种数	Shannon-Wiener 指数	Simpson 指数	Pielou 指数
峰顶	9.0±1.88A	0.687±0.404A	0.301±0.206A	0.723±0.416A
峰壁	12.4±2.3B	2.211±0.282B	0.876±0.060B	2.027±0.143B
坡麓	13.2±4.549B	1.564±0.460C	0.637±0.171C	1.427±0.347C
峰间洼地	6.6±1.673A	1.572±0.195C	0.778±0.041BC	1.950±0.104B

注：不同大写字母表示在 0.01 水平上差异性显著。

8. 不同空间环境梯度的 β 多样性

采用 Jaccard 相似性系数指标反映峰林平原不同空间环境梯度的 β 多样性差异，对峰顶、峰壁、坡麓、峰间洼地 4 种地形每一个样地相互间计算 Jaccard 相似性系数（表 3-14），峰顶-峰壁、峰顶-坡麓、峰顶-洼地、峰壁-坡麓、峰壁-洼地、坡麓-洼地的 Jaccard 相似性系数平均为 0.28、0.17、0.14、0.17、0.09、0.16，峰顶与峰壁间相似性系数最高，而峰壁与洼地间相似性系数最低。峰顶-坡麓、峰壁-坡麓和坡麓-洼地间相似性系数基本相似。不同地形间 Jaccard 相似性系数分析结果（表 3-14）表明，峰顶-洼地与峰壁-坡麓和峰壁-洼地间有显著性差异，峰壁-坡麓与峰壁-洼地间有显著性差异，其余都无显著性差异。很明显，地形对植物种分布的影响比较明显，空间位置远近、地形差异大小对物种分布

表 3-14　峰林不同空间植被 Jaccard 相似性系数相关性分析

Tab.3-14　Analysis of correlations of Jaccard correlation coefficient in different spatial location of peak forest plain

位置	指数	峰顶-峰壁	峰顶-坡麓	峰顶-洼地	峰壁-坡麓	峰壁-洼地	坡麓-洼地
峰顶-峰壁	皮尔森相关系数显	1.000	0.186	0.132	0.329	0.154	0.256
	著性系数	—	0.373	0.530	0.109	0.463	0.217
峰顶-坡麓	皮尔森相关系数显	0.186	1.000	0.357	0.007	0.150	−0.032
	著性系数	0.373	—	0.080	0.973	0.474	0.474
峰顶-洼地	皮尔森相关系数显	0.132	0.357	1.000	0.448*	0.494*	0.018
	著性系数	0.530	0.080	—	0.025	0.012	0.932
峰壁-坡麓	皮尔森相关系数显	0.329	0.007	0.448*	1.000	0.423*	0.071
	著性系数	0.109	0.973	0.025	—	0.035	0.735
峰壁-洼地	皮尔森相关系数显	0.154	0.150	0.494*	0.423*	1.000	0.361
	著性系数	0.463	0.474	0.012	0.035	—	0.077
坡麓-洼地	皮尔森相关系数显	0.256	−0.032	0.018	0.071	0.361	1.000
	著性系数	0.217	0.474	0.932	0.735	0.077	—

*表示在 0.05 水平上差异性显著。

的作用较大，如峰顶-峰壁、峰顶-坡麓、峰顶-洼地间随着空间距离的拉大，Jaccard 相似性系数从 0.28 依次降低为 0.17 和 0.14，峰壁-洼地由于地形差异大，与峰顶-洼地比较，Jaccard 相似性系数要小很多。

3.3　岩溶水特征

3.3.1　岩溶水类型

1. 裸露型岩溶水

岩溶山地岩溶强烈发育，洼地、漏斗、落水洞、溶沟、溶隙等随处可见，大气降水和地表水多以集中注入式由洼地、漏斗、落水洞流入补给地下水，少数由溶隙下渗。此外，地势高于岩溶区的外围基岩部分裂隙水以侧向潜流形式补给岩溶水，也有部分形成地表溪流进入岩溶区后，由漏斗、落水洞等处进入地下，形成岩溶管道流。

大气降水渗入补给量不但与降水量的大小有关，而且受降水方式和强度，以及生态环境的影响很大。毛毛雨和小阵雨，多被蒸发，渗入补给小；大雨、暴雨时，降水主要由漏斗、落水洞流入地下，岩溶地下水暴起暴落，很快渲泄于地表；而绵绵细雨最有利于降水的渗入补给。在植被发育及地形较缓地段，其水土涵养功能较强，降水渗入补给也相对较大。

岩溶山地岩溶水的补给区与排泄区的地形高差一般较大，地下水径流途径较长，主要为溶蚀、侵蚀作用形成的管道流，常形成暗河或伏流，于岩溶洼（盆）地边缘排泄出地表。但当流经岩溶强烈发育地段，因裂隙遍布而又再潜入地下全部消失或流量减少。有些发育于河谷两侧的暗河、伏流则直接汇入河中。地下水与河水常常同出一源，明流、盲流、暗河、伏流交替出现，关系密切。一般地下水管道流水力坡度为 1.60‰～26.10‰；地下径流模数 2.50～18.40L/（s·km^2）。

裸露型岩溶水具有补给面积较大、流速快、交替强烈、以垂直运动为主等特点。最终排泄于溶蚀准平原及河谷平原，补给第四系孔隙水和隐伏岩溶地下水及地表河流。

岩溶山地的地下水水位埋藏较深，但随不同地貌部位而异，在山地前缘稍浅，为 10～30m，中、后缘水位埋深在 40m 以上。

2. 覆盖型岩溶地下水

覆盖型岩溶水的补给主要来自大气降水的垂直下渗、周边山地、丘陵区裸露岩溶水及基岩裂隙水的侧向补给，以及某时段该区地表水的下渗补给。裸露区岩溶水流入覆盖区后，水力坡度减缓，多在 1‰以下。在过渡地段，地形地貌往往发生突变，此处水力坡度较大，之后转为平缓径流。

覆盖型岩溶地下水、第四系孔隙水及地表水因地下表层岩溶的发育而有较密切的水力联系，呈互补关系。较多时候是岩溶地下水补给孔隙水和地表水。但在洪水季或雨季，江河水位上涨，第四系孔隙充水丰富，与岩溶地下水形成水头压力顺差，两者补给岩溶地下水。该区地下水水位埋藏较浅，一般为数几米到十几米，局部地段在 20m 以上，个别地段地下水自流。

岩溶水最终都排入各类江河,逐级汇聚,最后以北江为载体,向南而去,流出区外。一般来说,裸露区岩溶水是以星子河、仁化河、周陂河等二级支流或富水构造盆地为其直接场所;连江、武江、滇江、南水及翁江等一支流为二级排泄区,也接受部分暗河、伏流及泉的直接排泄;北江则为三级排泄所在,即岩溶水在调查区的最终归宿。

裸露区岩溶水通过裂隙、溶洞富集,主要储蓄于溶洞、裂隙及其构成的岩溶管道之中,但运移快、交替强,故属相对的、不稳定的蓄水类型。岩溶水在进入覆盖区后,主要储蓄于岩溶构造盆地(富水构造)内,以地下岩溶裂隙、溶洞及岩溶管道为径流场所,具有运移慢、交替循环弱、地下水位较稳定等特点,属较稳定的蓄水类型。

此外,山塘、水库是存储、利用、调节岩溶水资源的重要功能类型和手段。据不完全统计,调查区有大型水库 4 座、中型水库 19 座,总有效库容为 21.7789 亿 m^3,还有许多小型水库、山塘分布于岩溶洼(盆)地当中。有不少水库主要靠截取暗河(伏流)或大泉水而建成。在枯水季,暗河(伏流)或大泉是许多小型水库的唯一补给来源。例如,英德市桥头镇石角塘水库,库区为上升泉群出露地带,枯水季流量为 79.12L/s,丰水季大 3 倍多。又如,连州市龙坪镇龙塘大泉,出露于洼地,枯水季流量为 200L/s,当地以其为主建成龙塘水库,灌溉下游数百亩农田并发电,枯水季的泉流量是龙塘水库的唯一水源。

3.3.2　岩溶水水化学特征

裸露灰岩区峰丛地貌发育,地形起伏变化大,径流条件好,交替循环强烈,地下水溶蚀作用强,形成以 HCO_3-Ca 型为主,次为 HCO_3-Ca·Mg 型的岩溶水。近花岗岩分布地带,岩溶水中的钠离子增多,出现 HCO_3-Ca·Na 型水,甚至形成 HCO_3-Na·Ca 型水;变质岩附近岩溶水出现 HCO_3·Cl-Ca 型;碳酸盐岩中的白云岩、白云质灰岩较集中分布地段,常形成一些 HCO_3-Ca·Mg 型水。

岩溶水的矿化度为 112.26~374.69mg/L;pH 为 6.8~7.7,平均为 7.0,个别小于 6.8 或大于 8.0;总硬度(以 $CaCO_3$ 计)为 120~250mg/L,少数大于 300mg/L,最大达 347.16mg/L,平均为 188.0mg/L。

裸露型岩溶水与覆盖型岩溶水的水化学特征基本一致,只有总硬度和矿化度略有变化。据水质分析结果,裸露型岩溶水总硬度为 96.58~261.00mg/L,平均为 172.35mg/L;矿化度为 112.26~269.76mg/L,平均为 185.86mg/L。覆盖型岩溶水总硬度为 102.64~347.16mg/L,平均为 200.49mg/L;矿化度为 142.08~374.67mg/L,平均为 229.88mg/L。由此可见,后者的总硬度和矿化度较前者的略高。

在局部地段,由于受矿区采选矿污水污染和城镇工业及生活废水的影响,形成一些以阴离子 SO_4^{2+}、Cl^- 或 NO_3^- 为主,或者以阳离子 Fe^{3+}、Cu^{2+} 或 Na^+ 为主的水化学类型,如西牛岩口伏流,因受上游采矿影响,水中 Fe^{3+} 摩尔含量达 53.1%,属 HCO_3-Fe 型水。

3.4　粤北岩溶环境人工生态系统特征

3.4.1　粤北岩溶区土地主要利用方式

1. 粤北岩溶山地土地利用现状

岩溶山地是陆地上升,并经过长期溶蚀和侵蚀形成的地貌类型,峰顶海拔为 400~800m,比高 300~600m 的为岩溶低山,峰顶海拔为 800~1200m,比高 400~600m 的为岩溶中山。岩溶山地岩石透水性强,垂直渗漏占主导,夷平面较完整,面积大,分布广,如连州-阳山岩溶高原,乳源-乐昌岩溶高原,英德西北部岩溶高原都保留了较好的夷平面,使岩溶山地地势显得平缓,地面起伏不大。在夷平面上突起有峰丛和峰林,比高为数十米至 100~200m。由于石灰岩纯度差异及流水冲蚀,所以形成不同的岩溶山地和土地利用方式。

（1）纯石灰岩构成的溶蚀低山和中山

由于溶蚀作用强,山体常呈峰丛与峰林形态,峰谷走向和地下河流向与构造线一致,如阳山县东北部由秤架至江英一带,峰谷排列方向和河流流向一致,都呈东北-西南方向,峰间谷地保持了较好的长度与宽度,其间有发育良好的台地,地势平缓、土层深厚,少有岩石裸露,形成很好的农林业生产条件。有河流通过的地方,水源充足,开垦有水田,种植水稻,地势稍高处种植玉米、番薯、花生、豆类及各种蔬菜。无河流通过的地方,只能种植耐旱的木薯、玉米、豆类作物,土地资源和水资源缺乏,严重制约了这一区域农业的发展,因此这些区域多是比较贫困的。

（2）不纯石灰岩或与砂页岩相间构成的溶蚀低山和中山

一类为不纯石灰岩及夹杂薄层砂页岩构成的溶蚀-侵蚀低山,海拔为 700~800m,地表岩石裸露率低,大多数被风化残积物覆盖,且养分充足,是很好的森林分布区,在海拔 600~700m 处,地势平缓,耕地较多,水源充足,可种植各种粮食作物、经济作物和经济林。另一类为石灰岩与砂页岩相间分布的区域,如连州市的清江、山塘、龙坪、西江,阳山县的黄岔、岭背、犁头,英德市的波罗、九龙等区域,石灰岩峰体陡峭,坡度大,土层薄且不连续,土壤多残留于石缝、石槽中,除少量平缓坡麓可作为经济林或耕地利用外,大多为自然石灰岩灌丛或灌丛草坡。但砂页岩发育的地貌山体浑圆,土层厚,地势相对平缓,水土资源良好,有长势良好的天然林或次生林,坡度较缓的区域也可以开垦为农田,种植各种粮食作物或蔬菜,该区域也有经济林分布。

2. 岩溶丘陵区土地利用现状

根据实地调查,岩溶丘陵区土地利用类型多样,耕地有水田、旱地和菜地,园地主要种植柑橘、香蕉、龙眼等,林地包括生态林、用材林、薪炭林、经济林。不同岩溶地貌类型的土地利用方式不同。

　　溶蚀低丘陵与溶蚀侵蚀低丘陵的地势相对平坦，是农业生产的主要土地资源，但由于所处的地理位置差异造成土地利用方式不同。分布于韶关盆地和英德盆地的溶蚀低丘陵及溶蚀侵蚀低丘陵由于盆地地势低平，又多为河流流经之地，水资源丰富，石灰岩山丘多呈独座峰林零星分布，面积较小，耕地面积较多，峰丘顶部、中部以灌木为主，坡麓平缓和土层深厚处有少量乔木，低洼处多为竹林，所以具有相对较好的农业种植条件。这些溶蚀丘陵已有很久的农业发展史，土地利用率较高，靠近河流处多为水田，主要种植水稻，较高处的旱田种植玉米、番薯、花生、豆类及各种蔬菜。在峰丘底部坡度较缓、土层较厚处多已开垦为坡园地，栽植柑橘、橙、柚等。在溶蚀侵蚀低丘陵，由砂页岩发育的"土山"山体平缓，土层厚，具有很好的林业发展潜力。原有的天然林无论是蓄材量还是物种多样性均优于石灰岩发育的"石山"。但原有植被多已被破坏，现主要为次生林，有马尾松林、杉木林、薪炭林等，近年来桉树的发展很快，很多次生林被砍伐后栽植桉树，栽植过程中出现水土流失加剧的现象，也存在潜在的生态风险，应引起高度重视。

　　分布于岩溶高原区的溶蚀低丘陵与溶蚀侵蚀低丘陵，峰丛与峰林密集，峰体陡峭，坡度陡，土壤少且多在石缝、石隙中，难以利用，仅在峰体与峰体间有少量溶蚀洼地和溶蚀谷槽，其可开垦为耕地，以梯田居多，且大多缺水，可作为旱地种植玉米、番薯、花生、蔬菜等。也有少量交通较便利的峰丘底部被开垦为小块耕地种植蔬菜、花生、大豆等作物。这一区域的林地面积较大。

　　而在粤西以带状形式分布的岩溶丘陵，由于岩溶地貌周围多有流水地貌，水资源丰富，使粤西的溶蚀丘陵具有很好的开发潜力，除陡峭的峰丘外，大多已被开垦为耕地和园地，种植各种农作物、蔬菜和经济林。

　　在粤东分布的溶蚀地貌以溶蚀侵蚀高丘陵为主，多以溶蚀残丘的形式零星分布于盆地和谷地，其面积小，所占农林业比重小，主要作为建筑材料资源被开发。

　　在溶蚀低丘陵和溶蚀侵蚀低丘陵区，丘间洼地、平地已有多年的农业开发利用历史，可开垦潜力很小，而岩溶山地的山坡中下部仍具有一定的开发潜力。

3. 岩溶平原

　　在连江干流及其支流流经的区域，受地表水和地下水影响，形成较平坦的地貌，但常见残峰与石芽，这一区域广布于粤北区的连州、连南、阳山、英德、翁源、曲江、乳源、乐昌等区（县、市），在粤西、粤东也有分布。由于地势平缓和水源充足，这些区域多是城镇密集分布的区域，也是重要的农林业生产基地，各种粮食作物、经济作物、经济林均有分布，盆地周边的山体是很好的森林及灌丛植被。

3.4.2　不同土地利用类型的生态系统特征

　　在粤北岩溶区，不同地貌类型的土地利用方式有所差异，在连南瑶族自治县、阳山县、英德市黄花镇等岩溶山地区，峰丛洼地落水洞周边地势平缓，土层厚，是很好的耕地资源，在坡面中下部坡度较缓的区域常被平整为梯田，主要种植木薯、蔬菜、玉米、花生等作物。在岩溶丘陵、平原区，如英德岩溶盆地台地丘陵亚区的英德市大湾、石灰铺、横石塘、石牯塘、望埠等镇，连江岩溶高原及盆地亚区的英德市波罗、大湾、九龙、黄花等镇，还有连州市的龙坪、连州、大路边、东陂等镇，除盆地区域地势平坦、土层肥沃的大片良田外，大部分峰林坡麓也被开垦为耕地，部分坡面中下部被开垦为经济林栽植区。土地利用方式的改变使原有植被消失，土壤、岩石在空间发生迁移，导致地表界面变化，从而造成土壤资源生产力和地表生态系统发生变化，自然生态系统向人工生态系统转化，土壤理化性质也相应发生变化。选择连州市九陂镇和英德市九龙镇不同岩溶地貌和土地利用类型土壤调查采样，测定土层厚度、粒度、养分等，分析土地利用方式改变后岩溶生态系统的变化。

1. 不同土地利用类型的土壤物理和养分特性

在岩溶环境中土壤是制约农林业生产的主要因素，受岩溶山地、丘陵地貌和岩石裸露的影响，除盆地间、峰林间洼地、峰丛洼地中部局部地势平缓、土层厚且连续性好外，山地、丘陵坡面大多坡面陡、土层浅薄且不连续，人类开发耕地最先选择地势平坦且土层厚的区域，但随着人口的持续增加，对耕地资源的需求增大，人们不得不寻求可以开垦的一切土地资源，耕地从盆地、平缓洼地不断上移，坡麓、坡中不断被开发为耕地或林地。在耕地、人工林地利用过程中，人类不断修整土地，将岩石搬离至田块边缘，地形被平整，一些土壤也被迁移至耕地中，加之持续耕作，土壤性质不断变化。从连州市九陂镇岩溶山地坡面土地利用看，坡面中下部被开垦为梯田，与山体上部的马尾松次生林比较，土层厚度增加，岩石裸露率减少，土壤细粒物质含量增加（表 3-15）。在英德市九龙镇峰林坡麓，随着砂糖橘经济效益逐年增加，而集体林地缴纳的租金很低，使越来越多的石灰岩峰林坡麓被开垦栽植砂糖橘，造成大量灌丛植被被毁，土壤裸露，水土流失加剧。从表 3-15 可以看出，位于峰间洼地的竹林地除土层厚度和岩石裸露率外，土壤颗粒与石灰岩灌丛并没有多大区别，而砂糖橘林的土壤粒度变化明显，黏粒含量增加较多，这与细粒土壤物质从坡面或石缝中被搬运有关，加之，为提高砂糖橘产量而增施大量有机肥也提高了土壤耕作层黏粒含量。

表 3-15　粤北岩溶区不同土地利用方式土壤粒度、厚度与岩石裸露率变化

Tab.3-15　Changes of soil mechanical composition , soil thickness and rock coverage on different land utilization in Northern Guangdong province

采样点	土地类型		采样层次（cm）	土壤机械组成（%）			土壤质地（国际标准）	土层厚度（cm）	岩石裸露率（%）
				黏粒 <0.002mm	粉粒 0.002~0.05mm	砂粒 0.05~2mm			
连州市九陂镇	耕地	花生地	0~5	16.92	50.99	34.07	黏壤土	37.67	0.72
			5~10	16	50.56	34.56	黏壤土		
		玉米地	0~5	19.76	55.57	35.81	黏壤土	29.86	16.58
			5~10	20.44	58.6	38.16	黏壤土		
		弃耕地	0~5	19.6	54.77	35.17	黏壤土	43.25	9.36
			5~10	19.16	53.76	34.6	黏壤土		
	自然坡面	马尾松次生林	0~5	14.02	43.17	29.15	黏壤土	28	20.54
			5~10	14.26	49.22	34.96	黏壤土		

续表

采样点	土地类型		采样层次（cm）	土壤机械组成（%）			土壤质地（国际标准）	土层厚度（cm）	岩石裸露率（%）
				黏粒<0.002mm	粉粒0.002～0.05mm	砂粒0.05～2mm			
英德市九龙镇	人工林	粉单竹林	0～5	16.16	38.00	45.84	壤土	103.3	9.0
			5～10	16.16	32.00	51.84	黏壤土		
			10～20	22.16	36.00	41.84	黏壤土		
			20～40	22.16	22.00	55.84	砂质黏壤土		
		砂糖橘林	0～5	24.16	32.00	43.84	黏壤土	88.3	6.67
			5～10	32.16	38.00	29.84	黏土		
			10～20	36.16	48.00	15.84	粉砂质黏土		
			20～40	32.16	38.00	29.84	黏土		
	自然坡面	石灰岩灌丛	0～5	18.16	36.00	45.84	壤土	30	19.66
			5～10	24.16	40.00	35.84	黏壤土		
			10～15	22.16	32.00	45.84	黏壤土		

　　开垦与耕作也使得耕地、经济林地的土壤养分与自然土壤有明显不同（表 3-16），在岩溶山地坡面的耕地，各种农田的有效氮含量均低于次生马尾松林地，表层的速效钾

表 3-16　粤北岩溶区不同土地利用方式的土壤养分变化

Tab.3-16　Changes in nutrient on the different land utilization in Northern Guangdong province

土地利用方式		土壤层次（cm）	有效氮（mg N/100g 土）	速效磷（mg P/100g 土）	速效钾（mg K/100g 土）	有机质含量（g/kg）
耕地	花生地	0～5	0.257	1.084	1.56	32.57
		5～10	0.232	0.881	1.24	33.76
		10～15	0.216	0.301	0.87	30.41
		15～20	0.214	0.562	6.52	30.26
		20～25	0.324	0.214	5.75	32.19
		25～30	0.241	—	5.97	29.55
	玉米地	0～5	0.200	0.010	2.27	29.61
		5～10	0.213	—	1.71	29.22
		10～15	0.211	0.881	1.69	69.48
		15～20	0.100	0.388	1.81	53.28
		20～25	0.177	—	1.44	56.28
	弃耕地	0～5	0.226	0.098	2.41	62.09
		5～10	0.216	0.359	2.17	54.27
		10～15	0.222	0.330	1.90	52.28
		15～20	0.346	2.070	1.98	49.83

续表

土地利用方式		土壤层次 (cm)	有效氮 (mg N/100g 土)	速效磷 (mg P/100g 土)	速效钾 (mg K/100g 土)	有机质含量 (g/kg)
次生林	马尾松次生林	0～5	0.371	0.678	4.83	70.77
		5～10	0.354	0.910	1.31	46.59
		10～15	—	1.432	1.30	44.71
人工经济林	粉单竹林	0～5	0.432	1.258	1.02	37.15
		5～10	0.310	1.664	0.91	57.71
		10～20	0.234	0.939	5.55	29.14
		20～40	0.238	0.765	5.97	30.69
	砂糖橘林	0～5	0.257	1.084	1.05	39.72
		5～10	0.317	0.794	1.03	36.12
		10～20	0.256	0.040	6.57	36.87
		20～40	0.233	1.113	7.16	28.12
自然林	灌丛	0～5	0.519	2.534	1.474	111.08
		5～10	0.337	1.040	2.399	73.67
		10～20	0.326	1.490	2.306	68.91
		20～40	0.318	1.780	3.103	51.13

含量也远低于次生马尾松林地，表层有机质含量更是大幅度下降，而弃耕后表层有机质含量比其他耕地增加，这与耕作管理方式有关，农田地表杂草被铲除，枯落物减少，有机质形成转化的生物基础被削弱，即使施用一定量的农家肥，作物生产吸收还是会使地表养分含量下降。适当休耕有助于土壤养分恢复。对九龙镇峰林坡麓灌丛与砂糖橘林和洼地的竹林进行比较，表层土壤速效氮、磷、钾和有机质含量下降的趋势更加显著，说明土地利用导致土壤理化性质发生变化，养分含量降低，生产力下降，最终使岩溶生态系统退化，而这种退化会造成原本就脆弱的岩溶生态系统极易向石漠化方向发展。

2. 不同土地利用类型的土壤钙离子特征

钙是调节土壤酸碱性的重要元素。曹建华等（2003，2005）在对中国西南岩溶生态系统的研究中指出，典型石灰土中的 CaO 含量可达 1%～3%，是同纬度玄武岩发育的红壤的 3 倍；谢丽萍等（2007）在贵州省花江峡谷查尔岩小流域的研究表明，研究区岩溶土壤总钙含量平均为 1.8%，交换性钙含量占总钙含量的 50.9%，且与土壤总钙含量呈显著正相关；滕永忠等（1996）对岩溶土壤 Ca 的测定指出，岩溶区土壤钙含量平均为 4.59g/kg，水溶态钙和交换性钙占全钙含量的 85%左右；姬飞腾等（2009）在贵州省普定、花江、荔波和罗甸 4 个地区的研究得出，土壤平均交换性钙为 3.61g/kg，比我国非石灰岩地区土壤交换性钙含量高数倍以上。不同土地利用对岩溶环境土壤的影响也有一些研究，如杨慧等（2010a，2010b）开展了不同土地利用对岩溶土壤有机质、土壤无机磷等的影响研究；严毅萍等（2012）进行了岩溶区不同土地利用方式对土壤有机碳碳库及周转时间的影响研究。岩溶由于自然的岩溶环境是一个富钙的环境，所以钙对土壤理化性质的影响至关重要。在粤北岩溶区，耕地资源匮乏，大多数峰丛洼地缓坡和峰林平原坡麓及峰间洼地被开垦为经济林和耕地，在人类的强烈干扰下，自然生态系统演变为自然-人工复合生态系统。在这种复合型生态系统中，土壤中的钙含量有何变化？人工生态系统对自然岩溶生态土壤钙离子有何影响？需要进一步研究，这对于岩溶环境钙循环研究极其重要，也对于建立稳定的、适度干预的自然-人工复合岩溶生态系统极其重要。本书选取九龙镇石角村相近的三座独立峰林（24°08.393′N，112°51.005′E；24°08.383′N，112°50.935′E；24°08.113′N，112°51.855′E）为研究区，三座峰林坡麓海拔分别为148m、164m、120m。三座峰林山体相对高度分别为121m、210m、230m，第一、第二座峰林呈锥状和塔状，东西长为80～110m，南北宽为80～120m，第三座峰林呈狭长形塔状，东西长约为130m，南北宽约为60m。地貌分区属于粤北山地丘陵区的连江岩溶高原及盆地亚区，受连江干流及支流影响，形成九龙-明迳盆地（广东省科学院丘陵山区综合科学考察队，1991a），区内石灰岩与砂页岩相间分布，有峰有丘，"石山"与"土山"交错分布，石山呈不连续孤立状或部分连续状分布。

　　分别选择三座峰林坡麓的灌丛、峰林坡麓下部砂糖橘林、洼地半人工竹林、洼地水田（稻田）、洼地旱地（菜地）和积水洼地6种土地利用类型。每一种土地利用类型选3块样地，每块样地在200m²以上，每块样地采用S型多点采样，每一点按0～5cm、5～10cm、10～20cm、20～40cm分层用土钻采样，重复5次，混合每层土样，用四分法收集分析样。同时，每种土地利用类型选择土层较厚处分层采样直至母质层，以了解钙随土壤深度的变化。在采集土壤样品的同时，详细记录样点处的位置、海拔、坡度，同时在每块样地内随机设置3m×4m小样方，调查植被类型，用铁钎测定土层厚度，量算岩石裸露面积。砂糖橘林树龄为5～8年，菜地、稻田种植超过30年，菜地主要种植豆角、茄子、菜瓜类，轮作花生、红薯等作物。竹林为粉单竹（*Lingania chungii*）和吊丝球竹（*Sinocalamus beecheyanus*），每年适度砍伐。积水洼地在坡麓下部，一年中至少有9个月有积水，水中以水生植物水莎草（*Juncellus serotinus*）为主。

　　采用原子吸收分光光度计测定土壤全钙、交换性钙和水溶性钙。

（1）不同土地利用类型的土壤厚度与岩石裸露率

　　在岩溶峰林平原区，峰顶、峰壁、坡麓、洼地地形差异很大，在长期侵蚀-堆积作用下形成土壤厚度、岩石裸露率差异很大的地表形态。位于坡麓下部的缓坡、地势平缓的洼地具有较厚的土层和较低的岩石裸露率，成为人类最适宜开发利用的土地资源。经过长年的耕作，耕地内的岩石被搬运，地形被平整，原有的坡麓自然灌丛被开垦为砂糖橘林地，不仅原有植被被砍伐，而且较小体积的岩石被搬运，地表土壤被整理，自然生态系统变为人工生态系统。近年来，由于砂糖橘经济效益较高，越来越多的岩溶坡麓地带被开垦栽植砂糖橘。从表3-17可以看出，砂糖橘林、菜地、稻田和半人工的竹林土壤厚度均显著大于自然的坡麓灌丛和积水洼地，而岩石裸露率除竹林外又都显著低于自然灌丛和积水洼地。砂糖橘林、菜地、稻田和半人工的竹林无论是土壤厚度，还是岩石裸露率均无显著差异，说明长期的耕作和人类干扰会增加人工和半人工生态系统的均质性。

表 3-17　不同土地利用方式的土层厚度与岩石裸露率分析（平均值±标准差）
Tab.3-17　LSD analysis of soil thickness and rock coverage in different　types of land use（mean±SD）

土地利用方式	土层厚度（cm）	岩石裸露率（%）	坡度（°）
坡麓灌丛	30.0±13.23a	19.66±8.96a	17.7
积水洼地	41.0±9.64a	14.33±7.77a	0
砂糖橘林	88.33±18.93b	6.67±4.73bc	3.14
竹林	103.33±20.82b	9.0±7.94abc	6.3
菜地	96.33±34.93b	1.67±1.53c	0
稻田	93.33±15.28b	1.17±1.04bc	0

注：不同小写字母表示在 0.05 水平上差异性显著。

（2）不同土地利用类型的土壤表层钙变化

将不同土地利用类型 0～5cm、5～10cm、10～20cm、20～30cm、30～40cm 土层全钙、交换性钙和水溶性钙含量平均值进行单因子方差分析并多重比较（表 3-18），除稻田外，菜地、砂糖橘林和竹林的全钙含量均显著低于自然系统的坡麓灌丛和积水洼地，稻田土壤全钙含量与积水洼地近似，而显著高于其他类型，竹林、砂糖橘林和菜地间有差异但不显著。水溶性钙含量与全钙含量变化一致，同样是稻田土壤与积水洼地土壤最高且显著高于砂糖橘林、竹林和菜地，也显著高于坡麓灌丛，砂糖橘林、竹林和菜地间差异不显著。积水洼地土壤的交换性钙含量最高，分别是竹林土壤、砂糖橘林土壤、菜地土壤的 13.4 倍、5.8 倍和 4.48 倍，次为稻田土壤和坡麓灌丛土壤，除砂糖橘林和菜地土壤交换性钙含量差异不显著外，其余都有显著差异。不同土地利用类型土壤交换性钙离子占全钙的比例为 5.00%～38.04%，菜地最高，次为砂糖橘林，为 23.08%，稻田最小，积水洼地和坡麓灌丛分别为 7.86% 和 6.87%。水溶性钙占全钙的比例同样是菜地最高，

表 3-18　不同土地利用方式的土壤钙浓度分析（平均值±标准差）
Tab.3-18　LSD analysis of soil calcium concentration in different types of land use（mean±SD）

土地利用方式	全钙（g/kg）	交换性钙（g/kg）	水溶性钙（g/kg）
坡麓灌丛	20.83±29.4a	1.43±0.69a	0.095±0.099a
积水洼地	59.77±5.28b	4.70±0.24b	0.15±0.036b
砂糖橘林	3.51±3.49c	0.81±0.54c	0.031±0.018c
竹林	6.97±8.59c	0.35±0.43d	0.036±0.026c
菜地	2.76±0.66c	1.05±0.23c	0.039±0.053c
稻田	59.56±10.69b	2.98±0.53e	0.168±0.029b

注：不同小写字母表示在 0.05 水平上差异性显著。

为 1.41%，次为砂糖橘林，为 0.88%，积水洼地最低，为 0.25%，然后是稻田，为 0.28%。用相同方法采集测定位于岩溶峰林对面的砂页岩"土山"土壤全钙，全钙含量为 1.43g/kg，远低于岩溶环境中的土壤全钙含量。

显然，岩溶峰林平原是富钙环境，但不同土地利用类型对钙元素含量影响很大，通过积水洼地和稻田土壤含有最多的全钙、交换性钙和水溶性钙可以判断，水是岩溶富钙环境钙离子迁移的主要动力和载体，石灰岩中的碳酸钙在降水溶蚀作用下，$CaCO_3$ 变为 HCO_3^- 和 Ca^{2+}，在外源水不断补给下这种溶蚀过程将持续，HCO_3^- 和 Ca^{2+} 会随水沿地表坡面或垂直入渗流向坡麓、洼地至地下河或地表河中，一旦降水停止或减小至无径流时，坡麓和洼地较厚的土层就会在保留水分的同时也保留钙离子，土壤中的微生物、植物根系、一些化学成分也会截留 HCO_3^- 和 Ca^{2+}。溶蚀过程通常是可逆的，当降水减少或水中 CO_2 浓度降低时，HCO_3^- 和 Ca^{2+} 会重新生成不溶的 $CaCO_3$。而在石灰岩积水环境中，溶蚀过程会持续，直至水中 Ca^{2+} 达到饱和，如果 Ca^{2+} 被植物、微生物等吸收利用，HCO_3^- 将继续与 $CaCO_3$ 反应生成 Ca^{2+}。这就是为什么积水洼地和稻田土壤中全钙含量远高于其他土地利用类型的主要原因。菜地、砂糖橘林和竹林的全钙含量低是由于原有坡地被整理为平地，坡面径流通道切断，钙离子来源受阻，即使在土层下面的碳酸盐产生溶蚀，钙离子也会随雨水垂直下渗到地下河或其他低洼处，同时蔬菜作物、砂糖橘和竹子也会吸收土壤与水中的钙离子，这也会减少土壤全钙的含量。虽然水稻、坡麓灌丛植物也会吸收土壤钙离子，但仍然不能改变岩溶环境富钙的状况。

交换性钙在菜地、砂糖橘林和竹林中的变化与全钙不同，菜地、砂糖橘林土壤中的交换性钙含量高于竹林，其原因有可能与施肥有关，菜地和砂糖橘每年都会多次施肥，肥料以尿素、氮磷钾复合肥为主，这些肥料多呈酸性，有助于溶解碳酸钙，使交换性钙含量增加，竹林自然生长。尽管积水洼地和稻田的全钙含量近似且都很高，但积水洼地的交换性钙含量却显著高于稻田，原因可能是稻田密度大、产量高、吸收能力强，即使施肥但很少施钙，所以水及土壤中交换性钙被水稻吸收利用，减少了土壤中交换性钙离子含量。

水溶性钙需要水作为溶剂，稻田和积水洼地水溶性钙是砂糖橘林、竹林和菜地的 3.8 倍以上，坡麓灌丛的水溶性钙含量也是砂糖橘林、竹林和菜地的 2.4 倍。一方面，坡麓灌丛植被盖度超过 85%，加之地表枯落物等有效降低地表土壤水分蒸发，增加土壤水分，同时峰林中上部溶蚀的钙离子也随降水径流和入渗供给坡麓土壤。而砂糖橘林和菜地人类耕作频繁，地表裸露，土壤保水力减弱，虽然竹林地表未耕作，但合轴丛生的粉单竹和吊丝球竹是绝对的建群种，限制了其他植物生长，加之旺盛的生长力也会降低土壤水分。平整的地表也阻隔了外来钙源。

（3）不同土地利用类型土壤钙随深度的变化

根据土壤深度调查，积水洼地最深只有 40cm，竹林最深达到 140cm，砂糖橘林达到 110cm，其余均为 100cm。不同土地利用类型全钙含量随深度变化的表现也不同（图3-11），积水洼地与稻田全钙含量远大于其他土地类型，且在 0～40cm 深度变化趋势接近，波状上升，在 10～30cm 达到最高值后又下降，40cm 后稻田土壤全钙含量迅速下降，至 70～

80cm 深度时和其他几种土地利用类型的全钙含量值接近。在自然坡麓灌丛中，全钙含量随深度变化呈波状下降趋势，从表层一直下降至 30～40cm，然后回升至 50～60cm 土层，再下降至 60～70cm 土层后又缓慢上升。砂糖橘林和菜地变化趋势也呈波状下降，但在耕作层 0～5cm、5～10cm、10～20cm 全钙含量上升，10～20cm 全钙含量最高，之后呈波状下降。竹林土壤的全钙含量也呈波状变化，但可以分为两个过程：表层至 80cm 深度呈波状下降，之后又呈波状上升，总体变化比较平缓。不同土地利用类型的交换性钙含量随土壤深度变化趋势和全钙相似（图 3-12），只是变化幅度远小于全钙，菜地、砂糖橘土壤交换性钙在表层的 0～5cm、5～10cm 还有增加。自然坡麓灌丛、积水洼地和稻田土壤的水溶性钙含量波状下降变化幅度更明显（图 3-13），也远大于砂糖橘林、菜地和竹林。自然坡麓灌丛表层 0～5cm 土壤的水溶性钙含量甚至高于稻田和积水洼地表层土壤，之后迅速下降，40～50cm 后又呈波状上升，并接近于稻田土壤值。砂糖橘林、菜地、竹林的水溶性钙含量远低于自然坡麓灌丛、积水洼地和稻田土壤，它们的变化幅度也较小。

　　积水洼地和稻田土壤高钙含量随深度变化趋势进一步证明，土壤钙源自于岩溶环境中的地表径流和入渗水。降水溶蚀使钙元素随水流动至地表水补给洼地和稻田，并在重力作用下下渗，钙元素进入土壤，在此过程中水中 CO_2 浓度发生变化溢出水中，可逆的溶蚀反应使钙离子又变为碳酸钙沉积在土壤中，部分钙离子随水入渗直至基岩，所以在接近最深土层时全钙含量又略有增加。自然坡麓灌丛良好的植被使土壤中保持了较高水分，峰林坡面径流和基岩不平整又截留入渗水分中的钙，所以无论全钙、交换性钙还是水溶性钙都高于砂糖橘林、菜地和竹林，竹林尽管是半人工生态系统，但多位于低洼、

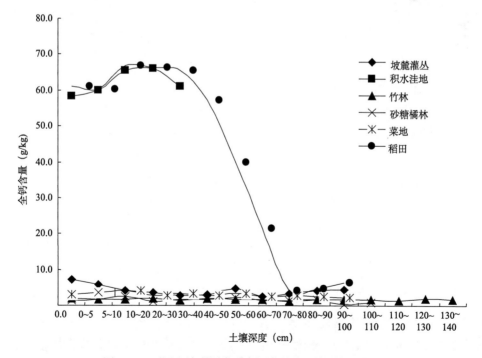

图 3-11　不同土地利用类型全钙含量随土壤深度的变化

Fig.3-11　Changes of total calcium with in different soil depth and in different types of land use

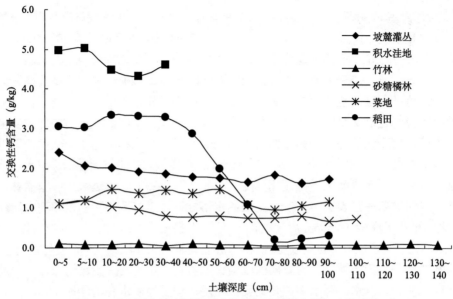

图 3-12　不同土地利用类型交换性钙含量随土壤深度的变化

Fig.3-12　Changes of exchangeable calcium with in different soil depth and in different types of land use

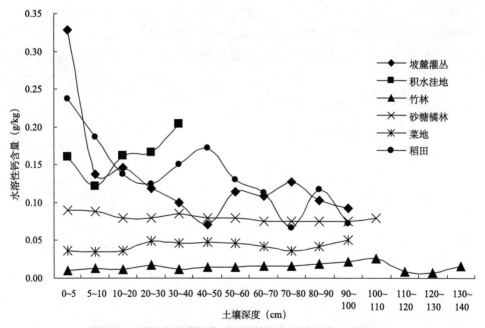

图 3-13　不同土地利用类型水溶性钙含量随土壤深度的变化

Fig.3-13　Changes of water soluble calcium with in different soil depth and in different types of land use

地势较平、土层厚的坡麓洼地或峰林间洼地区域，远离了溶蚀径流水和入渗水源，钙元素补给少，同时旺盛的生长也会消耗土壤中的离子钙。砂糖橘林尽管与坡麓灌丛相邻，但地形被平整、地表岩石被搬运，坡面径流被阻隔的同时也阻挡了钙源，长期耕作使耕作层通透性增加、保水性降低，土壤中钙离子在雨水入渗作用下极易流失，菜地位于坡麓下部的峰间洼地，其地形、耕作使其与砂糖橘林一样减少了钙元素的补给，即使施肥增加了交换性钙含量，但仍然低于自然坡麓灌丛。

（4）土壤钙、土壤厚度、岩石裸露率的相关性

从土壤厚度、岩石裸露率、坡度、全钙、交换性钙、水溶性钙间的相关性分析结果看（表 3-19），土壤厚度与岩石裸露率呈极显著负相关，与坡度呈显著负相关，与交换性钙显著正相关；岩石裸露率与坡度呈极显著正相关，与交换性钙显著负相关；土壤全钙与交换性钙、水溶性钙，交换性钙与水溶性钙均呈极显著正相关关系；在岩溶自然生态系统中，岩石裸露率大小决定了土层厚度，土层厚度影响到钙含量，尤其对交换性钙含量影响很大，较厚的土层会增加交换性钙离子含量，这可能与土壤含水量、微生物、土壤理化性质等有关。岩石裸露率和坡度与土壤全钙和交换性钙呈负相关关系，岩石裸露率增加和坡度变陡都会减少土壤全钙和交换性钙含量，这可能与降水径流和入渗作用增强、雨水搬运钙有关。积水洼地和稻田坡度为零，无论是土壤全钙、交换态钙还是水溶性钙的含量都是最高的，但同样是坡度为零的菜地，钙含量却远低于积水洼地和稻田土壤，所以除坡度影响外，土壤水分也是影响钙含量的重要因素。

表 3-19　土壤钙、土层厚度、岩石裸露率、坡度相关分析

Tab.3-19　Analysis of pearson correlation with in soil calcium,soil thickness,rock coverage,slope

因子	指数	土壤厚度（cm）	岩石裸露率（%）	坡度（°）	全钙含量（g/kg）	交换性钙含量（g/kg）	水溶性钙含量（g/kg）
土壤厚度	皮尔森相关系数	1.000	−0.672**	−0.497*	0.308	0.507*	0.240
（cm）	显著性系数	—	0.002	0.036	0.213	0.032	0.337
岩石裸露率	皮尔森相关系数	−0.672**	1.000	0.649**	−0.339	−0.536*	−0.101
（%）	显著性系数	0.002	—	0.004	0.168	0.022	0.689
坡度	皮尔森相关系数	−0.497*	0.649**	1.000	−0.321	−0.529*	0.029
（°）	显著性系数	0.036	0.004	—	0.194	0.024	0.909
全钙含量	皮尔森相关系数	0.308	−0.339	−0.321	1.000	0.841**	0.578**
（g/kg）	显著性系数	0.213	0.168	0.194	—	0.000	0.000
交换性钙含量	皮尔森相关系数	0.507*	−0.536*	−0.529*	0.841**	1.000	0.703**
（g/kg）	显著性系数	0.032	0.022	0.024	0.000	—	0.000
水溶性钙含量	皮尔森相关系数	0.240	−0.101	0.029	0.578**	0.703**	1.000
（g/kg）	显著性系数	0.337	0.689	0.909	0.000	0.000	—

**表示在 0.01 水平上差异性显著；*表示在 0.05 水平上差异性显著。

在人工生态系统中，尽管人类对土地进行平整甚至搬运，较小的一些岩石也进行了迁移，但并未彻底改变岩溶地貌，所以即使在耕作频繁的菜地和砂糖橘林，也能发现岩石裸露率对土壤厚度的显著影响。土壤厚度、岩石裸露率和坡度对土壤全钙、交换性钙和水溶性钙含量影响所起的作用接近，说明它们共同决定了岩溶环境中的钙元素分布。

　　上述研究充分说明，粤北岩溶区人类对岩溶环境土地资源利用，使土壤从自然生态系统改变为人工或半人工生态系统，地形、土壤厚度、岩石裸露率、土壤保水性、地表覆盖物等都发生了变化，从而也改变了土壤钙含量。这种变化首先体现在地表界面的差异和土地利用方式的不同，尽管都是富钙环境，但在积水环境中全钙含量仍然远高于自然坡麓，人类对土地利用改变了原有地貌、地形，使原来整体的自然生态系统破碎，形成自然、半人工和人工生态系统，原有坡地被整理为平地，坡面径流通道切断，钙离子来源受阻，加之农作物吸收等因素极大地减少了土壤全钙、交换性钙和水溶性钙的含量，只有稻田很好地利用了地表径流水，也保持了土壤的高钙含量。水是影响岩溶环境钙元素分布的最主要因素，它既是岩溶环境溶蚀的源泉，也是钙元素迁移的动力和载体。碳酸盐岩溶蚀后随雨水通过坡面径流和垂直入渗迁移至地表土壤或流入地下河、地表河、湖泊中。除了水分因素外，土壤厚度、岩石裸露率与坡度也对土壤钙元素分布起着重要作用，水、土壤厚度、岩石裸露率与坡度共同决定了土壤钙的分布和迁移。人类对土地的不同利用方式使这些要素发生变化，从而影响了土壤钙的时空分布。

参 考 文 献

曹建华, 袁道先, 潘根兴. 2003. 岩溶生态系统中的土壤. 地球科学进展, 18(1): 37~44, 82~89.

曹建华, 袁道先, 章程, 等. 2004. 受地质条件制约的中国西南岩溶生态系统. 地球与环境, 32(1): 90~96.

陈家瑞, 曹建华, 梁毅, 等. 2012. 石灰土发育过程中土壤腐殖质组成及其与土壤钙赋存形态关系. 中国岩溶, 31(1): 7~11.

陈同庆, 魏兴琥, 关共凑, 等. 2014. 粤北岩溶区不同土地利用方式对土壤钙离子的影响. 热带地理, 34(3): 337~343.

邓艳, 蒋忠诚, 罗为群, 等. 2006. 不同岩溶生态系统中元素的地球化学迁移特征比较——以广西弄拉和弄岗自然保护区为例. 中国岩溶, 25(2): 168~171.

杜道林, 刘玉成, 苏杰. 1996. 茂兰喀斯特山地广东松种群结构和动态初步研究. 植物生态学报, 20: 159~166.

广东省地方史志编纂委员会. 1999. 广东省志——地理志. 广州: 广东人民出版社.

广东省科学院丘陵山区综合科学考察队. 1991a. 广杜步区地貌. 广州: 广东科技出版社.

广东省科学院丘陵山区综合科学考察队. 1991b. 广杜步区植被. 广州: 广东科技出版社.

何师意, 徐胜友, 张美良. 1997. 岩溶土壤中 CO_2 浓度、水化学观测及其与岩溶作用关系. 中国岩溶, 16(4): 319~324.

侯满福, 蒋忠诚. 2006. 茂兰喀斯特原生林不同地球化学环境的植物物种多样性. 生态环境, 15: 572~576.

侯学煜. 1952. 贵州省南部植物群落. 植物学报, 1: 65~106.

姬飞腾, 李楠, 邓馨. 2009. 喀斯特地区植物钙含量特征与高钙适应方式分析. 植物生态学报, 33(5): 926~935.

蒋忠诚. 1997. 弄拉白云岩环境元素的岩溶地球化学迁移. 中国岩溶, 16(4): 304~312.

蒋忠诚. 1999. 岩溶动力系统中的元素迁移. 地理学报, 54(5): 438~444.

蓝芙宁, 蒋忠诚, 邓艳. 2004. 广西岩溶地区森林群落及其生态因子的比较研究. 中国岩溶, 23: 30～36.

雷俐, 魏兴琥, 徐喜珍, 等. 2013. 粤北岩溶山地土壤垂直渗漏与粒度变化特征. 地理研究, 32(12): 2204～2214.

李天杰, 赵烨, 张科利, 等. 2004. 土壤地理学. 北京: 高等教育出版社.

罗绪强, 王世杰, 张桂玲, 等. 2009. 喀斯特石漠化过程中土壤颗粒组成的空间分异特征. 中国农学通报, 25(12): 227～233.

区智, 李先琨, 吕仕洪. 2003. 桂西南岩溶植被演替过程中的植物多样性. 广西科学, 10: 63～67.

沈泽昊, 张新时. 2000. 基于植被分布地形格局的植物功能型划分研究. 植物学报, 42: 1190～1196.

宋同清, 彭晚霞, 曾馥平, 等. 2010. 木论喀斯特峰丛洼地森林群落地形格局及环境解释. 植物生态学报, 34: 298～308.

宋永昌. 2001. 植被生态学. 上海: 华东师范大学出版社.

滕永忠. 1996. 温润亚热带岩溶土壤环境地球化学与岩溶作用的相互关系. 南京: 南京农业大学硕士学位论文.

王国宏, 杨利民. 2001. 祁连山北坡中段森林植被梯度分析及环境解释. 植物生态学报, 25: 733～740.

王果. 2009. 土壤学. 北京: 高等教育出版社.

王世杰. 2003. 喀斯特石漠化——中国西南最严重的生态地质环境问题. 矿物岩石地球化学通报, 22(2): 120～126.

王洪杰, 李宪文, 史学正, 等. 2003. 不同土地利用方式下土壤养分的分布及其与土壤颗粒组成关系. 水土保持学报, 17(2): 44～46.

王世杰, 季宏兵. 1999. 碳酸盐岩风化成土作用的初步研究. 中国科学, 29(5): 441～449.

韦启璠, 陈鸿昭, 吴志东, 等. 1983. 广西弄岗自然保护区石灰土的地球化学特征. 土壤学报, 20(1): 3.

魏兴琥, 徐喜珍, 雷俐, 等. 2014. 粤北岩溶峰丛自然坡面与梯田土壤侵蚀特征分析. 中国水土保持, 9: 43～47.

谢丽萍, 王世杰, 肖德安. 2007. 喀斯特小流域植被——土壤系统钙的协变关系研究. 地球与环境, 35(1): 26～32.

熊毅, 李庆逵. 1987. 中国土壤(第二版). 北京: 科学出版社.

许仙菊, 陈明昌, 张强, 等. 2004. 土壤与植物中钙营养的研究进展. 山西农业科学, 32(1): 33～38.

严毅萍, 曹建华, 杨慧, 等. 2012. 岩溶区不同土地利用方式对土壤有机碳碳库及周转时间的影响. 水土保持学报, 26(2): 144～149.

杨汉奎, 程任泽. 1991. 贵州茂兰喀斯特森林群落生物量研究. 生态学报, 11: 307～312.

杨慧, 曹建华, 孙蕾, 等. 2010a. 岩溶区不同土地利用类型土壤无机磷形态分布特征. 水土保持学报, 24(2): 135～140.

杨慧, 张连凯, 曹建华, 等. 2010b. 岩溶区不同土地利用方式对土壤有机质及碳库管理指数影响研究(英文). Agricultural Science & Technology, 11(9～10): 136～139.

于天仁. 1987. 土壤化学原理. 北京: 科学出版社.

袁道先. 1993. 碳循环与全球岩溶. 第四纪研究, (1): 1～6.

袁可能. 1983. 植物营养元素的土壤化学. 北京: 科学出版社.

张美良, 邓自强. 1994. 我国南方喀斯特地区的土壤及其形成. 贵州工学院学报, 23(1): 67～75.

周健民, 沈仁芳. 2013. 土壤学大词典. 北京: 科学出版社.

周政贤. 1987. 茂兰喀斯特森林科学考察集. 贵阳: 贵州人民出版社.

朱守谦, 魏鲁明, 陈正仁, 等. 1995. 茂兰喀斯特森林生物量构成初步研究. 植物生态学报, 19: 358～367.

Brewer S W, Rejmanek M, Webb M A H, et al. 2002. Relationships of phytogeography and diversity of tropical tree species with limestone topography in southern Belize. Journal of Biogeography, 30: 1669～1688.

Kelly D L, Tianner E V J, Kapos V, et al. 1988. Jamaican limestone forests: floristics, structure and environment of three examples along a rainfall gradient. Journal of Tropical Ecology, 4: 121～156.

Murphy P G, Luge A E. 1986. Structure and biomass of a subtropical dry forest in Puerto Rieo. Biotro Piea, 18: 89～96.

Proetor J, Anderson J M, Chai P, et al. 1983. Eeological studies four contrasting lowland rainforests in Gunung Mulu National Park, Sarawak. Journal of Ecology, 71: 237～260.

Swanson F J, Kratz T K, Caine N, et al. 1988. Landform effects on ecosystem patterns and proeesses. Bioscience, 38: 92～98.

Trejo-Torres J C, Ackerman J D. 2002. Composition patterns of caribbean limestone forests: are Parsimony, classification, and ordination analyses congruent. Biotropica, 34: 502～515.

第4章 粤北岩溶区流域生态系统与石漠化土地变化分析

研究区属珠江流域北江水系，二级水系北江是区内的主干河流，北江的主干流有连江、南水河、武江、浈江、翁江等。其中，连江位于广东省西北部，是北江最大的支流。连江又称湟川、小北江，古称湟水，发源于南岭大杜步潭岭三姐妹峰，其源头支流为星子河，在英德市连江口镇汇入北江。本章以连江流域为例，通过分析流域水环境特点、流域植被覆盖时空变化、流域土地利用/覆盖及石漠化土地时空演变，以及流域生态水文过程模拟，来综合说明粤北岩溶区流域生态系统特征。

4.1 流域概况

连江位于广东省西北部，与湖南省交界，靠近广西壮族自治区。地理坐标为24°06′N～25°12′N，112°05′E～113°19′E，高道站所控制的集水面积达 9007km^2，流域主要流经整个连州市、连山壮族瑶族自治县小部分、连南瑶族自治县大部分、阳山县大部分、乳源瑶族自治县小部分及英德市部分。多年平均流量为327m^3/s，年径流量为103.1 亿 m^3（邹鸣，2005）。主要有星子河、同冠水、石灰铺河、水边河、青莲水、大潭河、三江河、水口河、黄洞河、东陂河等一级支流（图4-1）。总整体上来说，地势是西北高东南低，

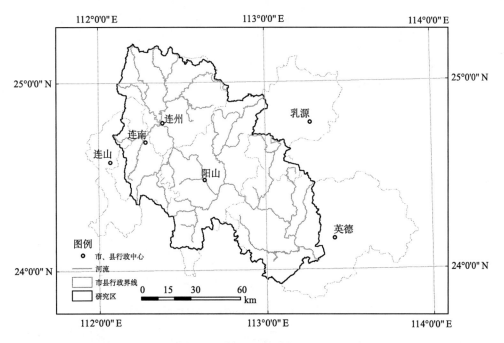

图 4-1　连江流域位置示意图

Fig.4-1　Location of the study area in north of Guangdong province

以山地、丘陵为主，最低海拔为 22m，最高海拔为 1902m，相对高差达 1880m，平均海拔约为 500m。岩性主要有石灰岩、白云岩、泥灰岩、花岗岩等，岩溶区面积约占整个流域面积的 60%，以裸露型为主（曾士荣，2006）。连江流域的岩溶水系统分布于英德市西部阳山县—连州市一带，连江中、上游以裸露岩溶区为主，下游分布有岩溶盆（谷）地。

4.2　连江流域水环境分析

4.2.1　数据与分析方法

利用航天飞机雷达地形测绘使命（shuttle radar topography mission，简称 SRTM）（分辨率为 90m）地形数据及 ArcGIS9.3 的水文分析模块，确定连江及其子流域边界。使用 1∶500 000 地质数据（1999 年 12 月《中华人民共和国 1∶50 万数字地质图数据库》）确定流域内岩溶区与非岩溶区分布面积（图 4-2）。

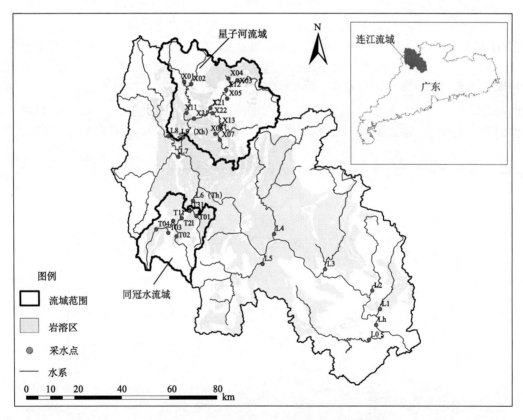

图 4-2　连江及子流域及水样采集点位置示意图

Fig.4-2　Location of Lianjiang River watershed and the sampling sites

2012 年 7 月中旬和 2013 年 1 月初，在连江流域进行水样采集。共 10 个一级子流域及连江高道控制站 11 个水样采集点，其中星子河流域采集水样 14 个，同冠水流域采集水样 8 个。水样检测数据包括现场分析 pH、电导率（EC）和盐度、气温和水温值。实验室分析项目包括阳离子 Na^+、NH_4^+、K^+、Mg^{2+}、Ca^{2+}，阴离子 F^-、Cl^-、NO_3^-、SO_4^{2-}、HCO_3^-，总氮（TN）、总磷（TP）。其中，Na^+、NH_4^+、K^+、Mg^{2+}、Ca^{2+}、F^-、Cl^-、NO_3^-、SO_4^{2-}阴阳离子采用离子色谱仪测定。HCO_3^-采用双终点酸碱滴定法分析测定，TN 含量根据《中华人民共和国国家环境保护标准（GB11893-89）》碱性过硫酸钾消解紫外分光光度法测定，TP 含量根据《中华人民共和国国家环境保护标准（GB11893-89）》钼氨酸分光光度法测定。

4.2.2　流域水化学特征

连江流域 Ca^{2+} 是阳离子占绝对优势的离子，占阳离子总量的 70% 以上，其平均质量浓度在星子河流域最高，连江一级支流高于同冠水流域，冬季含量均高于夏季；其次是 Mg^{2+}，约占阳离子总量的 10%，其平均质量浓度星子河流域最高，与 Ca^{2+} 含量不同，同冠水流域高于连江一级支流，冬季含量均高于夏季。K^+、Na^+、NH_4^+所占比重非常小，对流域水化学影响微弱。HCO_3^-是阴离子占绝对优势的离子，冬夏季占阴离子总量的 83% 以上；星子河流域平均含量最高，连江一级支流高于同冠水流域，冬季含量均高于夏季。其次是 SO_4^{2-}，约占阴离子总量的 8%。其平均质量浓度夏季同冠水流域最高，星子河流域高于连江一级支流；冬季星子河流域最高，连江一级支流高于同冠水流域。总之，流域内水化学各组分含量冬季高于夏季，这是由于夏季降水量大，河流流量大于冬季，夏季河水稀释各化学组分，降低其浓度，夏季连江流域稀释效应明显。

4.2.3　流域水化学类型分析

水化学阴阳离子三角图不但反映了河水的化学组成，而且还可以区分不同风化源区的物质组成。一般地，在阴离子三角图中，纯碳酸岩的风化物质以 HCO_3^-为主，几乎不含 Si，因此数据点均靠近 HCO_3^-峰值一端；蒸发岩风化产物为主的数据点落在 $Cl^-+SO_4^{2-}$一端；硅酸盐风化导致河水同时含 HCO_3^-和 Si，数据点一般落在三角图中间（翟大兴等，2012；Zhou et al., 2013）。通常，阳离子三角图中受碳酸岩风化产物影响的数据点应落在 Ca^{2+}—Mg^{2+}线上，靠近 Ca^{2+}端元，受蒸发岩（白云岩）风化产物影响的数据点落在 Ca^{2+}—Mg^{2+}线中间（Ca：Mg=1：1），硅酸岩风化产物的数据点落在 Ca^{2+}—Mg^{2+}线向 K^++Na^+一端。

连江流域河水主要阴阳离子的组成变化如图 4-3 所示，从图 4-3（a）、图 4-3（c）、图 4-3（e）中可以看出，阳离子明显富集 Ca^{2+}、Mg^{2+}，数据落在了 Ca^{2+}—Mg^{2+}线峰值一端，特别富集 Ca^{2+}，而 Na^+含量特别低。从图 4-3 中可知，连江流域夏季 Na^+含量几乎为 0，而流域冬季 Mg^{2+}和 Na^+含量都有所增加，比重增大，其三角图数据点落在了左上部，但有趋于三角图中部的趋势。表明其水化学显著受碳酸岩风化产物控制，尤其是夏季碳酸岩风化产物为水体阳离子分布作了主要贡献，冬季蒸发岩风化产物对河流水化学影响程度加大。

从图 4-3（b）、图 4-3（d）、图 4-3（f）可以看出，阴离子明显富集 HCO_3^-和 SO_4^{2-}，特别富集 HCO_3^-，其数据点落在靠近 HCO_3^-峰值一端，而 Cl^-含量特别低。夏季同冠水流

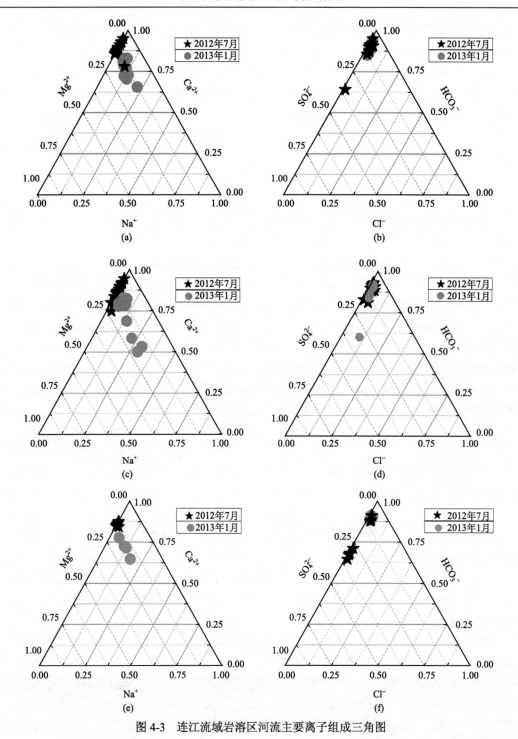

图 4-3　连江流域岩溶区河流主要离子组成三角图

Fig.4-3　Ternary plots of major ions for Karst region rivers in Lianjiang River watershed

（a）连江一级支流阳离子三角图；（b）连江一级支流阴离子三角图；（c）星子河流域阳离子三角图；（d）星子河流域
阴离子三角图；（e）同冠水流域阳离子三角图；（f）同冠水流域阴离子三角图

域和连江一级支流水样 SO_4^{2-} 含量较高,比重较大,而冬季其阴离子数据点都集中在左上部,Cl^- 含量几乎为 0,只有星子河一个点 SO_4^{2-} 和 Cl^- 比重较大。阴离子三角图分析表明,连江流域水体离子主要受碳酸盐风化物质的控制,碳酸盐的风化物质为水体阴离子的组成和分布作了主要贡献,与阳离子三角图结果相符。阴离子中除 HCO_3^- 之外,SO_4^{2-} 和 NO_3^- 也占了一定的比重,说明不但蒸发岩影响该流域水化学组成,人类活动对其也起了一定作用。

根据水样中 HCO_3^- 与 SO_4^{2-} 及 Ca^{2+} 与 Mg^{2+} 的比值,对水化学类型进行定量分类。结果表明,连江流域夏季水化学类型表现为典型的重碳酸钙型(HCO_3^--Ca^{2+}),其次是重碳酸硫酸钙型(HCO_3^--SO_4^{2-}·Ca^{2+}),连江一级支流 1 个样品,星子河流域 1 个样品,同冠水流域 4 个样品表现为该类型;星子河流域和同冠水流域各有 1 个样品表现为重碳酸钙镁型(HCO_3^--Ca^{2+}·Mg^{2+})。冬季连江流域水化学类型以重碳酸钙镁型(HCO_3^--Ca^{2+}·Mg^{2+})为主,连江一级支流 5 个样品,星子河流域 9 个样品,同冠水流域全部样品都表现为该类型;其次为重碳酸钙型(HCO_3^--Ca^{2+}),包括连江一级支流 6 个样品,星子河流域 3 个样品。星子河流域还有 2 个样品表现为重碳酸钙镁钠型(HCO_3^--Ca^{2+}·Mg^{2+}·Na^+)。总体来看,该流域水化学类型是以碳酸盐岩石风化物质和蒸发岩溶解物质来源为主的 HCO_3^--Ca^{2+}、HCO_3^--Ca^{2+}·Mg^{2+} 型,其次为夏季的 HCO_3^--SO_4^{2-}·Ca^{2+} 型,只有冬季星子河流域有很少水样表现为 HCO_3^--Ca^{2+}·Mg^{2+}·Na^+ 型。

4.2.4　流域水化学特征控制因素

水体中的离子主要来源于大气沉降、流域中不同岩性的岩石风化,以及人为活动的输入(David et al., 2012;Lee et al., 2009)。为了直观地比较各类河水的化学组成、形成原因及彼此间的相互关系可用吉布斯(Gibbs)图来分析。

连江流域的河水化学组成落在 Gibbs 模型中部左侧,其 TDS 含量中等,平均质量浓度变化范围夏季最低为 43.60mg/L,最高为 389.66mg/L;冬季最低为 50.22mg/L,最高为 448.07mg/L。Na^+/(Na^++Ca^{2+})的比值夏季小于 0.3,冬季小于 0.5;Cl^-/(Cl^-+HCO_3^-)的比值冬季和夏季均小于 0.2[图 4-4(a)]。表明该流域水化学主要受岩石的控制作用,岩石的分布及其地质岩性主导着连江流域水化学类型的分布和组成,连江流域水化学自然控制因素的优势机制是岩石风化、溶解,尤其是水岩相互作用导致的岩石风化、溶解是流域水化学组分的主要来源。根据图 4-4(b)还可以看出,数据点所处图的范围有中部偏下偏右的趋势,尤其是星子河有水样 Na^+/(Na^++Ca^{2+})比值大于 0.4,说明该流域水化学类型主要受岩石控制作用影响,但也受到大气降水控制的微弱影响(陈洲等,2014)。原因是连江流域处于华南亚热带季风区,星子河又是连江源头支流,处于降水迎风坡,受地形抬升影响,因此降水输入对河流水化学具有一定影响,对该流域水体离子组成也作出了贡献,蒸发浓缩作用对该区域水化学离子组分控制作用特别微弱。

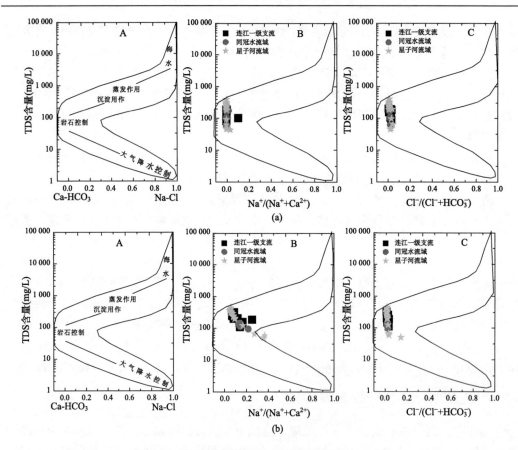

图 4-4　连江流域岩溶区主要水化学离子 Gibbs 图

Fig.4-4　Plots of the major ions within the Gibbs boomerang envelope for Karst region rivers in Lianjiang River watershed

（a）夏季 Gibbs 图；（b）冬季 Gibbs 图

4.2.5　流域水化学时空变化特征

依据采样点分布位置，从下游到上游依次进行编号（图 4-2），对其水化学离子含量时空变化特征进行分析。

1. 流域水化学时间变化分析

由连江一级支流水化学平均值表（表 4-1）可知，Ca^{2+}、Mg^{2+}、K^+、Na^+、NH_4^+曲线基本都表现出冬季离子含量远高于夏季的特征，只有 Ca^{2+} 在 L1 处表现为夏季含量高于冬季，原因可能是 L1 所处支流——石灰铺河流域岩溶面积广布，且夏季人类活动强烈，石灰等以 $CaCO_3$ 为原料进行的工业生产，对 L1 处河水 Ca^{2+} 含量冬夏季的分布产生了较大影响。阴、阳离子冬夏季对比图（图 4-5、图 4-6）和表 4-1 中，HCO_3^-、Cl^-、F^-含量冬季高于夏季；与 Ca^{2+} 情况类似，HCO_3^- 含量在 L1 夏季高于冬季，其原因也应是流域内石膏、石灰等工业生产。SO_4^{2-}、NO_3^-含量夏季高于冬季，则可能是沿岸平原地带农业生产所施化肥和使用农药的缘故。DO 夏季含量高于冬季平均值则是由于夏季植物光合作用产生的大量氧气溶解于水中。

表 4-1　连江一级支流水化学离子冬夏季平均值比较

Tab.4-1　Hydrochemical ions average value in sub-drainages of Lianjiang River watershed

季节	pH	EC (μs/cm)	DO (mg/L)	Na^+ (mg/L)	NH_4^+ (mg/L)	K^+ (mg/L)	Mg^{2+} (mg/L)	Ca^{2+} (mg/L)	F^- (mg/L)	Cl^- (mg/L)	NO_3^- (mg/L)	SO_4^{2-} (mg/L)	HCO_3^- (mg/L)	TDS (mg/L)
夏季	7.71	181.27	8.05	0.16	0.00	0.87	2.87	25.99	0.19	2.11	5.86	11.97	102.68	153.35
冬季	8.10	212.31	7.09	5.09	1.06	5.92	6.00	37.81	0.46	2.62	5.29	11.11	122.93	198.22

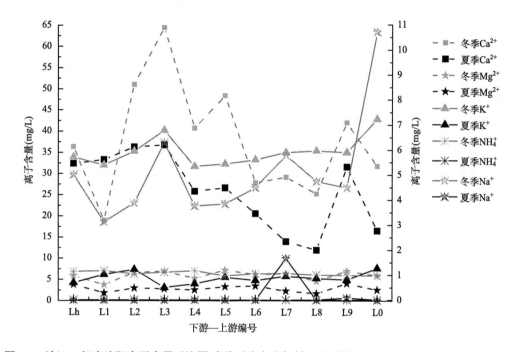

图 4-5　连江一级支流阳离子含量对比图[虚线对应主坐标轴（左 Y 轴），实线对应次坐标轴（右 Y 轴）]

Fig.4-5　Plots of the major cations concentration in sub-drainages of Lianjiang River watershed[The dashed lines correspond to the primary axis（left Y-axis）and the solid lines correspond to the secondary axis（right Y-axis）]

总之，连江流域水样水化学离子含量在时间尺度上冬季高于夏季，表现出明显的稀释效应，主要原因是连江流域属中亚热带-南亚热带季风湿润气候，降水的年内分配不均，4～9 月为雨季，10 月～翌年 3 月为干季，雨季降水量占全年的 83.8%。雨季丰沛的雨水降落河道中，对流域水体组分，尤其对阳离子稀释作用非常明显，导致夏季阳离子平均质量浓度远低于冬季。阴离子冬夏季含量对比图表明，雨季稀释效应也非常明显，但个别水化学离子不受其作用控制，表现出冬季离子含量低于夏季的特点。这可能与当地岩溶地质背景有关，也反映了人类活动对水体组分的影响，尤其是当地工业，如典型的石灰等的生产，显著地影响了连江流域水化学特征组成。非岩溶区水、土等条件较好，与岩溶区相比，其人类活动尤其是农业活动更加强烈，对水体组分尤其是阴离子影响更大，导致了阴离子时间尺度分异上的差别。

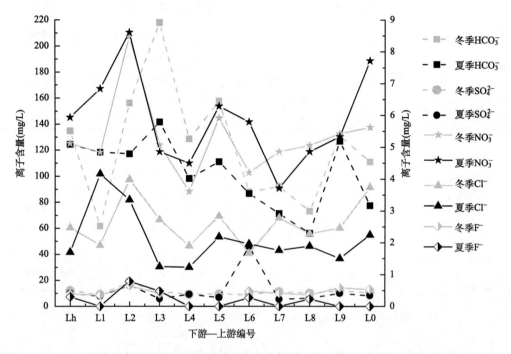

图 4-6　连江一级支流阴离子含量对比图[虚线对应主坐标轴（左 *Y* 轴），实线对应次坐标轴（右 *Y* 轴）]

Fig.4-6　Plots of the major anions concentration in sub-drainages of Lianjiang River watershed[The dashed lines correspond to the primary axis（left *Y*-axis）and the solid lines correspond to the secondary axis（right *Y*-axis）]

2. 流域水化学空间变化分析

由图 4-7、图 4-8 可知，冬夏季 Ca^{2+} 含量总体上表现出越在下游含量越高的特点，靠近连江上游 L8～L4 的 5 个出水口样点含量较低，而靠近下游的 L1～L3、L9 和总的出水口高道站 Lh 的含量高于前 5 个样点，位于高道站下游的 L0 的 Ca^{2+} 含量也较低，且冬夏季 L3 处含量最高，冬季 L1 处含量最低，夏季 L8 处含量最低。冬夏季 HCO_3^- 曲线走势基本和 Ca^{2+} 一致，但是其起伏变化较 Ca^{2+} 曲线剧烈。冬夏季 Mg^{2+} 含量在 L1 和 L8 处较低，冬季在 L5 处最高。K^+ 冬夏季含量低且空间变化趋势平稳，L0 处含量最高，L3 处含量最低。冬季 Na^+ 含量远高于夏季，夏季各采样点 Na^+ 几乎为 0，只有 L7 含量稍高。冬季 NH_4^+ 含量远高于夏季，且没有空间变化，所有采样点 NH_4^+ 含量均衡，平均值为 1.06mg/L，夏季几乎检测不到 NH_4^+，平均值为 0.00mg/L。冬夏季 SO_4^{2-} 含量变化不大，曲线走势比较平稳，变化范围不超过 5mg/L；冬季 Na^+ 含量曲线空间变化较大，且没有规律性。冬季 NO_3^- 含量在 L2 处最高，而在 L4 处最低；与冬季不同，夏季 NO_3^- 含量在 L2 处最高，但是在 L7 处最低，其余各点变化趋势基本一致。Cl^- 含量夏季 L1 最高，L4 最低；而冬季则是 L2 最高，L6 最低。冬夏季 Cl^- 曲线表现出各自不同的空间变化趋势，没有规律可言。冬季 F^- 含量空间变化不大，L2 处稍高；夏季 F^- 含量曲线起伏变化大于冬季，L2 样点含量较高，但是大部分采样点 F^- 含量为 0.19mg/L，总体上 F^- 含量冬季远高于夏季。

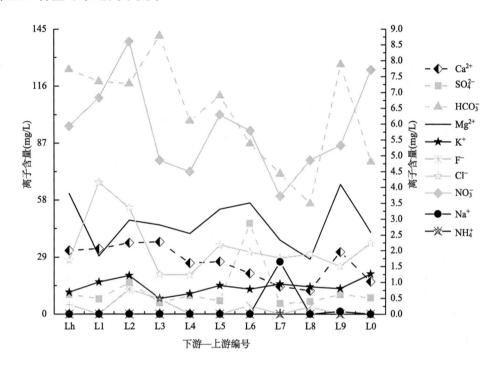

图 4-7　连江一级支流夏季水化学主离子含量空间变化图[虚线对应主坐标轴（左 Y 轴），实线对应次坐标轴（右 Y 轴）]

Fig.4-7　Spatial variation of the major ion concentration of summer in sub-drainages of Lianjiang River Watershed [The dashed lines correspond to the primary axis（left Y-axis）and the solid lines correspond to the secondary axis（right Y-axis）]

连江一级支流冬夏季水样的空间有一定的相似性但差异更明显，由于各一级支流水样之间没有相互的影响和交换，且其各自之间的距离较远，地质地貌和人类活动情况也各不相同。当然，由于位于相同的大流域之内，地质地貌、植被生态、工农业活动等肯定具有一些相似之处，而且各一级支流之间不可能完全不相互影响，因此要弄清楚其水化学空间上的分布规律，还有必要做出大量更加详细的采样和实地调研工作，也才能得出更加科学可靠的结论。

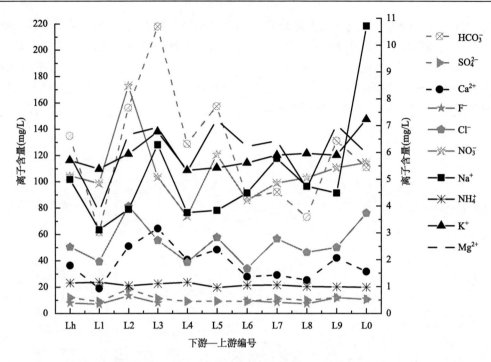

图4-8　连江一级支流冬季水化学主离子含量空间变化图[虚线对应主坐标轴（左 Y 轴），实线对应次坐标轴（右 Y 轴）]

Fig.4-8　Spatial variation of the major ion concentration of winter in sub-drainages of Lianjiang River Watershed [The dashed lines correspond to the primary axis（left Y-axis）and the solid lines correspond to the secondary axis（right Y-axis）]

4.3　连江流域植被覆盖变化

以 TM 影像为数据源，运用基于归一化植被指数（NDVI）的像元二分模型，计算和分析连江流域 1988 年和 2006 年植被演变特点及空间分布特征，并将两期影像的植被覆盖度图与连江流域岩溶区地质图进行叠加，进而分析地质构造对植被覆盖度的影响；同时，运用 DEM 地形高程数据及回归分析法和相关分析法，分析海拔高度、坡向、坡度与植被覆盖度的关系。

4.3.1　数据处理与研究方法

选取 1988 年和 2006 年美国陆地卫星专题制图仪（Landsat TM）影像，两期影像分辨率均为 30m，成像时间为 12 月。运用遥感图像处理系统软件（Erdas 8.5）对数据进行预处理，主要包括配准、几何校正、图像增强、大气校正和影像拼接。采用 SRTM 提供的 DEM 数据（分辨率为 30m），运用 ArcGIS 9.3 软件，得到连江流域及上中下游边界图，以及高程、坡向和坡度图。基于连江流域 1∶1.75 万地质图，运用 ArcGIS 软件将其数字化得到研究区分岩溶与非岩溶区地质图。

NDVI 是目前使用最为广泛的植被指数，它是植被生长状态及植被覆盖度的最佳指示因子。NDVI 定义为近红外波段 NIR（0.7～1.1μm）与可见光红波段 RED（0.4～0.7μm）数值之差和这两个波段数值之和的比值，即

$$NDVI = (NIR - RED)/(NIR + RED) \qquad (4\text{-}1)$$

根据像元二分模型，一个像元的 NDVI 值可以表达为由植被覆盖部分的信息与由土壤部分覆盖的信息组成（李苗苗和吴炳方，2004），因此可以将 NDVI 值代入公式来计算植被覆盖度：

$$f_c = (NDVI - NDVI_{soil})/(NDVI_{veg} - NDVI_{soil}) \qquad (4\text{-}2)$$

式中，$NDVI_{soil}$ 为裸土或无植被覆盖区域的 NDVI 值，即无植被像元的 NDVI 值；$NDVI_{veg}$ 为完全被植被所覆盖的像元的 NDVI 值，即为纯植被覆盖区域的 NDVI 值。

将计算得到的植被覆盖度分成 5 级（王兮之等，2010）：$F_c < 10\%$；$10\% \leqslant F_c < 30\%$；$30\% \leqslant F_c < 50\%$；$50\% \leqslant F_c < 70\%$；$F_c \geqslant 70\%$，按从小到大依次分别记为 I、II、III、IV 和 V，分别表示低植被覆盖度、较低植被覆盖度、中度植被覆盖度、较高植被覆盖度和高植被覆盖度，由此获得连江流域植被覆盖度分级结果。

4.3.2　结果与分析

1. 流域植被覆盖度分布特征

1988 年和 2006 年连江流域平均植被覆盖度分别为 40.89％和 46.39％，2006 年植被质量优于 1988 年。由图 4-9、表 4-2 可知，1988 年和 2006 年，连江流域植被覆盖度的等级发生了较明显的变化。2006 年与 1988 年相比，良好植被（等级IV和等级V）所占

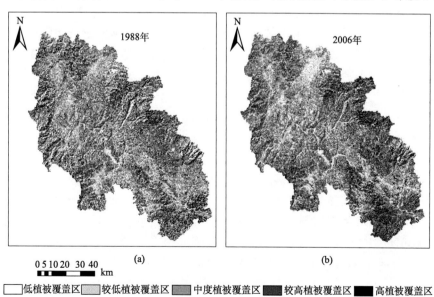

图 4-9　1988～2006 年连江流域植被覆盖度图

Fig.4-9　Vegetation cover of Lianjiang River watershed from 1988 to 2006

比例有所上升,较高植被覆盖区面积由 3392.30km² 增加到 3760.18km²,占总面积的比例增加了 3.64%。高植被覆盖区面积由 460.47km² 增加到 997.16km²,占总面积的比例增加了 5.31%。而植被覆盖度低值区所占比例相应下降,低植被覆盖区面积由 836.57km² 减少到 423.86km²,占总面积的比例减少了 4.08%。较低植被覆盖区面积由 1971.57km² 减少到 1646.92km²,占总面积的比例减少了 3.21%。可见,2006 年植被生长状况优于 1988 年。

表 4-2　　1988~2006 年连江流域植被覆盖度变化面积统计表

Tab.4-2　　Area of vegetation cover of Lianjiang River watershed from 1988 to 2006

植被覆盖度等级	植被覆盖度区间(%)	1988 年(km²)	所占总面积比例(%)	2006 年(km²)	所占总面积比例(%)	1988~2006 年变化值(km²)	变化率(%)
I	0~10	836.57	8.27	423.86	4.19	−412.71	−49.33
II	10~30	1 971.57	19.49	1 646.92	16.28	−324.65	−16.47
III	30~50	3 452.58	34.14	3 285.37	32.49	−167.21	−4.84
IV	50~70	3 392.30	33.54	3 760.18	37.18	367.88	10.84
V	70~100	460.47	4.55	997.16	9.86	536.69	116.55
合计		10 113.49	100	10 113.49	100		

注:数字化流域面积为 10 113.49km²,相关资料流域集水面积为 10 061km²,存在误差。

2. 岩溶对流域植被覆盖影响

连江流域岩溶区为碳酸盐岩组区域,主要有下三叠统大冶组(T_1d)、下二叠统(P_1)、上二叠统长兴组(P_2c)、石炭系壶天群(Ch)、下石炭统梓门桥组(C_1z)、石蹬子组(C_1s),天子岭组(D_3t)及中泥盆统东岗岭组(D_2d)。将碳酸盐岩组区域合并为岩溶区,其余为非岩溶区。运用 ArcGIS 软件空间分析模块,将连江流域植被覆盖度等级图与地质图进行叠加,得到岩溶区与非岩溶区植被覆盖度情况(表 4-3)。1988 年,岩溶区与非岩溶区平均植被覆盖度分别为 38.23%、44.96%,2006 年岩溶区与非岩溶区平均植被覆盖度分别为 44.59%、49.10%。可以看出,在同一年份,相同气候条件下,非岩溶区的植被覆盖度高于岩溶区。流域上中下游非岩溶区植被均优于岩溶区(甘春英等,2011)。

表 4-3 反映了岩溶区与非岩溶区在 1988 年和 2006 年的植被覆盖度等级状况。总体变化趋势与连江流域整体变化趋势保持一致,即 2006 年与 1988 年相比,岩溶区与非岩溶区的良好植被(等级IV和等级V)大幅度增加:较高植被覆盖区所占面积的变化率分别达到 27.50%、1.53%;高植被覆盖区所占面积的变化率分别达到 213.62%、84.06%。较差植被(等级I和等级II)下降明显:低植被覆盖度区所占面积的变化率分别为 −55.03%、−44.61%;较低植被覆盖度区所占面积的变化率分别为−19.26%、−7.76%。可见,岩溶区主要组分碳酸盐成壤条件差,致使植被覆盖度下降明显。

表 4-3　1988～2006 年连江流域岩溶区与非岩溶区植被覆盖度变化面积统计表

Tab.4-3　**Karst and non-Karst area of vegetation cover in Lianjiang River watershed from 1988 to 2006**

植被覆盖度等级		1988 年（km²）	占总面积比例（%）	2006 年（km²）	占总面积比例（%）	1988～2006 年变化值（km²）	变化率（%）
岩溶区	Ⅰ	578.26	5.72	260.06	2.57	−318.20	−55.03
	Ⅱ	1344.09	13.29	1085.27	10.73	−258.82	−19.26
	Ⅲ	2350.96	23.25	2173.40	21.49	−177.56	−7.55
	Ⅳ	1703.12	16.84	2171.51	21.47	468.40	27.50
	Ⅴ	133.98	1.32	420.17	4.15	286.20	213.62
非岩溶区	Ⅰ	274.51	2.71	152.05	1.50	−122.46	−44.61
	Ⅱ	611.27	6.04	563.83	5.58	−47.44	−7.76
	Ⅲ	1225.28	12.12	1121.80	11.09	−103.48	−8.45
	Ⅳ	1595.78	15.78	1620.18	16.02	24.40	1.53
	Ⅴ	296.19	2.93	545.15	5.39	248.96	84.06

3. 地形对流域植被覆盖影响

（1）高程

连江流域高程＜25m 和≥1600m 的面积较小。因此，以 25～1600m 的高程为研究范围。将高程以 5m 为间距，求每一高程间距内所有植被覆盖度的平均值，得到研究区植被随高程的变化特征（图 4-10）。可以看出，在 25～200m 高程内，植被覆盖度随着高

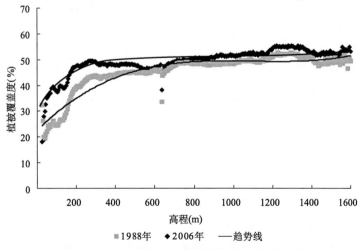

图 4-10　1988～2006 年连江流域植被覆盖度随高程的变化

Fig.4-10　The variation of the vegetation coverage and the altitude from 1988 to 2006 in the Lianjiang River Basin

程的增加而增大（1988 年由 32.27%增至 48.86%，2006 年由 18.11%增至 51.67%），在
200～1600m 高程范围内，植被覆盖度变化趋缓（1988 年和 2006 年植被覆盖度在此范围
内分别在 49%和 50%上下浮动）。海拔高度<200m 的区域，多为居民地，受人类活动
干扰，植被质量较差；海拔高度为 200～1600m 的区域，主要为植被的自然生长区，受
人类活动影响较弱，植被生长状况较好。

　　运用 SPSS 软件进行回归分析，得出 1988 年和 2006 年植被覆盖度与高程的关系：
$Y_1=22.429+0.076x-7.019e^{-5}x^2+2.131e^{-8}x^3$，$Y_2=e^{3.961-26.323/x}$。同时，对两年的植被覆盖度
与坡度进行相关分析，得出相关系数 r 分别为 0.778（$P<0.01$）和 0.767（$P<0.01$）。
可知，植被覆盖度与高程呈显著的相关性，利用高程可较准确地获取植被覆盖度信息。

　　（2）坡向

　　将坡向以 1°为间距（正北为 0°），求每一方位内所有植被覆盖度的平均值，得到研
究区植被随坡向的变化特征（图 4-11）。可以看出，1988 年和 2006 年的植被覆盖度随
坡向的变化趋势一致，均以 90°～160°的植被覆盖度最高，140°附近达最大值（分别达
50.02%和 61.71%），而 300°～350°为最低值（分别为 29.17%和 31.12%）。可知，研究
区植被的生长状况为阳坡（90°～160°）优于阴坡（300°～350°）。究其原因，主要与温
度和降水的差异有关。首先，阳坡接受太阳辐射能多于阴坡，温度状况好于阴坡；其次，
该区域在春夏季节盛行东南季风，受地形阻挡和焚风效应的影响，阳坡的降水量也多于
阴坡，从而有利于植被的生长。

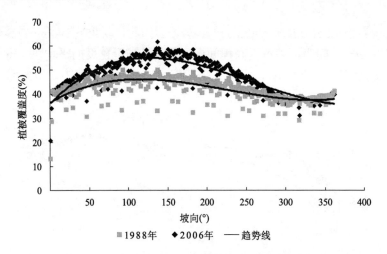

图 4-11　1988～2006 年连江流域植被覆盖度随坡向的变化

Fig.4-11　The variation of the vegetation coverage and the aspect from 1988 to 2006 in the Lianjiang River
Basin

　　对 1988 年和 2006 年植被覆盖度与坡向进行回归分析，得出两年二者的关系式：
$Y_1=36.481+0.191x-0.001x^2+1.649e^{-6}x^3$，$Y_2=35.946+0.338x-0.002x^2+2.314e^{-6}x^3$。同时，
对两年的植被覆盖度与坡向进行相关分析，得出相关系数 r 分别为-0.413（$P<0.01$）和

–0.460（$P<0.01$），可知植被覆盖度与坡向呈弱相关关系。

（3）坡度

连江流域山体坡度<1°和>60°的面积较小。因此，本书以 1°～60°的坡度为研究范围。将坡度 1°为间距，求每一坡度内所有植被覆盖度的平均值，得到了研究区植被随坡度的变化特征（图 4-12）。可以看出，10°～30°植被生长状况最为良好（1988 年和 2006 年最大分别达 46.32%和 51.00%），<10°、>30°植被质量开始变差（1988 年和 2006 年最低值分别为 18.19%和 27.32%）。据黄平等（2009）的研究，土壤有机质含量高值大多分布于 15°～35°的坡度范围内。此坡度范围也是本研究区的植被覆盖度高值区，有机质含量高，且蓄水条件好，从而有利于植被的生长；坡度<10°，为人类活动的主要区域，植被质量较差；>30°，不利于水分和有机质的保存，植被质量较差。

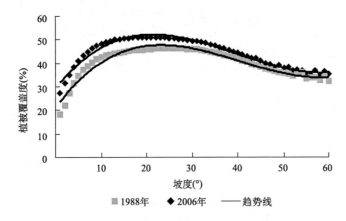

图 4-12　1988～2006 年连江流域植被覆盖度随坡度的变化

Fig.4-12　The variation of the vegetation coverage and the slope from 1988 to 2006 in the Lianjiang River Basin

对 1988 年和 2006 年植被覆盖度与坡度进行回归分析，得出两年二者关系式：$Y_1=21.074+2.657x–0.08x^2+0.001x^3$，$Y_2=29.379+2.431x–0.078x^2+0.001x^3$。同时，对两年的植被覆盖度与坡度进行相关分析，得出相关系数 r 分别为–0.122（$P>0.01$）和–0.403（$P<0.01$）。可知，植被覆盖度与坡度的相关性较小。

4. 流域植被覆盖空间变化特征

将流域 2006 年的植被覆盖度减去 1988 年的植被覆盖度（图 4-13），并用地质图进行裁剪，按照表 4-4 的分级标准，得到近 18 年来植被覆盖度变化专题图。结果表明，整个流域及上中下游的植被覆盖度变化均以增加为主，其次为稳定区，其中下游剧烈增加区变化幅度最大。岩溶区变化幅度大于非岩溶区。

由图 4-13 流域上游邻近连州市区的岩溶区域植被增加最为显著，多为人造林，用于改造岩溶区的生态环境，2006 年连州市的人造林面积为 1675hm²（其中，荒山造林为 339hm²，人工迹地更新为 1336hm²），植被减少区集中于东南部的岩溶区；中游以稳定

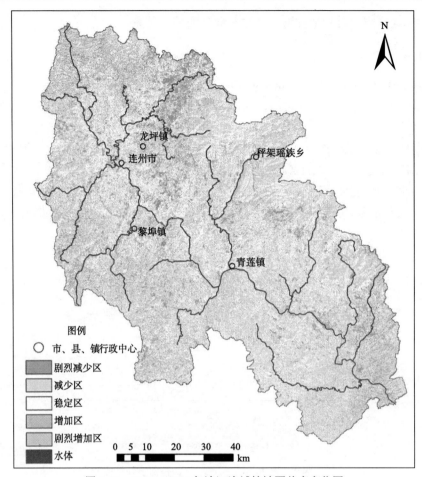

图 4-13　1988～2006 年连江流域植被覆盖度变化图

Fig.4-13　Change of vegetation cover of Lianjiang River watershed from 1988 to 2006

表 4-4　分级标准及各级面积占总面积的百分比

Tab.4-4　The standard of the classification and the percentage of the area of each classification in the total area

植被覆盖度（%）		剧烈减少区	减少区	稳定区	增加区	剧烈增加区
		<-15	-15～-10	-10～10	10～15	>15
	总流域	14.75	6.31	39.38	10.13	29.42
占总面	上游	18.74	7.86	42.26	9.00	22.14
积（%）	中游	13.63	6.22	44.34	10.48	25.33
	下游	13.70	4.87	31.15	9.81	40.46

与增加为主，稳定区主要分布于东北部，属于阳山县秤架省级自然保护区与大顶山省级自然保护区，减少区集中于北部的岩溶区；下游除北部岩溶区有减少外，其余区域均以增加为主，分布于沿江流域，多为人造林，用于减轻洪水对土壤的冲刷与侵蚀。上中下

游部分岩溶区减少显著，多为石漠化现象典型区。

1988～2006 年，植被稳定区分布较均匀，以连州市的龙坪林场和阳山县的秤架自然保护区最为明显；植被剧烈增加区主要分布于英德市，多为人造林，2006 年英德市人造林面积（人工迹地更新）达 1391hm^2。可以看出，林场与自然保护区的建立，使植被的保护力度得以加强，植被生境得以优化。

将植被覆盖度变化图与高程图、坡向和坡度图进行叠加，得到植被覆盖度在空间范围内各级面积占流域面积百分比统计表（表 4-5）。可知，1988～2006 年连江流域植被

表 4-5 1988～2006 年连江流域植被的空间变化特征（%）

Tab.4-5 The spatial variation of the vegetation between 1988 to 2006 in the Lianjiang River Basin

地形特征	分级	1988～2006 年				
		剧烈减少区	减少区	稳定区	增加区	剧烈增加区
高程（m）	0～200	17.65	17.65	21.40	28.54	37.12
	200～400	22.76	25.90	27.29	28.05	25.59
	400～600	26.34	27.06	24.46	20.70	17.58
	600～800	17.40	15.39	13.65	11.12	9.80
	800～1000	8.12	6.76	6.50	5.60	4.96
	1000～1200	4.83	4.10	4.24	3.79	3.01
	1200～1400	2.24	1.98	2.01	1.81	1.51
	1400～1600	0.60	0.50	0.40	0.36	0.39
	1600～1800	0.06	0.66	0.05	0.03	0.04
坡向	正北	20.95	16.19	12.42	11.00	11.02
	东北	12.46	12.59	11.38	10.57	10.18
	正东	9.76	12.19	14.04	14.48	13.65
	东南	7.21	9.53	13.23	14.83	15.19
	正南	7.69	10.09	13.31	14.69	15.71
	西南	8.83	10.59	11.68	12.41	12.91
	正西	14.20	14.16	12.70	12.26	12.00
	西北	18.90	14.66	11.24	9.76	9.34
坡度（°）	0～10	17.56	16.67	16.87	20.11	23.05
	10～20	15.66	17.44	17.11	17.17	16.99
	20～30	15.48	17.64	17.70	17.43	16.72
	30～40	14.73	16.05	16.18	15.65	14.91
	40～50	12.97	13.07	13.02	12.31	11.69
	50～60	10.51	9.45	9.30	8.52	8.08
	60～70	7.02	5.54	5.51	4.96	4.74
	70～80	6.07	4.14	4.31	3.85	3.82

覆盖度的变化以稳定为主,占39.38%,其次为剧烈增加区,占29.42%。在高程上,1988~2006年,增加区和剧烈增加区主要分布于<200m内,分别占28.54%和37.12%,剧烈减少区与减少区主要分布于200~400m。在坡向上,植被的动态变化较均匀,植被减少区、稳定区和增加区面积百分比均在10%左右。在坡度上,1988~2006年,植被变化幅度较大区域主要分布于<10°的范围内,此区域内,1988~2006年,植被剧烈减少区、减少区、增加区和剧烈增加区分别占17.56%、16.67%、20.11%和23.05%。可知,海拔<200m,坡度为0°~10°,主要受人为因素影响,植被的变化幅度较显著。

连江流域植被覆盖度空间分布特征表现如下:在高程 200~1600m、坡向 90°~160°和坡度 10°~30°的范围内,植被覆盖度高、质量较好。海拔 200m 以下,是人类活动的主要区域,植被覆盖度低;海拔>200m,人类活动较弱,植被覆盖度较高。在坡向上,因阳坡(90°~160°)的光照与水分状况优于阴坡(300°~350°),导致阳坡的植被覆盖度较高。在坡度上,10°~30°因土壤层较厚,有机质含量高,蓄水条件好,其植被覆盖度高。同时,通过回归分析得出 2 年植被覆盖度的空间分布趋势线,并用相关分析得出,除 1988 年植被覆盖度与坡度的 $P>0.01$,其余 $P<0.01$,通过比较相关系数的大小可知,植被覆盖度的空间分布特征主要受高程影响,其次为坡向,与坡度的相关性较小。

综上所述,气候、地质、高程、坡向、坡度和植被相互作用,加之人类直接或间接作用,构成了连江流域特殊的生态环境。相关部门在改善该区生态状况时,需做好岩溶区规划工作,通过恢复林草植被、建立自然保护区、治理水土流失等生物和工程措施,加强对该区环境保护与建设工作。

4.4　连江流域石漠化土地时空演变

连江流域地处西南岩溶区东缘的粤北,是我国南方土地石漠化的主要区域之一。采用能够覆盖整个流域 2013 年和 1988 年的 4 幅 Landsat TM 数据,参照土地利用分类体系并结合流域的实际情况,对土地利用类型和石漠化地进行分类统计。计算连江流域土地利用/覆盖及石漠化土地的相对变化率、动态度(朱会义和李秀彬,2003),并借助 ArcGIS 中的叠加分析获得连江流域土地利用/覆盖及石漠化土地变化转移矩阵,以此来分析 25 年来连江流域土地利用/覆盖及石漠化土地的时空变化特征。

4.4.1　数据处理与分析方法

采取能够覆盖整个流域的 1988 年 12 月和 2013 年 12 月的 4 幅 Landsat TM 影像,4 期影像的分辨率均为 30m。遥感数据进行遥感数据格式转换、配准与几何校正、图像增强、影像拼接等预处理。通过目视解译,建立土地利用/覆盖及石漠化土地类型解译标志,提取其不同时相卫星遥感影像的土地利用类型信息。借鉴前人利用 3S 技术进行土地覆被变化、荒漠化动态监测等的方法,利用 GIS 叠加处理与统计对比分析粤北土地利用/覆盖及石漠化土地类型动态变化过程。

土地利用/覆盖类型动态度是反映某一种土地利用类型变化率的重要指标,是基

于不同土地利用类型的面积，着重研究时段内单一土地类型面积变化的结果。其表达式为

$$K_{\text{单}} = \frac{U_{\text{b}} - U_{\text{a}}}{U_{\text{a}}} \times \frac{1}{T} \times 100\% \tag{4-3}$$

式中，$K_{\text{单}}$ 为 T 时段内，某一种土地利用类型的动态度；U_{a}、U_{b} 分别为某一土地利用类型在研究初期与末期的面积；T 为研究时间间隔，用年表示，即为某一种土地利用类型的年变化率。

土地利用/覆盖相对变化率是将局部地区的类型变化率与整个研究区的类型变化率相比较，定量反映某一土地利用类型变化的区域差异。其表达式为

$$K_{\text{相}} = \frac{K_{\text{局}}}{K_{\text{全}}} = \frac{|U_{\text{b}} - U_{\text{a}}|}{U_{\text{a}}} \bigg/ \frac{|C_{\text{b}} - C_{\text{a}}|}{C_{\text{a}}} \tag{4-4}$$

式中，$K_{\text{局}}$ 和 $K_{\text{全}}$ 分别为局部区域和整个区域某种土地利用类型的动态度；U_{a}、U_{b} 分别为某种土地利用类型在局部区域初期和末期的面积；C_{a}、C_{b} 分别为某种土地利用类型在整个研究区域初期和末期的面积。若 $K_{\text{相}} > 1$，表示该土地利用类型的局部变化率大于整个区域的变化率；若 $K_{\text{相}} < 1$，表示该土地利用类型的局部变化率小于整个区域的变化率。

转移矩阵是定量分析地类间相互转移的常用方法。它能够具体反映土地利用/覆盖变化的结构特征和各种类型之间的转移方向。该方法来源于系统分析中对系统状态与转移的定量描述。其中，二维矩阵应用最为广泛，其数学形式为

$$A_{ij} = \begin{bmatrix} A_{11} & A_{12} & \cdots & A_{1n} \\ A_{21} & A_{22} & \cdots & A_{2n} \\ \vdots & \vdots & \vdots & \vdots \\ A_{n1} & A_{n2} & \cdots & A_{nn} \end{bmatrix} \tag{4-5}$$

式中，A 为面积；n 为土地利用类型数；i 与 j 分别为研究初期与末期的土地利用类型；A_{ij} 为研究期内第 i 类土地转化为第 j 类土地的面积。

4.4.2　流域石漠化土地分类体系

参照土地利用/覆盖分类标准，并结合连江流域的实际情况，非岩溶区分为 8 种土地利用类型：耕地、园地、林地、灌丛、草地、建设用地、水域及未利用土地；岩溶区根据是否发生石漠化及发育程度分为非石漠化区和石漠化区，其中无石漠化区分为 6 种土地利用类型：耕地、园地、林地、建设用地、水域和潜在石漠化，石漠化区划分为轻度、中度和重度 3 类分级方法。

遥感影像是 Landsat TM 的影像，波段 4、波段 3、波段 2 分别为近红外波段、红波段、绿波段，此波段组合显示图像为标准假彩色图像，不同的植被呈深浅不同的红色，水体呈深色，易于区分。熟悉各类地物在图像中的颜色、形状、分布特征，建立了判读流域土地类型和石漠化土地等级的解译标志（表 4-6）。

表 4-6　连江流域土地利用/覆被解译标志

Tab.4-6　The interpretation key of land use/cover in Lianjiang River watershed

类别	影像颜色	影像特征	地学相关分析标志
耕地	浅红、淡红，红泛白、浅绿	规则块状、条带状或零星分布	地形平坦、海拔低的平原地区，河流两岸河床低地，池塘、水库附近，临近居民点
林地	绿色、嫩绿色、绿色偏黄、深绿色、暗绿色	规则或不规则，连片分布	山区、河谷两岸的竹林、丘陵、房屋附近风水林
灌丛	黄绿色、绿色偏红	规则或不规则、块状或连片分布	海拔较高的高山区森林线的上线、草地线的下线，临近居民点受人类活动影响大的丘陵、耕地附近
草地	暗红色、黄绿色	不规则，连片分布	高海拔山地或位于高山灌丛以上，季节性受水淹的水域
园地	青色	规则块状，连片分布	地形略有起伏、相对海拔略高的地区
建设用地	浅蓝色	不规则形、块状、点状、线状	河谷地带，河流沿岸附近
水域	蓝色、深蓝色、蓝黑色	规则块状或线状	低洼地或海拔低的沟谷
未利用土地	红黑色	不规则块状	分布在低地或耕地附近
潜在石漠化	浅绿色，黄色，白色	规则，连片分布	受人类活动影响较小的地区
轻度石漠化	黄绿色	不规则，小片状分布	受人类活动影响较大地区
中度石漠化	紫绿色	不规则，斑状分布	深受人类活动影响
重度石漠化	紫红色	不规则，斑状分布	深受人类活动影响

4.4.3　流域石漠化土地时间变化

1988~2013 年，连江流域土地利用/覆盖及石漠化土地变化明显（表 4-7，附图 2，附图 3）。从变化的数量上看，林地的面积大幅度增加，从 1988 年的 3294.2km² 增加到 2013 年的 4022.83km²，总共增加了 728.63km²，所占比例也从 32.58% 上升到 39.78%；建设用地从 1988 年的 1.71% 上升到 3.29%；轻度石漠化、潜在石漠化、水域和园地面积都有不同程度的增加；重度石漠化、中度石漠化、耕地、灌丛、草地和未利用土地的面积都有所减少，其中灌丛的面积减少数量最大。1988~2013 年，流域灌丛面积从 1829.36km² 下降到 1400.04km²，所占比例从 18.09% 迅速下降为 13.84%。

表 4-7　连江流域土地利用/覆盖及石漠化土地的时间变化

Tab.4-7　Changes of areas and level of the rocky desertification lands in Lianjiang River watershed

土地利用类型	1988 年（km²）	所占总面积比例（%）	2013 年（km²）	所占总面积比例（%）	1988~2013 年变化值（km²）	$K_{单}$（%）
重度石漠化	165.26	1.63	51.18	0.51	−114.08	−9.86
中度石漠化	149.60	1.48	103.96	1.03	−45.64	−4.36
轻度石漠化	43.20	0.43	107.90	1.07	64.70	21.40
潜在石漠化	2 699.74	26.70	2 745.41	27.15	45.67	0.24

续表

土地利用类型	1988 年（km²）	所占总面积比例（%）	2013 年（km²）	所占总面积比例（%）	1988~2013 年变化值（km²）	$K_{单}$（%）
林地	3 294.20	32.58	4 022.83	39.78	728.63	3.16
水域	60.09	0.59	72.95	0.72	12.86	3.06
耕地	1 143.51	11.31	925.52	9.15	−217.99	−2.72
灌丛	1 829.36	18.09	1 400.04	13.84	−429.32	−3.35
草地	269.15	2.66	208.39	2.06	−60.76	−3.22
园地	16.43	0.16	128.52	1.27	112.09	97.46
建设用地	173.40	1.71	332.30	3.29	158.90	13.09
未利用土地	268.51	2.66	13.63	0.13	−254.88	−13.56
合计	10 112.45	100	10 112.63	100		

从变化的速度上看，变化最为强烈的是园地，年增加率达 97.46%；其次是轻度石漠化，年增加率为 21.40%。减少速度最快的是未利用土地，年减少率为 13.56%。

在不同退化程度的石漠化土地（不包括潜在石漠化）中，重度石漠化土地面积减少的速度最快，中度石漠化土地次之，减少的面积分别为 114.08km² 和 45.64km²，年变化率分别为−9.86%、−4.36%。轻度石漠化面积有所增加，从 1988 年的 43.20km² 增加到 2013 年的 107.90km²，年增加率为 21.40%。1988 年，重度石漠化占石漠化土地比例最高，为 46.15%，至 2013 年，轻度石漠化土地取代重度石漠化土地，成为分布面积最广的石漠化类型，面积占石漠化土地面积的 41.02%。

4.4.4　流域土地类型空间变化

1988 年和 2013 年连江流域土地利用/覆盖及石漠化土地的空间差异性见表 4-8，表中的比例是指某土地利用/覆盖及石漠化土地类型在某一区域中所占的比例。在岩溶区，主要的土地利用/覆盖类型是潜在石漠化，其面积达整个岩溶区面积的 69.42%；在非岩溶区，主要的土地利用/覆盖类型是林地，占了非岩溶区面积的 57.43%。

1988~2013 年,连江流域土地利用/覆盖及石漠化土地的空间差异在整体上有一定相似性，即无论是在岩溶区还是非岩溶区，都是耕地的面积减少，而其他各用地类型的面积都有不同程度的增加。但各土地利用类型面积变化在数量及速度上存在较大空间差异。

从数量上看，林地的变化幅度最大，其变化表现出明显的空间分异特征：非岩溶区＞岩溶区，非岩溶区增加的面积为 655.18km²，岩溶区增加的面积为 63.45km²；其次是耕地，耕地变化的空间特征与林地相似，也表现为非岩溶区变化大于岩溶区，其中非岩溶区减少面积为 146.77km²，岩溶区减少面积为 71.22km²。园地、水域、建设用地都表现出与林地和耕地相同的空间特征，均为非岩溶区变化大于岩溶区的变化。

从变化速度看，园地的空间差异最为明显，非岩溶区的相对变化率达 1.14，岩溶区的相对变化率为仅为 0.25；其次是建设用地，建设用地非岩溶区的增速较快，年变化率达 14.99%，相对变化率为 1.15，岩溶区年变化率为 6.03%，相对变化率为 0.46；水域的

表 4-8　连江流域土地利用/覆盖及石漠化土地的空间差异

Tab.4-8　Dynamic change rate of rocky desertification land in Lianjiang River watershed

土地利用类型		1988 年 （km²）	比例 （%）	2013 年 （km²）	比例 （%）	1988～2013 年变 化值（km²）	$K_单$ （%）	$K_相$
岩 溶 区	重度石漠化	165.26	4.14	51.18	1.29	−114.08	−9.86	1
	中度石漠化	149.60	3.75	103.96	2.63	−45.64	−4.36	1
	轻度石漠化	43.20	1.08	107.9	2.73	64.70	21.40	1
	潜在石漠化	2699.74	67.67	2745.41	69.42	45.67	0.24	1
	林地	423.15	10.61	486.60	12.30	63.45	2.14	0.68
	水域	11.65	0.29	13.70	0.35	2.05	2.51	0.82
	耕地	457.73	11.47	386.51	9.77	−71.22	−2.22	0.82
	园地	2.66	0.07	7.20	0.18	4.54	24.38	0.25
	建设用地	36.80	0.92	52.33	1.32	15.53	6.29	0.46
非 岩 溶 区	林地	2881.05	46.98	3536.23	57.43	655.18	3.25	1.03
	水域	48.44	0.79	59.25	0.96	10.81	3.19	1.04
	耕地	685.78	11.18	539.01	8.75	−146.77	−3.05	1.12
	灌丛	1829.36	29.83	1400.04	22.74	−429.32	−3.35	1
	草地	269.15	4.39	208.39	3.38	−60.76	−3.22	1
	园地	13.77	0.22	121.32	1.97	107.55	111.58	1.14
	建设用地	136.60	2.23	279.97	4.55	143.37	15.00	1.14
	未利用土地	268.51	4.38	13.63	0.22	−254.88	−13.56	1

空间差异最小，非岩溶区的相对变化率为 1.04，岩溶区的相对变化率为 0.82。耕地、林地在岩溶区和非岩溶区变化速度的空间差异与园地、水域和建设用地相似，也表现为非岩溶区变化速度大于岩溶区变化速度。

在 ArcGIS 软件中，将 1988 年和 2013 年 2 期土地利用/覆盖分类及石漠化土地图进行交集（intersect）处理，得到连江流域土地利用类型之间在空间和数量上的转移特征（表 4-9）。从总体上来看，连江流域土地利用/覆盖及石漠化土地转移主要发生在灌丛和林地之间。1988～2013 年，林地向灌丛转出 417.54km²，转出率为 12.69%；灌丛向林地转出了 987.97km²，转出率达 54.28%。除此之外，灌丛还分别向耕地、草地、园地、建设用地转出了 95.86km²、66.6km²、60.86km²、27.99km²，而 25 年间灌丛转入量仅为 821.55km²，最大转入量为 415.54km²（林地），灌丛的大量转出使得灌丛面积从 1988 年占流域总面积的 18.09% 下降到了 13.84%。未利用土地主要向灌丛转移，转出面积为 128.44km²，转出率达 48.08%。林地和建设用地的面积增加得最多。林地的增加主要源于灌丛的转入，其次是潜在石漠化。2013 年，24.57% 的林地来自于灌丛，8.07% 的林地来自于潜在石漠化。建设用地的增加主要源于耕地和未利用土地，分别有 44.09% 和 10.11% 的建设用地来自耕地和未利用土地的转入。

表 4-9 1988～2013 年连江流域土地利用/覆盖及石漠化土地转移矩阵

Tab.4-9 Transfer between each class of rocky desertification land and land use/cover between 1998 to 2006 in the study area

土地利用类型	1988 年	2013 年				
		重度石漠化	中度石漠化	轻度石漠化	潜在石漠化	林地
重度石漠化	面积（km²）	11.03	24.81	1.31	106.39	17.80
	转出率（%）	6.69	15.05	0.79	64.54	10.80
	转入率（%）	21.64	23.84	1.22	3.89	0.44
中度石漠化	面积（km²）	1.64	17.15	7.83	99.23	2.70
	转出率（%）	1.20	11.49	5.25	66.49	1.81
	转入率（%）	3.22	16.48	7.27	3.63	0.07
轻度石漠化	面积（km²）	0.24	3.56	2.85	31.16	3.16
	转出率（%）	0.56	8.27	6.62	72.41	7.34
	转入率（%）	0.47	3.42	2.65	1.14	0.08
潜在石漠化	面积（km²）	35.95	50.34	84.14	2006.73	324.58
	转出率（%）	1.34	1.87	3.13	74.64	12.07
	转入率（%）	70.52	48.38	78.09	73.40	8.07
林地	面积（km²）	1.73	3.85	3.82	242.79	2432.39
	转出率（%）	0.05	0.12	0.12	7.38	73.91
	转入率（%）	3.39	3.70	3.55	8.88	60.50
水域	面积（km²）	0.10	0.08	0.02	3.44	2.11
	转出率（%）	0.17	0.13	0.03	5.37	3.52
	转入率（%）	0.20	0.08	0.02	0.13	0.05
耕地	面积（km²）	0.24	4.04	7.69	223.22	40.27
	转出率（%）	0.02	0.35	0.67	19.54	3.53
	转入率（%）	0.47	3.88	7.14	8.16	1.00
灌丛	面积（km²）	0	0	0	0	987.97
	转出率（%）	0	0	0	0	54.28
	转入率（%）	0	0	0	0	24.57
草地	面积（km²）	0	0	0	0	165.90
	转出率（%）	0	0	0	0	61.80
	转入率（%）	0	0	0	0	4.13
园地	面积（km²）	0	0.01	0.08	2.69	1.51
	转出率（%）	0	0.06	0.49	16.38	9.20
	转入率（%）	0	0.01	0.07	0.10	0.04
建设用地	面积（km²）	0	0.22	0.01	18.45	4.11
	转出率（%）	0	0.13	0.01	10.65	2.37
	转入率（%）	0	0.21	0.01	0.67	0.10
未利用土地	面积（km²）	0	0	0	0	38.24
	转出率（%）	0	0	0	0	14.31
	转入率（%）	0	0	0	0	0.95

土地利用类型	1988 年	2013 年						
		水域	耕地	灌丛	草地	园地	建设用地	未利用土地
重度石漠化	面积（km²）	0.10	2.59	0	0	0.02	0.79	0
	转出率（%）	0.06	1.57	0	0	0.01	0.48	0
	转入率（%）	0.14	0.28	0	0	0.02	0.24	0
中度石漠化	面积（km²）	0.15	18.99	0	0	0.05	1.51	0
	转出率（%）	0.10	12.72	0	0	0.03	1.01	0
	转入率（%）	0.21	2.06	0	0	0.04	0.46	0
轻度石漠化	面积（km²）	0.03	1.87	0	0	0.01	0.15	0
	转出率（%）	0.07	4.35	0	0	0.02	0.35	0
	转入率（%）	0.04	0.20	0	0	0.01	0.05	0
潜在石漠化	面积（km²）	4.49	157.71	0	0	4.27	20.20	0
	转出率（%）	0.17	5.87	0	0	0.16	0.75	0
	转入率（%）	6.27	17.10	0	0	3.31	6.11	0
林地	面积（km²）	5.85	63.92	417.54	59.41	39.20	16.32	4.09
	转出率（%）	0.18	1.94	12.69	1.81	1.19	0.50	0.12
	转入率（%）	8.17	6.93	30.00	28.61	30.39	4.93	30.34
水域	面积（km²）	32.34	3.79	6.34	0.14	0.44	10.82	0.40
	转出率（%）	53.88	6.31	10.56	0.23	0.73	18.03	0.67
	转入率（%）	45.19	0.41	0.46	0.07	0.34	3.27	2.97
耕地	面积（km²）	10.23	476.63	208.72	6.79	17.09	145.82	1.51
	转出率（%）	0.90	41.73	18.27	0.59	1.50	12.77	0.13
	转入率（%）	14.29	51.68	15.00	3.27	13.25	44.09	11.20
灌丛	面积（km²）	6.46	95.86	570.11	66.60	60.86	27.99	4.30
	转出率（%）	0.35	5.27	31.32	3.66	3.34	1.54	0.24
	转入率（%）	9.03	10.39	40.97	32.07	47.18	8.46	31.90
草地	面积（km²）	0.92	4.98	29.80	62.59	2.35	1.52	0.37
	转出率（%）	0.34	1.86	11.10	23.32	0.88	0.57	0.14
	转入率（%）	1.29	0.54	2.14	30.14	1.82	0.46	2.74
园地	面积（km²）	0.18	6.88	2.27	0.02	0.47	2.27	0.04
	转出率（%）	1.10	41.90	13.82	0.12	2.86	13.82	0.24
	转入率（%）	0.25	0.75	0.16	0.01	0.36	0.69	0.30
建设用地	面积（km²）	7.39	42.31	28.44	0.18	1.52	69.93	0.58
	转出率（%）	4.27	24.43	16.42	0.10	0.88	40.38	0.33
	转入率（%）	10.33	4.59	2.04	0.09	1.18	21.14	4.30
未利用土地	面积（km²）	3.43	46.77	128.44	11.93	2.71	33.44	2.19
	转出率（%）	1.28	17.51	48.08	4.47	1.01	12.52	0.82
	转入率（%）	4.79	5.07	9.23	5.74	2.10	10.11	16.25

石漠化土地退化较严重的类型有向退化程度较轻的类型转移的趋势，各级石漠化土地向潜在石漠化转移的比例均最高。1988～2013 年，重度、中度、轻度石漠化土地退化程度分别降低了 93.25％、87.31％、84.1％，同时有 1.1％的中度石漠化向重度石漠化转移；轻度石漠化向中度石漠化转出率为 8.27％，向重度石漠化的转出率为 0.56％。潜在石漠化土地面积的增加在石漠化土地中主要来自重度和中度石漠化土地的逆转，另外还分别有 19.54％的耕地和 7.38％的林地退化为潜在石漠化。同时，有 6.34％的潜在石漠化土地发展成为新的石漠化土地。

从表 4-9、图 4-14 中可以看出，1988～2013 年流域土地利用/覆盖及石漠化土地总体变化面积达 4428.22km²，占流域总面积的 43.79％。其中，变化较为明显的地区分布在流域的西北部（即连州市的西南和东南部）、西南部（即连南瑶族自治县南部和阳山县南部）及东南部（英德市西部）；稳定区主要分布在流域东北部边缘地带（连州市东部、阳山县东北部、乳源瑶族自治县南部和英德市北部中央）。

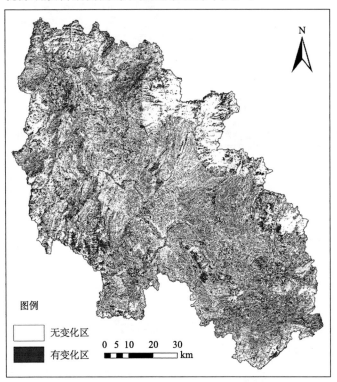

图 4-14　连江流域土地利用/覆盖及石漠化土地总体变化情况图

Fig.4-14　Spatial changes in rocky desertification and land use in Lianjiang River watershed from 1988 to 2013

4.4.5　流域主要土地类型空间变化方向分析

图 4-15、图 4-16 为连江流域重度、中度石漠化的转出分布图，其中中度石漠化的转出不包括向重度石漠化的转出。经过生态治理，石漠化土地面积明显减少，可以看出连州市南部、连南瑶族自治县东北部，以及阳山县与英德市交界的南部土地石漠化的改善情况最为明显。另外，连州市北部石漠化土地也有较为明显的改善。

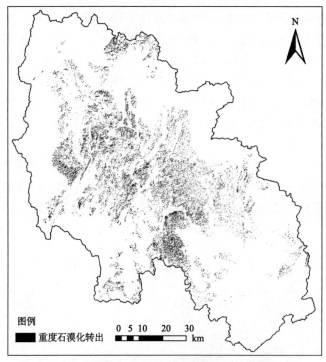

图 4-15　连江流域重度石漠化转出分布图

Fig.4-15　Change out of severely rocky desertified land in Lianjiang River watershed

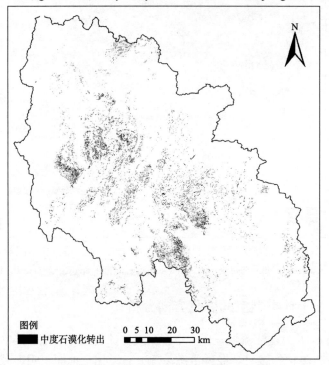

图 4-16　连江流域中度石漠化转出分布图

Fig.4-16　Change out of Moderately rocky desertified land in Lianjiang River watershed

图 4-17、图 4-18、图 4-19 分别是连江流域林地、灌丛和耕地的主要转移分布图。从图中可以看出，灌丛向林地的转移在整个非岩溶区都有不同程度的发生，主要特征是西部的转移

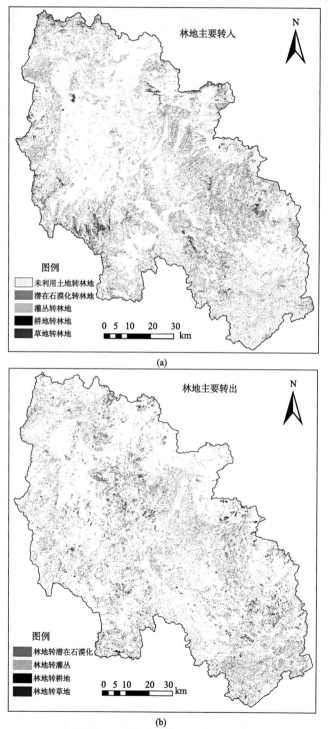

图 4-17　连江流域林地主要转移分布图
Fig.4-17　Transformation of forest land in Lianjiang River watershed

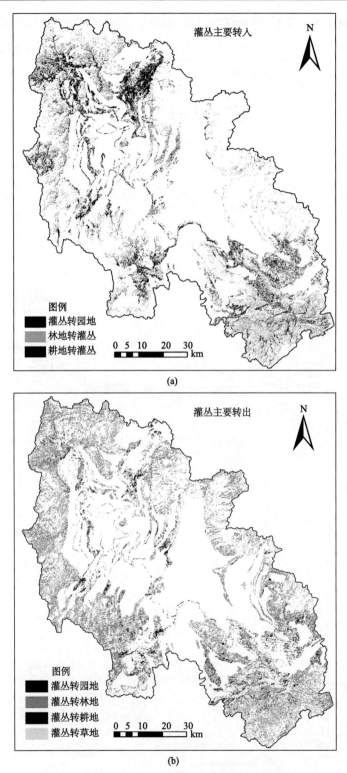

图 4-18　连江流域灌丛主要转移分布图

Fig.4-18　Transformation of bush land in Lianjiang River watershed

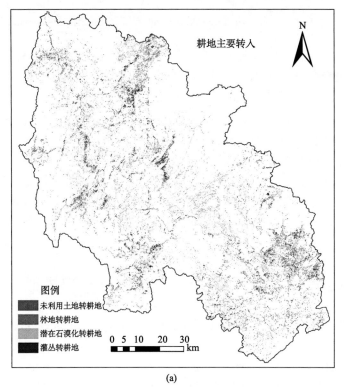

(a)

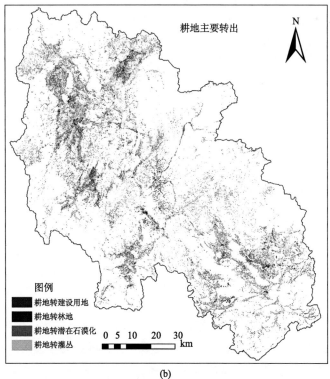

(b)

图 4-19　连江流域耕地主要转移分布图

Fig.4-19   Transformation of farm land in Lianjiang River watershed

多于东部的转移，在河流的上中游更容易连片发生潜在石漠化向林地的转移，其主要发生在岩溶区的东部和南部，林地向潜在石漠化的转移在岩溶区的北部比较多，原因可能是岩溶区北部地势较高，更容易造成水土流失，而岩溶区东部和南部地势较低较平坦，有利于水土的涵养。潜在石漠化与耕地的相互转移也表现出与之相似的特征，潜在石漠化向耕地的转移在岩溶区的东南部比较多，而耕地向潜在石漠化的转移则是西部和北部多于东南部。

耕地向建设用地的转移则多数发生在水域的附近和下游地区，这两种转移特征可能与城市化的进程有关。随着城市化的发展，越来越多的城镇建设用地占用了耕地，而耕地多分布在河流两侧，并且下游地区地势平坦，更利于城市化建设的进行。另外，流域北部偏东，即连州市东部有一片未利用土地分别向耕地和灌丛大量转出，说明连州市的发展在逐步扩大。

4.5   粤北岩溶流域生态水文过程模拟

以连江流域作为研究区域，以分布式水文模型 SWAT(soil and water assessment tools)作为模拟工具，对流域内的水文过程进行模拟。利用流域内高道、凤凰山和黄麖塘 3 个水文站 2001～2010 年的实测月平均径流量进行敏感性分析和参数率定。以 2001～2005 年作为校准期，2006～2010 年作为验证期，以相对误差（Re）、决定系数（R^2），以及 Nash-Suttcliffe 效率系数（Ens）作为模型适用性的评价指标。

4.5.1   数据处理与模型构建

1. 数据处理

SWAT 模型主要输入数据一般包括数字高程模型（DEM）数据、土壤数据、土地利用数据，以及气象数据、水文数据（肖军仓，2005；任启伟，2006）。模型校准和验证采用水文站的实测流量数据。

（1）数字高程模型（DEM）数据

数字高程模型（DEM）数据来源于美国国家航空航天局（NASA）提供的先进星载热发射和反射辐射仪全球数字高程模型（ASTER GDEM）数据，分辨率为 30m，高程范围为 10～1861m。

（2）土地利用数据

利用 2006 年 12 月 Landsat5 TM 影像，通过 ENVI（遥感图像处理的一种软件）软件监督分类并结合模型的土地利用数据库解译生成，土地利用类型包括林地、灌丛、耕地、城镇用地、草地和水域，面积百分比分别为 68.9%、16.02%、9.57%、2.47%、0.76%和 0.73%。

（3）土壤数据

土壤数据包括土壤空间数据与属性数据。空间数据来源于广东省生态环境与土壤研究所提供的广东省数字土壤图（1∶100 万）。属性数据来源于中国科学院南京土壤研究所和广东土种志，由 17 种土类组成，主要土壤类型有红色石灰土、麻黄壤、页红壤、水稻土等。

（4）气象数据

气象数据包括气象站数据和雨量站数据。其中，气象站数据为流域范围内连州气象站 1951～2010 年多要素气象数据，由国家气象科学数据共享网提供。雨量站数据为流域范围内的 16 个雨量自动观测站 2001～2010 年的日平均降水数据。

（5）流量数据

流量数据包括高道、凤凰山和黄麖塘 3 个水文站的实测日径流量数据。

为方便模型运行时的数据叠加分析，所有空间数据统一转换为 ArcGIS 所支持的 GRID 格式的栅格数据，分辨率为 30m，投影方式设置为 WGS1984 UTM Zone 49N。

2. 模型构建

SWAT 模型的水文计算过程以水文响应单元（HRU）为基础，每个水文响应单元都具有特定的土地利用、土壤类型和管理方式。计算过程如下：首先以 DEM 为基础进行河网的生成和子流域的划分。然后，通过 DEM、土地利用和土壤空间数据的叠加分析操作生成 HRU。再次，读取实测气象数据和用户土壤、土地利用等属性数据库，进行流域水文过程演算。最后，通过参数率定对模型进行校准和验证之后方可以进行径流等模拟（梁钊雄等，2013）。本书选择 SCS 径流曲线方法模拟子流域径流，运用 Penman-Monteith 法模拟潜在蒸发量，采用变动存储系数法（variable storage）进行河道演算。

由于 SWAT 模型在平原地区提取的河网与实际有较大偏差，因此在流域划分前，添加流域范围内的实际河网，同时加载高道、凤凰山和黄麖塘 3 个水文站作为用户自定义出水口，用来对模拟结果的校准与验证，最终生成 97 个子流域，365 个水文响应单元（图 4-20）。

4.5.2　参数率定与模型评价

由于 SWAT 模型的参数众多，一些参数对模型模拟结果的影响较小，而一些参数则会显著影响模型的预测结果。因此，需通过参数敏感性分析来判断哪些参数值的改变对模型的模拟结果影响更大，从而提高模型校准的效率和模拟的精度。SWAT 模型中的参数敏感性分析模块采用 LH-OAT（全局参数敏感性）分析方法，它兼具 LH（latin hypercube）抽样法和 OAT（one-factor-at-a-time）敏感度分析法的优点：模型每运行一次仅一个参数值有变化，并且某一特定输入参数值变化引起的输出结果灵敏度不受模型其他参数值选取的影响。敏感性分析的结果可有效获取影响模型结果的主要参数因子，是模型进行参

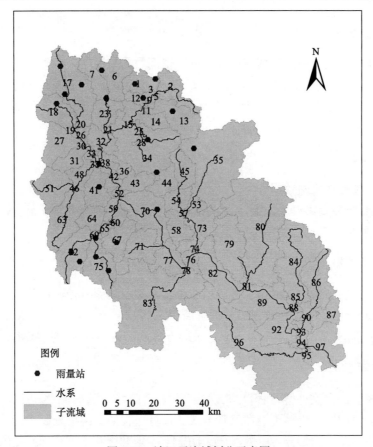

图 4-20　连江子流域划分示意图

Fig.4-20　Spatial distribution of subwatershed in Lianjiang

数率定的依据（Neitsh et al., 2005）。高道、凤凰山和黄鹰塘 3 个水文站敏感性分析得出的主要参数是 Alpha_Bf、ESCO、Gwqmn 和 SOL_AWC。凤凰山水文站敏感性分析结果见表 4-10。

表 4-10　凤凰山水文站敏感性分析结果

Tab.4-10　The result of sensitivity analysis of Fenghuang station

变量	参数描述	等级
Alpha_Bf	基流 a 系数	1
CN2	SCS 径流曲线系数	2
ESCO	土壤蒸发补偿系数	3
Gwqmn	浅层地下水径流系数	4
Revapmn	浅层地下水再蒸发系数	5
SOL_AWC	土壤可用水量	6

由于每个流域受到地形、土壤、土地覆被、气候等自然因素的影响，而且还可能受到各种水利设施、不同管理措施等人为因素的影响，所以模型对不同流域的适用程度也

不同。当模型成功运行后，需要对模型进行参数校准和验证，来评价模型在研究区的适应性。模型的校准是使模型模拟结果接近于测量值，验证是评价模型校准可靠性的过程。本书选取 3 个评价指标：相对误差（Re）、决定系数（R^2），以及 Nash-Suttcliffe 效率系数（Ens）。其中，Ens 的计算公式为

$$\text{Ens} = 1 - \frac{\sum_{i=0}^{n}(Q_\text{m} - Q_\text{p})^2}{\sum_{i=0}^{n}(Q_\text{m} - Q_\text{avg})^2} \tag{4-6}$$

式中，Q_p 为模拟值；Q_m 为实测值；Q_avg 为实测值的平均值；n 为实测数据个数。通常 $Re < 20\%$，$R^2 > 0.8$，$\text{Ens} > 0.5$，即认为模型的拟合精度令人满意。

选取的数据时间段为 2001～2010 年。由于模型运行初期，许多变量，如土壤含水量的初始值为零，这对模型模拟结果影响很大，因此在很多情况下，需要将模拟初期作为模型运行的启动阶段，即预热期，以合理估计模型的初始变量。因此，本书将数据系列分为预热期、校准期和验证期，2001 年、2006 年作为预热期，2002～2005 年作为校准期，2007～2010 年作为验证期。

校准期，在 3 个子流域分别选取敏感参数 Alpha_Bf、CN2、Gwqmn、ESCO、Revapmn 和 SOL_AWC 进行参数率定，具体校准值详见表 4-11。

表 4-11　参数校准值
Tab.4-11　Value of parameter calibration

变量	取值范围	高道	凤凰山	黄麖塘
Alpha_Bf	0～1	0.048	0.06	0.05
CN2	35～98	62～72	55～82	67～90
ESCO	0～1	0.01	0.85	0.5
Gwqmn	0～5000	0.01	1000	1000
Revapmn	0～500	1	0.9	0.8
SOL_AWC	0～1	0.08	0.13	0.2

4.5.3　模拟结果与分析

高道、凤凰山和黄麖塘 3 个水文站的适用性评价指标见表 4-12。校准期内，3 个水文站月径流量的相对误差分别为 2.72%、5.91% 和 1.63%，Ens 值分别为 0.97、0.89 和 0.70，相关系数均大于 0.9。验证期内，3 个水文站的相对误差分别为 2.62%、5.36% 和 9.32%，Ens 值分别为 0.90、0.69 和 0.69，相关系数均大于 0.9，上述评价指标值均达到精度要求。另外，校准期的模拟精度较高、验证期的模拟精度略低，流域下游的高道水文站在校准期和验证期的模拟精度均高于流域上游的凤凰山水文站和黄麖塘水文站。校准期和验证期年径流量的模拟值与实测值的变化趋势和峰值基本一致，曲线拟合度较好，基本上反映了径流量的实际变化趋势。上述结果表明，SWAT 模型适用于连江流域的径流模拟。

校准期径流量拟合结果如图 4-21 所示，验证期径流量拟合结果如图 4-22 所示。

表 4-12　模型适用性评价指标
Tab.4-12　The evaluation of three hydrological stations simulated results

指标	时期	高道	凤凰山	黄麖塘
Re（%）	校准期	2.72	5.91	1.63
	验证期	2.62	5.36	9.32
R^2	校准期	0.92	0.92	0.91
	验证期	0.94	0.93	0.92
Ens	校准期	0.97	0.89	0.70
	验证期	0.90	0.69	0.69

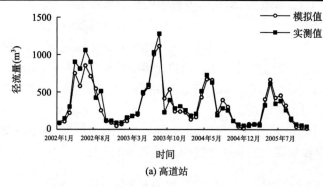

(a) 高道站

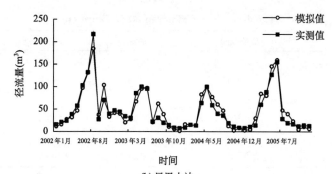

(b) 凤凰山站

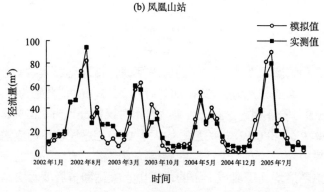

(c) 黄麖塘站

图 4-21　校准期连江流域各水文站实测值与模拟值拟合曲线

Fig.4-21　The fitting curve of simulated data and observed data of three station during calibration periods

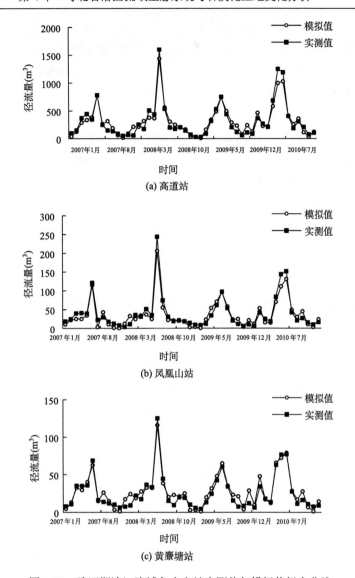

图 4-22　验证期连江流域各水文站实测值与模拟值拟合曲线

Fig.4-22　The fitting curve of simulated data and observed data of three station during validation periods

　　由于连江流域处于岩溶区域，而岩溶水文条件具有特殊性和复杂性，准确模拟岩溶影响的连江流域水文过程，需进一步修正和构建 SWAT 模型的土壤数据库或土地利用数据库，建立岩溶水文响应单元或添加与岩溶有关的土壤参数或土地利用参数来提高岩溶流域径流模拟的精度（Wang et al., 2014）。

　　总之，使用 SWAT 模型对连江流域 2001～2010 年的径流量进行模拟，利用实测数据进行敏感性分析、参数率定和模型验证，运行结果良好。

　　模型经过参数率定后，Nash-Sutcliffe 效率系数均大于 0.5、相关系数均大于 0.9、相对误差均小于 20%，表明 SWAT 模型适用于模拟喀斯特流域的径流变化，能较好地反映流域内径流的年内、年际变化特征。

模拟结果的优劣，取决于模型参数的取值。浅层蓄水层补偿深度（Gwqmn）、土壤蒸发补偿因子（ESCO）、土壤可利用水（SOL_AWC）这 3 个参数的取值对研究区径流量的模拟有重要影响。因此，这些参数调整方法选取可为模型在该地区的应用提供必要的参考。

连江流域下游的控制站高道水文站的 ENS、相关系数和相对误差值高于上游的凤凰山水文站和黄麖塘水文站，而高道水文站的集水面积（9007km^2）明显高于凤凰山水文站（1555km^2）和黄麖塘水文站（645km^2）的集水面积，这在一定程度上表明 SWAT 模型更适合在大尺度流域上应用。

参 考 文 献

陈洲, 王兮之, 李保生, 等. 2014. 粤北岩溶区星子河流域水化学离子特征及其时空变化分析. 地球与环境, 42(2)：145~156.

甘春英, 王兮之, 李保生, 等. 2011. 连江流域近 18 年来植被覆盖度变化分析. 地理科学, 31(8)：10~20.

黄平, 李延轩, 张佳宝, 等. 2009. 坡度和坡向对低山茶园土壤有机质空间变异的影响. 土壤, 41(2)：264~268.

李苗苗, 吴炳方. 2004. 密云水库上游植被覆盖度的遥感估算. 资源科学, 26(4)：153~159.

梁钊雄, 王兮之, 王军. 2013. SWAT 模型在粤北连江流域的应用研究. 水土保持研究, 20(6)：140~144.

任启伟. 2006. 基于改进 SWAT 模型的西南岩溶流域水量评价方法研究. 武汉：中国地质大学硕士学位论文.

王兮之, 甘春英, 梁钊雄, 等. 2010. 粤北岩溶山区连江流域植被覆盖度动态变化研究. 中国岩溶, 29(4)：425~433.

肖军仓. 2005. 基于 SWAT 模型的抚河流域水文模拟研究. 上海：华东理工大学硕士学位论文.

曾士荣. 2006. 粤北岩溶石山地区石漠化现状及其对水环境的影响. 水文地质工程地质, (3)：101~105.

翟大兴, 杨忠芳, 柳青青, 等. 2012. 鄱阳湖流域水化学特征及影响因素分析. 地学前缘, 19(1)：264~276.

朱会义, 李秀彬. 2003. 关于区域土地利用变化指数模型方法的讨论. 地理学报, 58(5)：643~650.

邹鸣. 2005. 连江流域水文特性分析. 广东水利水电, (6)：74~75.

David T L, Thomas C V, Nedialka D N, et al. 2012. Effects of human activities on Karst groundwater geochemistry in a rural area in the Balkans. Applied Geochemistry, 27: 1920~1931.

Lee S W, Hwang S J, Lee S B , et al. 2009. Landscape ecological approach to the relationships of land use patterns in watersheds to water quality characteristics. Landscape and Urban Planning, 92(2): 80~89.

Neitsh S L, Arnold J G, Kiniry J R, et al. 2005. Soil and water assessment tool theoretical documentation version, 2005 theory final. http：//www. brc. tamus. edu/swat/download/doc/swat[2015-06-01].

Wang X Z, Liang Z X, Wang J. 2014. Simulation of runoff in Karst-influenced Lianjiang watershed using the SWAT Model. Scientific Journal of Earth Science, 4(2): 85~92.

Zhou C, Wang X Z, Li B S, et al. 2013. Analysis on hydrogeochemical characteristics and their temporal and spatial variation in the Karst catchment of Lianjiang river, northern Guangdong province. Meteorological and Environmental Research, 4(11): 35~43.

第5章　粤北土地石漠化过程及作用机制

5.1　石漠化概念及分级

5.1.1　石漠化概念与分级问题评述

石漠化又称石化、石山荒漠化或石质荒漠化。如同荒漠化的概念有广义、狭义之分一样，石漠化也有广义与狭义之分。广义的石漠化指由流水侵蚀、溶蚀等作用导致地表出现岩石裸露的荒漠景观的土地。以花岗岩、砂岩、页岩、碳酸盐岩及红色黏土等为下伏基岩的土地，在植被遭破坏后受强烈的水蚀、溶蚀作用，导致土地向类似石质荒漠景观退化（吴微，1989；朱震达和崔书红，1996）。由于地表组成物质和基岩的差异，分别形成岩溶石漠化（Karst rock desertification）、紫色土石漠化（purple soil desertification）、花岗岩石漠化（granite rock desertification）、红黏土石漠化（red-clay desertification），以及泥石流石漠化（debris flow desertification）等不同类型的石质荒漠化土地（吴微，1989）。狭义的石漠化指岩溶地区的石质荒漠化。袁道先（1997）首先采用石漠化（rock desertification）概念来表征植被、土壤覆盖的岩溶地区转变为岩石裸露的岩溶景观、土地贫瘠化的过程。屠玉麟（1996）认为，石漠化是在喀斯特自然背景下，受人类活动干扰破坏造成土壤严重侵蚀、基岩大面积裸露、生产力下降的土地退化过程，所形成的土地称为石漠土地。谢家雍（2001）也认为，石漠化主要是在岩溶地貌上由植被丰富状态向植被贫乏状态演变的过程。王世杰（2002）提出比较经典的喀斯特石漠化（Karst rocky desertification）定义，认为它是在亚热带脆弱的喀斯特环境背景下，受人类不合理经济活动的干扰破坏，造成土壤严重侵蚀、基岩大面积出露、土地生产力严重下降、地表出现类似荒漠景观的土地退化过程。此后，熊康宁等（2002）、蒋忠诚和袁道先（2003）提出与王世杰相似的概念，王德炉等（2004）、李阳兵等（2003，2004）进一步阐述了王世杰等（2003）的概念，并提出地质石漠化、生态系统石漠化和人为加速石漠化等概念。上述概念的共同点是，认为石漠化发生的时间是人为活动较强的人类历史时期，发生地域为亚热带岩溶地区，形成的原因则是人为不合理活动的干扰破坏，景观标志主要是植被退化、土壤退化、地表状况恶化等，结果则是土地生物产量急剧降低、基岩大面积裸露、地表出现类似荒漠的景观。这些概念表达简洁、指征明确，对认识和评价南方岩溶区土地石漠化起到了积极的指导作用。但是，石漠化不仅发生在亚热带区域和人类历史时期，其成因也不仅仅是人类不合理的开发利用，如果不考虑石漠化发生的其他地域、其他时期和其他成因等，就很难完整地表述土地石漠化发生的空间、时间、成因等问题，也难以准确地揭示石漠化本质及内涵与外延，使应用者在石漠化土地监测、评价、治理中易产生歧见（李森等，2007a）。

此外，关于石漠化土地的分级指标体系也有诸多划分方法，如李文辉和余德清（2002）

将石漠化等级划分为两级，胡宝清等（2004）、王连庆等（2003）分为三级，胡宝清等（2006）分为四级，熊康宁等（2002）、周游游等（2000）分为五级或六级，不同分级方法所选取和制定的指征也有差异。石漠化分级体系和标准的不一致易造成石漠化土地面积数量出现差异，给准确认识石漠化的时空变化及预测和制定石漠化防治规划与措施等造成困难。因此，迫切需要制定一个体系完善、指征准确、简明易行、基本通用的石漠化土地分级指征（李森等，2007b）。

5.1.2　土地石漠化概念的修正及内涵释义

1. 土地石漠化的修正概念

基于前人的研究成果及野外调查研究，参照联合国关于荒漠化的定义，对石漠化（rocky desertification）概念给予修正：石漠化是在湿润、半湿润气候环境和岩溶环境中，由于人类活动、环境变化等因素作用，造成地表植被退化、土壤侵蚀、地表水流失、基岩裸露，最终形成石质荒漠景观的土地退化过程，受到这一过程影响的土地称为石漠化土地。

2. 石漠化修正概念的内涵

（1）石漠化发生的地域和环境

石漠化既发生在热带、亚热带、温带的湿润、半湿润气候环境和岩溶发育的环境中，也发生在青藏高原的湿润、半湿润气候环境和岩溶发育的环境中。滇、黔、川、桂、湘、粤、鄂、渝8省（区、市）涉及的热带、亚热带岩溶区是土地石漠化发生的主要区域，而在地处暖温带的秦岭、太行、吕梁等山区，以及青藏高原东缘的川西北高、中山区等岩溶区或有岩溶现象的地区，也有零星的石漠化土地分布。湿润、半湿润气候环境的降水量一般大于800mm，广泛分布的碳酸盐岩地层和岩溶地貌则是石漠化形成的地质环境基础。

（2）土地石漠化发生的时间

在南方一些石灰岩区域，早在侏罗世末的燕山第一幕构造运动期就已出现陆升，因而在第三纪、第四纪，南方岩溶区就已出现峰丛洼地等溶蚀地貌和侵蚀溶蚀地貌过程（杨景春，1993）。在人口数量显著增长的历史时期（如明、清时期），南方岩溶区的石漠化已很严重（韩昭庆，2006），现代则是土地石漠化广为发生发展的时期。由此可知，土地石漠化既发生在人口爆炸的历史-现代时期，也发生在岩溶地貌形成以来的第四纪等地质时期和人口较少的历史时期。

（3）石漠化的成因与自然营力

作为沉积岩的碳酸盐岩在地质作用下露出海面，在降水作用下，其溶蚀与侵蚀过程就已开始。在地质-历史时期，岩溶区土壤、基岩自然侵蚀、溶蚀，其自身环境就孕育和存在着自然石漠化过程。所以，石漠化的成因首先是自然因素，人类对岩溶区自然环境的干扰只是加重了石漠化发生的速度和区域，这种影响的程度取决于人类干扰的程度。这一时期，人口总量有限，人为活动对石漠化的影响有限，未超过岩溶自然生态系统的调控能力，因此该时期的土地石漠化是以自然石漠化过程为主的发展过程。历史时期至现代以来，由于人口激增，人类活动范围已从平原向山区拓展，对土地利用的强度不断加大，农耕活动日益频繁，在自然石漠化过程中叠加了人为石漠化过程，导致石漠化面积、程度进一步发展。清朝初、中期的"康乾盛世"是人为因素影响土地石漠化的重要转折时期，自该时期以来，人为因素对石漠化的作用比重逐渐超过了自然因素的作用比重，在一些岩溶区成为石漠化的主导因素（李森等，2007b；韩昭庆，2006）。

（4）石漠化的过程

石漠化首先表现在基岩被溶蚀及钙离子的流失，之后在漫长的地质作用下，岩石表面溶蚀与风化同时进行，溶蚀残留物及风化物沉积、搬运、堆积，出现低等生物，最终形成风化壳、土壤及植被。侵蚀过程也在土壤及植物作用下发生变化，在自然要素影响未超过岩溶生态系统调控能力的情况下，石漠化只发生在局部植被发育较差的区域。而在人类的强干扰下，这一平衡被打破，石漠化程度加剧。首先表现在地被植物退化，以自然或人工植被的受损、破坏为先导，进而造成失去植物保护的土壤被侵蚀冲刷，地表水直接流失，失去保护的碳酸盐岩裸露、半裸露于地表。植物生存条件恶化，土地生物生产力大大衰退。

（5）石漠化的实质与结果

石漠化导致岩溶生态系统原有平衡破坏，地表土壤的数量、理化性质和生物特性出现退化、生产力下降，其实质是土地的退化，其结果是岩溶区土地资源的丧失，最终形成石质荒漠这种土地退化的顶级形式和景观。

5.1.3　石漠化土地分级及其指征

1. 分级的理论依据

生态基准面的理论是石漠化土地分级的理论依据。理论生态基准面包括石漠化土地退化的初始面与终极面。初始面是岩溶区土地退化前土地同气候生物带相适应的景观，终极面则是在气候变化和人为活动的作用下土地最终演变为类似荒漠的顶级退化状态（孙武等，2000）。粤北岩溶区的南岭自然保护区和黔南岩溶区的茂兰森林自然保护区的植被土壤未遭人为干扰与破坏，其原始亚热带景观保存较完好，可以作为亚热带区域石漠化土地的初始面，而裸露的岩溶山地、丘陵、峰丛等类似的石质荒漠则为岩溶区石漠化土地的终极面。生态基准面的恢复与确定是建立科学规范的石漠化土地分级体系的关键，确定了石漠化生态初始面和终极面就确定了非石漠化和轻度石漠化、极重度和重度石漠化之间的量化界线。轻度与中度、中度与重度石漠化的界线可用初始面向终极面演变过程中各退化阶段的观测值、阈值与退化景观特征等来确定。

2. 石漠化土地分级及其综合景观指征

依据生态基准面理论和石漠化土地分级的综合性原则、主导性原则和可操作性原则，本书采用联合国粮农组织（FAO）和联合国环境规划署（UNEP）于 1984 年提出的《荒漠化评价和制图条例》中关于荒漠化划分为 4 级的意见（Odingo, 1990; FAO/UNEP, 1984），将我国南方岩溶区石漠化土地依退化程度划分为极重度、重度、中度和轻度 4 级，并选取坡面形态、溶蚀地貌形态、基岩出露率、植被覆盖率和植物种群、土壤厚度和土被覆盖度、土壤侵蚀程度、土地利用类型等反映石漠化综合景观的代表性因子，通过野外调查、实地测量与观测、卫星遥感解译等手段，运用定性与定量分析相结合的方法，以上述代表性因子的观测值或经验评判值作为石漠化分级的指标。由于我国岩溶区跨越暖温带，北、中、南亚热带，热带等多个生物气候带，各生物气候带的石漠化土地上有不同的地带性或非地带性植物群落及植物种，加之各区域石漠化的研究程度不一，目前制定一个南方岩溶区基本通用的石漠化土地分级综合景观指征还有一定难度。但是，可以根据各区域生物、气候、岩溶和石漠化土地特征，制定区域性的石漠化土地分级综合景观指征。本书以粤北岩溶山区为例，拟定了粤北区域性的石漠化土地分级及其综合景观指征（表 5-1，附图 4～附图 7）（李森等，2007a），它既是粤北岩溶区石漠化土地程度等级判定的依据，也是其他岩溶区制定石漠化土地分级综合景观指征的参考和对照。

表 5-1　粤北岩溶山区石漠化土地分级及其综合景观指征

Tab.5-1　The classifying type and synthetical landscape indices of rocky desertification lands in Karst area of north Guangdong

石漠化土地分级	综合景观指征
极重度石漠化土地	坡面倾斜，地表很破碎，石芽、角石、溶沟为代表的溶蚀地貌很发育，基岩裸露率＞90%；植被和土被覆盖度均＜10%，植被稀疏，土层厚度一般＜10cm，土被不连续，土壤侵蚀强烈；为苔藓地衣等低等植物和低结构草丛群落，仅在石芽、石洼和石穴处可见小灌木。在粤北主要为乌蕨（*Sphenomeris chinenesis* Linn.）等，基本为裸岩，已丧失农业利用价值
重度石漠化土地	坡面倾斜，地表破碎，基岩裸露率为 70%～90%，石芽、角石、溶沟为代表的溶蚀地貌发育；植被和土被覆盖度为 10%～30%。植被较稀疏；土层厚度一般＜20cm，土被不连续，土壤侵蚀较强烈；为多年生草本群落，也有小灌木。在粤北主要为野古草、牛筋草、野菊、白茅等，为石垄地、荒草地，基本丧失农业利用价值
中度石漠化土地	地面平坦或倾斜，石芽、角石为代表的溶蚀地貌分割土层，基岩裸露率为 50%～70%；植被和土被覆盖度为 30%～50%。植被较发育，土被基本连续，土层厚度为 20～40cm，侵蚀明显；为多年生草本和藤状灌木混合群落，也可见乔木。在粤北主要为青蒿、类芦、白茅、马唐、牛筋草和吊丝竹等草本植物和深绿卷柏（*Selaginella doeder-leinii* Hieron.）等藤状灌木混合群落，也可见乔木；为石垄地、坡耕地、草坡地
轻度石漠化土地	地面平坦或倾斜，石芽、角石等零星散布土壤中，基岩裸露率为 30%～50%，；植被和土被覆盖度为 50%～70%。植被生长较好，土被基本连续，土层厚度为 30～50cm；为多年生草本和藤状灌木混合群落，有少量乔木，在粤北主要为野艾蒿（*Artemisiaumbrosa* Turcz.）、青蒿等多年生草本和苎麻、黄荆等藤状灌木混合群落，有少量马尾松等次生乔木；为灌草地或坡耕地

张信宝等（2007）在已有石漠化分级基础上将土壤流失程度、石漠化程度和地面物质组成类型进行叠加分类，土壤流失程度是根据石漠化前后的石质土地面积比例变化（ΔA）进行分级（无土壤流失、轻度土壤流失、中度土壤流失、严重土壤流失、极严重土壤流失）；石漠化程度分级沿用现行的分级方法，根据裸岩比例（A_{h1}）（分为无石漠化：裸岩比例 0～30%；轻度石漠化：裸岩比例 30%～50%；中度石漠化：裸岩比例 50%～70%，重度石漠化：裸岩比例>70%），根据石质土地面积占坡地面积的比例（A_h）将地面物质组成分为土质、土质为主、土石质、石质为主和石质 5 类。最后，将土壤流失程度（ΔA）+石漠化程度（A_{h1}）+地面物质组成类型（A_h）叠加，得到显示土壤流失程度的石漠化分类（表 5-2）。

表 5-2　显示土壤流失程度的石漠化分类

Tab.5-2　The classification of rocky desertification with soil loss extents

石漠化程度 A_{h1}（%）+地面物质组成类型 A_h（%）	土壤流失程度 ΔA（土地等级降低级别）				
	无土壤流失（0）	轻度土壤流失（1）	中度土壤流失（2）	严重土壤流失（3）	极严重土壤流失（4）
无石漠化土质坡地（A_{h1}0～30；A_h<20）	无土壤流失的无石漠化土质坡地				
无石漠化土质为主坡地（A_{h1}0～30；A_h20～40）	无土壤流失的无石漠化土质为主坡地	轻度土壤流失的无石漠化土质为主坡地			
无石漠化土石质坡地（A_{h1}0～30；A_h40～60）	无土壤流失的无石漠化土石质坡地	轻度土壤流失的无石漠化土石质坡地	中度土壤流失的无石漠化土石质坡地		
无石漠化石质为主坡地（A_{h1}0～30；A_h60～80）	无土壤流失的无石漠化石质为主坡地	轻度土壤流失的无石漠化石质为主坡地	中度土壤流失的无石漠化石质为主坡地	严重土壤流失的无石漠化石质为主坡地	
无石漠化石质坡地（A_{h1}0～30；A_h80～100）	无土壤流失的无石漠化石质坡地	轻度土壤流失的无石漠化石质坡地	中度土壤流失的无石漠化石质坡地	严重土壤流失的无石漠化石质坡地	极严重土壤流失的无石漠化石质坡地
轻度石漠化土质为主坡地（A_{h1}30～50；A_h20～40）	无土壤流失的轻度石漠化土质为主坡地	轻度土壤流失的轻度石漠化土质为主坡地			
轻度石漠化土石质坡地（A_{h1}30～50；A_h40～60）	无土壤流失的轻度石漠化土石质坡地	轻度土壤流失的轻度石漠化土石质坡地	中度土壤流失的轻度石漠化土石质坡地		
轻度石漠化石质为主坡地（A_{h1}30～50；A_h60～80）	无土壤流失的轻度石漠化石质为主坡地	轻度土壤流失的轻度石漠化石质为主坡地	中度土壤流失的轻度石漠化石质为主坡地	严重土壤流失的轻度石漠化石质为主坡地	
轻度石漠化石质坡地（A_{h1}30～50；A_h80～100）	无土壤流失的轻度石漠化石质坡地	轻度土壤流失的轻度石漠化石质坡地	中度土壤流失的轻度石漠化石质坡地	严重土壤流失的轻度石漠化石质坡地	极严重土壤流失的轻度石漠化石质坡地

续表

石漠化程度 A_{h1}（%）＋地面物质组成类型 A_h（%）	土壤流失程度 ΔA（土地等级降低级别）				
	无土壤流失（0）	轻度土壤流失（1）	中度土壤流失（2）	严重土壤流失（3）	极严重土壤流失（4）
中度石漠化土石质坡地（A_{h1}50～70；A_h40～60）	无土壤流失的中度石漠化土石质坡地	轻度土壤流失的中度石漠化土石质坡地	中度土壤流失的中度石漠化土石质坡地		
中度石漠化石质为主坡地（A_{h1}50～70；A_h60～80）	无土壤流失的中度石漠化石质为主坡地	轻度土壤流失的中度石漠化石质为主坡地	中度土壤流失的中度石漠化石质为主坡地	严重土壤流失的中度石漠化石质为主坡地	
中度石漠化石质坡地（A_{h1}50～70；A_h80～100）	无土壤流失的中度石漠化石质坡地	轻度土壤流失的中度石漠化石质坡地	中度土壤流失的中度石漠化石质坡地	严重土壤流失的中度石漠化石质坡地	极严重土壤流失的中度石漠化石质坡地
强度石漠化石质为主坡地（A_{h1}50～70；A_h60～80）	无土壤流失的强度石漠化石质为主坡地	轻度土壤流失的强度石漠化石质为主坡地	中度土壤流失的强度石漠化石质为主坡地	严重土壤流失的强度石漠化石质为主坡地	
强度石漠化石质坡地（A_{h1}>70；A_h80～100）	无土壤流失的强度石漠化石质坡地	轻度土壤流失的强度石漠化石质坡地	中度土壤流失的强度石漠化石质坡地	严重土壤流失的强度石漠化石质坡地	极严重土壤流失的强度石漠化石质坡地

上述的石漠化土地分级及其指征是通过综合景观指征来辨识、判别轻、中、重、极重度 4 个等级石漠化土地的，它是一个综合分析和评判石漠化土地发展程度的标准。它不同于用评分法、权重法等制定的石漠化分级指征，不仅在野外具有便捷和可操作的特点，而且在室内结合卫星遥感影像特征目视判读石漠化等级时具有很好的效果。而将土壤流失程度作为石漠化程度判定的一项指标会更加合理、科学、全面。

5.2　粤北石漠化程度及驱动力分析

5.2.1　粤北典型岩溶山区土地石漠化程度遥感评价

石漠化发展程度评价是石漠化研究的基础命题，许多学者（王德炉等，2005；黄秋昊和蔡运龙，2005；丁文峰，2009；李瑞玲等，2004）对喀斯特地区石漠化评价指标体系和方法已进行了较为深入的研究，主要包括基于大量野外调查工作的样地评价和基于影响因子的危险度评价两个方面，采用遥感技术获取石漠化景观表征因子，结合 GIS 技术进行宏观综合评价的研究较少，造成目前对于不同地区景观退化状况、石漠化发展程度及其空间分布规律缺乏最直接的认识，在防治过程中不能做到因地制宜，从而在很大程度上影响了石漠化治理的成效。

本书选取占粤北石漠化面积 81% 的阳山县、英德市、连州市和乳源瑶族自治县这 4 个典型区域作为试验区，总面积为 14 120km²，采用 TM 遥感影像，计算归一化植被指数（NDVI）、归一化湿度指数（NDMI）、归一化退化指数（NDDI）和地表温度（T_s）

这 4 个石漠化评价因子值，在 ArcGIS 中运用主成分分析法构建石漠化现状评价模型，制作石漠化指数分布图，并根据野外调查资料和遥感目视解译经验，将石漠化指数划分为 5 个等级，得到石漠化等级分布图，直观反映试验区石漠化发展程度的空间分布规律，为石漠化成因分析和综合治理提供科学依据。

1. 数据处理

美国陆地卫星 Landsat TM 资料对于资源与环境调查及监测效果良好，是目前国内外应用最广泛的卫星资料。因此，选用 2004 年冬季 TM 影像作为主要信息源，该期 TM 影像质量良好，且正处于植被和农作物生长最差的季节，有利于削弱植被对石漠化土地信息的干扰。

在 ERDAS 软件的支持下，以 1∶10 万地形图及野外 GPS 定位数据为参考，采用三次多项式的方法对 TM 影像进行重采样，将所有波段重采样成 30m×30m 的像元大小，纠正后影像的投影坐标系为 WGS 1984 UTM 49N，图像配准后的几何精度控制在 0.5 个像元以内，几何校正整体误差 RMS 为 0.186，可以满足石漠化分布图绘制的精度要求。基于几何校正后的 TM 影像，利用回归分析方法在 ERDAS 中进行大气校正，并按试验区范围对校正影像进行剪裁，提取到像元值更接近地物反（发）射率值，能更好地反映地表真实情况的试验区 TM 影像。

2. 评价指标

土地石漠化是在湿润、半湿润气候环境和岩溶环境中，由于人类活动/气候变化等因素作用，造成地表植被退化、土壤侵蚀、地表水流失、基岩裸露，形成类似石质荒漠景观的土地退化过程（李森等，2007b；Yuan，1997），景观表征主要有植被退化、土壤退化、地表状况恶化等方面（王世杰，2002；熊康宁等，2002；王德炉等，2004），选用 NDVI、NDMI、NDDI 和 T_s 来分别反映植被退化、土壤干旱、地表退化和地表温度场的情况。

（1）植被指数

土地石漠化过程首先是从地被植物消失开始，以自然或人工植被的受损、破坏为先导（李森等，2007b），所以植被状况可认为是反映石漠化的敏感指示器。植物叶片组织对蓝光和红光有强烈的吸收，对绿光尤其是近红外光有强烈反射，植被覆盖越好，红光（red）反射越小，近红外光（NIR）反射越大。因此，由 Red 和 NIR 波段数据经线性和非线性组合可构成各种植被指数，其中归一化植被指数 NDVI 对绿色植被表现敏感，能够较好地反映植被变化，且它采用通道间的比值形式，可以部分地消除太阳高度角、卫星扫描角、大气状况等因素，是目前使用最广泛的植被指数（黄雪峰等，2009）。NDVI 表达式为

$$NDVI = \frac{TM4 - TM3}{TM4 + TM3} \tag{5-1}$$

NDVI 与石漠化程度成反比，即石漠化程度越严重，植被指数值越小。运用公式，

在 ArcMap 计算出试验区 NDVI 值，其空间分布情况如附图 8（a）所示。

（2）土壤湿度指数

定量研究土壤湿度（土壤含水量）的常用方法有热红外遥感、微波遥感等方法，但这些方法需要特定的遥感数据源和大量的实测数据。考虑到 TM5 波段（1.55～1.75μm）处于水的吸收带（1.4μm，1.9μm）之间，受水吸收带的影响，对湿度、含水量信息非常敏感，且 TM2 波段（G）对水体有一定的反射，选用这两个波段经标准化处理的湿度指数 NDMI，可以实现宏观土壤湿度的快速评价。NDMI 的表达式为（徐建春等，2002）

$$NDMI = \frac{TM2 - TM5}{TM2 + TM5} \tag{5-2}$$

NDMI 与石漠化程度成反比，即石漠化程度越严重，土壤湿度指数值越小。运用公式，在 ArcMap 计算出试验区 NDMI 值，其空间分布情况如附图 8（b）所示。

（3）土地退化指数

前期研究表明，TM5 波段对草地退化和土地沙漠化均较敏感（李辉霞和刘淑珍，2007；李辉霞等，2006）。根据典型样区石漠化的光谱特征（图 5-1），得知 TM5 波段对土地石漠化仍具有较高敏感性，石漠化程度越严重，在 TM5 波段的亮度值越高；而在植被敏感波段 TM4 则相反，石漠化程度越严重，在 TM4 波段的亮度值越低。土地退化是环境不稳定的正反馈过程，是环境退化的主要标志，从地表覆盖看，其主要的景观特征是植被遭到破坏，地表环境变得干燥。因此，借鉴 NDVI 计算方法，选用植被敏感波段 TM4 和含水量敏感波段 TM5 进行标准化处理，构建归一化土地退化指数（NDDI），并把它作为石漠化程度评价的一个因子，以反映石漠化过程中植被覆盖度下降、土壤水分缺失、地表蒸发增大等特征。NDDI 的表达式为

$$NDDI = \frac{TM5 - TM4}{TM5 + TM4} \tag{5-3}$$

NDDI 与石漠化程度成正比，即石漠化程度越严重，土地退化指数值越大。运用公式，在 ArcMap 计算出试验区 NDDI 值，其空间分布情况如附图 8（c）所示。

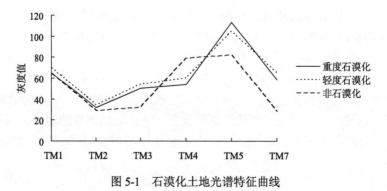

图 5-1　石漠化土地光谱特征曲线

Fig.5-1　Spectral curve of rocky desertified land

（4）地表温度

由于裸露的岩石在太阳的强烈照射下温度会急剧上升，石漠化地区白天地表温度偏高，与岩石接近的表层空气温度也随之上升，土壤中所含的水分会加快蒸发，植被因缺水难以存活，直接影响到石漠化治理效果，所以地表温度也是石漠化评价中一个不可忽视的因子。

TM6 波段（10.4～12.6μm）是热红外波段，对热异常敏感，可用于辨别地表温度差异（王情等，2008）。TM6 波段的影像突出的是地物热辐射特性，其特征表现为地物温度越高，影像上相应的色调越亮；而温度越低，色调就越暗淡渐黑，因此采用 TM6 波段数据可以进行地表温度的反演。地物相对温度 T_s 的计算公式如下（王情等，2008）：

$$T_s = \frac{C_2/\lambda}{\ln\left(1 + \frac{C_1/\pi}{\lambda^5\left[\frac{V}{255}(R_{max}-R_{min})+R_{min}\right]/b}\right)} \tag{5-4}$$

式中，C_1=3.7418×10^{-16}W·m^2；C_2=1.4388×10^{-2}m·K；λ 为中心波长；b=1.239μm。对于 TM6 而言，λ=11.5μm。

将各已知参数代入，并将华氏温度转化为摄氏温度得

$$T_s = \frac{1260.56}{\ln\left(1+\frac{60.766}{0.1238+0.005\,63\times V}\right)} - 273.15 \tag{5-5}$$

T_s 与石漠化程度成正比，即石漠化程度越严重，地表温度就越高。运用公式，在 ERDAS 中计算出试验区的 T_s 值，其空间分布情况如附图 8（d）所示。

（5）指标分级

依据生态基准面理论和石漠化土地分级的综合性原则、主导性原则和可操作性原则，将石漠化土地依退化程度划分为潜在石漠化、轻度石漠化、中度石漠化、重度石漠化和极重度石漠化 5 个等级。为了改善图形显示质量，对 NDVI、NDMI 和 NDDI 的数值范围按照式（5-6）进行线性拉伸，将灰度值范围扩展到 0～255，灰度拉伸后的图像更加清晰，层次感更加分明。根据野外调查数据，结合各评价因子图的直方图分布特征，确定各指标的分级标准，见表 5-3。

$$X_i' = \left(\frac{X_i - X_{min}}{X_{max} - X_{min}}\right) \times 255 \tag{5-6}$$

式中，X_i' 为像元 i 拉伸后的灰度值；X_i 为像元 i 的原始灰度值；X_{max} 为原始图像的最大灰度值；X_{min} 为原始图像的最小灰度值。

根据分级标准，对各评价因子图重新赋值，从 I 级至 V 级分别赋值 1、2、3、4、5，以反映不同退化等级程度，并实现基础数据的标准化。

表 5-3　评价指标分级标准

Tab.5-3　Grading standards of assessment index

石漠化程度	NDVI	NDMI	NDDI	T_s（℃）	赋值
潜在	>150	>65	<180	<16	1
轻度	130~150	60~65	180~185	16~17	2
中度	110~130	55~60	185~190	17~18	3
重度	90~110	50~55	190~195	18~19	4
极重度	<90	<50	>195	>19	5

注：NDVI、NDMI、NDDI 和 T_s分别为植被指数、土壤湿度指数、土地退化指数和地表温度。

3. 综合评价

（1）评价模型

生态环境质量评价通常采用综合加权的方法，但权重的确定受专家经验和知识结构影响比较大，为了使评价结果更为客观合理，本书采用主成分分析的方法进行综合评价。

主成分分析是设法将原来具有一定相关性的 n 个指标，重新组合成一组新的互相无关的综合指标来代替原来的指标。通常数学上的处理就是将原来 n 个指标作线性组合，作为新的综合指标。在所有的线性组合中，选取的第一个线性组合 F_1 方差最大，包含的信息量最多，F_1 称为第一主成分；如果第一主成分不足以代表原来 n 个指标的信息，再考虑选取第二个线性组合 F_2，为了有效地反映原来信息，F_1 已有的信息就不需要再出现在 F_2 中，用数学语言表达就是要求 cov（F_1,F_2）=0，则称 F_2 为第二主成分，依此类推可以构造出第三，第四，……，第 n 个主成分。主成分分析的数学表达式为

$$SD = a_1Y_1 + a_2Y_2 + \Lambda + a_mY_m \qquad (5\text{-}7)$$

式中，SD 为石漠化指数；Y_i 为第 i 个主成分；a_i 为第 i 个主成分的贡献率。

将分级赋值后的 4 幅评价因子图作为输入变量，在 ArcGIS 软件中进行主成分分析，得出 4 个主成分方差贡献率，分别为 61.99%、24.55%、7.08%和 6.39%（表 5-4）。

表 5-4　主成分的特征值及贡献率

Tab.5-4　Eigenvalues and contribution of components

主成分	特征值	贡献率（%）	累积贡献率（%）
第一主成分 F_1	1.371 25	61.99	61.99
第二主成分 F_2	0.543 05	24.55	86.53
第三主成分 F_3	0.156 66	7.08	93.61
第四主成分 F_4	0.141 26	6.39	100

根据式（5-7）和表 5-4 中的主成分贡献率，得出粤北典型岩溶山区土地石漠化指数计算公式：

$$SD = 0.6199F_1 + 0.2455F_2 + 0.0708F_3 + 0.0639F_4 \qquad (5\text{-}8)$$

在 ArcGIS 中将 4 个主成分按公式进行综合，绘制石漠化指数分布图（附图 9）。从附图 9 中可以看出，试验区的石漠化指数分布范围为 0.40～4.32，棕红色区域是石漠化指数高值区，如果高值区落在碳酸岩地层分布范围内，则属于石漠化发展较为严重的区域。

（2）指数分级

运用碳酸盐岩地层分布的边界对石漠化指数图进行裁剪，结合实地调查数据和遥感目视判读经验，确定潜在、轻度、中度化、重度和极重度石漠化土地的石漠化遥感指数分级标准（表 5-5），按照分级标准将碳酸盐岩地层分布范围内的石漠化土地划分为 5 个等级，不同石漠化等级的主要景观特征见表 5-5，碳酸盐岩地层范围外的区域则划为非石漠化土地（附图 10）。

表 5-5　石漠化程度分级标准

Tab.5-5　Grading standards of rocky desertification degree

石漠化程度	样点位置	石漠化指数	SD 分级标准	主要景观特征
潜在	113°05′30″E, 24°57′11″N	0.62	<1.58	地表覆盖为林地、灌草地、耕地等，基岩裸露率<30%，植被和土被覆盖度>70%。土层厚度一般>40cm
	113°05′39″E, 24°57′14″N	0.85		
	113°06′39″E, 24°59′52″N	1.26		
轻度	113°08′36″E, 24°57′47″N	1.77	1.58～1.80	地表覆盖为灌草地或坡耕地，基岩裸露率为 30%～50%，植被和土被覆盖度为 50%～70%。土层厚度为 30～50cm
	113°04′13″E, 24°56′59″N	1.73		
	113°05′49″E, 24°57′36″N	1.61		
中度	113°07′24″E, 24°59′55″N	2.56	1.80～2.61	地表覆盖为石垄地、坡耕地、草坡地，基岩裸露率为 50%～70%；植被和土被覆盖度为 30%～50%，土层厚度为 20～40cm
	113°07′21″E, 25°00′13″N	2.27		
	113°06′02″E, 24°59′50″N	2.60		
重度	113°05′34″E, 25°00′46″N	2.93	2.61～3.45	地表覆盖为石垄地、荒草地，基岩裸露率为 70%～90%，植被和土被覆盖度为 10%～30%，土层厚度一般<20cm
	113°06′36″E, 25°01′29″N	2.84		
	113°07′57″E, 25°03′15″N	3.05		
极重度	113°00′02″E, 24°33′48″N	4.00	>3.45	地表覆盖基本为裸岩，基岩裸露率>90%，植被和土被覆盖度均<10%，土层厚度一般<10cm
	112°59′51″E, 24°33′18″N	3.70		
	112°45′20″E, 24°37′19″N	3.65		

4. 结果分析

（1）面积统计

将试验区的行政边界图与石漠化等级分布图进行叠加分析，统计出各县不同等级石漠化土地的面积（表 5-6）。据统计结果，粤北典型岩溶山区英德、阳山、乳源、连州 4 县（市）的石漠化土地（不包括潜在石漠化）面积为 545.20km²，占该区域面积的 3.86%，占碳酸盐类岩石分布面积的 8.70%。其中，极重度、重度、中度和轻度石漠化面积分别为 3.29km²、169.65km²、230.70km² 和 141.60km²，分别占石漠化土地面积的 0.60%、31.12%、42.31% 和 25.97%，表明试验区石漠化土地以中、重度石漠化为主。

表 5-6　试验区 2004 年石漠化土地面积统计表
Tab.5-6　The area of rocky desertified lands in study area in 2004　（单位：km²）

石漠化类型	连州市	阳山县	英德市	乳源瑶族自治县	总面积
极重度	0.29	1.92	0.86	0.22	3.29
重度	13.67	74.26	25.39	56.33	169.65
中度	45.19	107.06	30.37	48.08	230.70
轻度	31.97	62.03	32.55	15.05	141.60
潜在	950.38	1717.61	2323.29	730.49	5721.77

（2）空间分布

石漠化土地主要分布在岩溶丘陵和峰丛、峰林的斜坡、陡坡地带，多为坡耕地、石笼地或裸露基岩（李森等，2009）。从石漠化等级分布图（附图 10）和统计结果（图 5-2）可以看出，阳山县石漠化土地面积分布最广，占试验区石漠化土地总面积的比例达到 45%，其中部的岭背镇、江英镇-杜步镇石漠化土地呈片状分布；其次是乳源瑶族自治县，所占比例为 22%，主要集中在西北部的大桥镇，呈大片状连续分布；连州市和英德市相对较少，分布也较为零散，仅在英德黄花镇有小片分布。

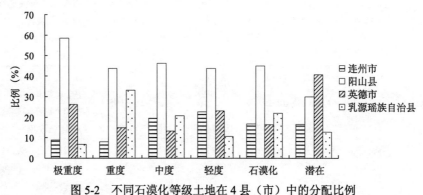

图 5-2　不同石漠化等级土地在 4 县（市）中的分配比例

Fig.5-2　Allocation of rocky desertified land of different grades in the 4 counties

极重度、重度石漠化土地主要集中在阳山县和乳源瑶族自治县,所占比例分别达 44%和 33%,主要分布在阳山县的杜步镇、岭背镇、江英镇、青莲镇、阳城镇和乳源瑶族自治县的必背镇、大桥镇,英德市和连州市也有少量分布,主要分布在英德市青塘镇、大湾镇和连州市大路边镇、西江镇。

中度石漠化土地阳山县分布最广,比例为 46%,主要分布在杜步镇、岭背镇、江英镇、青莲镇、七拱等镇;乳源瑶族自治县和连州市所占比例相当,分别为 21% 和 20%,主要分布在乳源瑶族自治县的大桥镇、必背镇,连州市的东陂镇、九陂镇、西岸镇、龙坪镇、西江等镇;英德市仅有少量呈零星状分布。

轻度石漠化土地呈小块斑状零散分布在各县(市)的裸露石灰岩分布区及岩溶盆地中的峰林、残丘。此外,英德市和阳山县还分布着大面积的潜在石漠化土地,主要为耕地和草地。

5. 结论及建议

经抽样验证,遥感评价结果与目视解译结果吻合度在 90% 以上,与实地调查情况基本一致,表明 NDVI、NDMI、NDDI 和 T_s 这 4 个指标能较好地反映出石漠化土地景观退化状况,所以运用主成分分析的方法进行石漠化发展程度评价是可行的。

评价结果表明,粤北典型岩溶山区石漠化问题依然严重,中度以上石漠化面积为 404.16km^2,占石漠化土地总面积的 74.03%,其中大部分成片状分布在阳山县中部和乳源瑶族自治县西北部,在连州市和英德市也有少量零散分布。

不同发展程度的石漠化土地应采用不同的防治措施:极重度、重度石漠化土地多为全裸石山,可种植藤类等攀爬植物,增加植被覆盖度和湿润度,促进石头风化,减少蒸发;中度石漠化土地多为半裸石山,可种植花椒、柏木、香椿等具有喜钙性、旱生性和岩生性的石漠化"先锋植物",既可减缓石漠化程度,又可取得一定的经济效益;轻度石漠化地区可实行封山育林,促进和恢复森林植被,达到防治石漠化的目的;潜在石漠化地区立地条件较好,可通过人工种植乡土阔叶树种,提高森林的生态服务价值。

5.2.2　人为活动对石漠化的驱动作用

1. 人口的驱动作用

20 世纪 70 年代至 2013 年,粤北 4 县(市)人口总数和农业人口均呈线性增长,1963 年二者分别为 121.28 万人和 106.54 万人,到 2013 年分别达到 236.33 万人和 195.35 万人,各增加 1.95 倍和 1.83 倍。1963 年,英德市、阳山县、乳源瑶族自治县、连州市的人口密度分别为 90.5 人/km^2、89.5 人/km^2、48.35 人/km^2、110.27 人/km^2,至 2013 年分别增至 194.2 人/km^2、161.5 人/km^2、94.3 人/km^2、193.1 人/km^2,平均增长 1.9 倍(韶关市地方志编纂委员会,2001;英德年鉴编纂委员会,2014;阳山年鉴编纂委员会,2014;乳源年鉴编纂委员会,2014;连州年鉴编纂委员会,2014)。岩溶山区土地资源紧缺,人均仅 1.41 亩①坡耕地或旱地。人口的快速增长必然使人们自觉或不自觉地通过滥垦、滥樵、滥牧等方式来掠夺土地资源，不断毁林开荒反复利用土地，以维持其生存需求。当然，在粤北山区"三滥"活动逐步停止后，数量巨大的农村人口又转变为石漠化治理的有生力量。

2. 政策的导向作用

政策导向通过行政命令来干预、引导农民的"三滥"活动或治理活动。从 20 世纪 70 年代至今，不同的政策引导产生了极不相同的后果。20 世纪 60～70 年代前期，在"以粮为纲"、"向山要粮"方针的指导下，山区坡地甚至陡坡地被大量开垦，加之山火频发，林草大面积被毁。仅乳源瑶族自治县的森林在此时就减少 2.54 万 hm^2，约占该县森林面积的 12%（乳源瑶族自治县地方志编纂委员会，1997）。这一时期山区生态遭到严重破坏，石漠化土地扩展到 2100 多 km^2。70 年代中期至 80 年代前期进入生态修复–徘徊时期。前 5 年开展植树造林，营造杉树林 19 718hm^2，但毁林开荒、毁林再造林的现象仍较严重。1979 年后，农村实行生产责任制，国务院发布《森林法（试行）》，广东省也制定了制止乱砍滥伐山林活动的决定，初步遏制了"三滥"之风，石漠化土地初步开始逆转。但由于此时还处在体制转型期，部分农民将责任山变为燃料基地，或刀耕火种，或开荒撂荒，"三滥"活动又有复活。20 世纪 80 年代中期至 21 世纪初前期是本区开展生态建设的时期。1985 年，广东省作出"五年消灭荒山，十年绿化广东大地"的决定，本区大规模植树造林，恢复山区生态，逐步改革瑶胞刀耕火种的习俗。1990 年以来，国务院、广东省相继做出山区退耕还林还草、生态移民、农村能源建设等决定，并将粤北部分岩溶山地划入省级生态公益林加以重点保护，加大封山造林、生态移民和综合治理的力度，使山区植被覆盖度增大，水土流失程度逐渐降低，石漠化有较大面积逆转。2001 年，广东省出台《广东省生态环境建设规划》，要求以石灰岩山区为建设重点，实施水土流失综合治理，退耕还林工程，积极营造水源涵养林和水土保持林，实施农村能源生态工程，改善石灰岩地区生态环境。2008 年、2009 年，广东省下拨石漠化治理专项资金，在岩溶区造林 1.87 万亩，有效地提高了岩溶区的森林覆盖度（杨加志，2010）。

3. 区域经济和农业结构调整的作用

20 世纪 80 年代中期，粤北山区四县（市）工农业总产值为 10.44 亿元，农业结构中种植业、林业、牧业、副业、渔业的比例分别为 56.09%、8.98%、24.12%、9.01%和 1.8%（广东省农业区划委员会，1988）。由于种植业比重过大，第二、第三产业不发达，大量农村劳动力依附在瘠薄的土地上，缺乏能替代传统种植业的新型支柱产业（广东省农业区划委员会，1988），导致经济增长乏力，治理石漠化土地的实力不足。90 年代以来，粤北山区积极发展工业，优化农业结构，调整粮、经比例，重点发展"三高"农业，促进了区域经济发展。虽然到 2013 年，农业结构中种植业、林业、牧业和渔业的比例仍分别为 62.6%、10.1%、24.5%和 2.8%，但粮、经种植比例达到 45∶55，工农业总产值为

---

① 1 亩≈666.7m^2。

510.4 亿元，农民人均收入达到 8842 元（英德年鉴编纂委员会，2014；阳山年鉴编纂委员会，2014；乳源年鉴编纂委员会，2014；连州年鉴编纂委员会，2014）。这使政府有实力投入农村基础设施建设和石漠化治理，也使农民有能力自觉远离"三滥"活动，从而缓解了土地压力。

对 1973～2013 年本区 4 县（市）的人口总数（$X1$）、农业人口数（$X2$）、耕地总面积（$X3$）、牲畜数量（$X4$）、造林面积（$X5$）、工农业总产值（$X6$）6 个人为因子与同期石漠化面积（$Y1$）经均值化后作关联度分析，得出：

关联序：$X3>X2>X1>X4>X5>X6$；

关联矩阵：0.818 16，0.830 50，0.875 51，0.772 05，0.759 87，0.610 54。

这表明，由毁林开荒或退耕还林等活动引起的耕地总面积、人口总数与农业人口数、牲畜数量、林地（植被）面积及工农业总产值等变化，都是导致土地石漠化逆转的重要的直接或间接驱动力（图 5-3）。

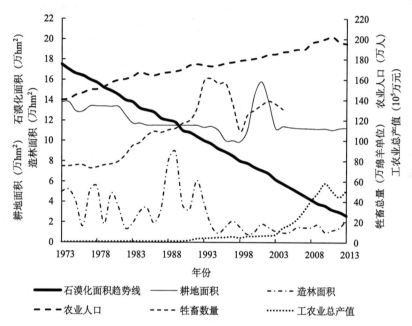

图 5-3　粤北岩溶山区英德、阳山、乳源、连州四县（市）石漠化和人为活动因子变化曲线

Fig.5-3　Variation in rocky desertification and human activities in the four researchful counties

5.2.3　石漠化驱动力的定量分析

为了对石漠化过程中自然和人为活动两类驱动力的作用与比重进行辨识、诊断，所以对 40 年来 10 个气候、人为因子的变化值采用因子分析，并用方差极大正交旋转法（varimax）旋转后计算得出因子载荷矩阵（表 5-7）。表 5-7 的第一主成分中，人为活动因子 $X5$、$X6$、$X8$、$X10$ 和气候因子 $X1$ 的载荷很高，其余的载荷均较低，说明第一主成分主要由人为驱动力所决定；在第二主成分中，气候因子 $X2$、$X3$、$X4$ 的载荷很高，

而人为活动因子的载荷均很低，说明其主要由气候驱动力所决定；而第三主成分中，$X7$的载荷很高，又说明耕地数量增减对石漠化土地扩缩有直接影响，二者大体上互为消长。第一、第二、第三主成分对变量的方差贡献率分别是 36.29%、17.33%和 10.06%，表明第一主成分比第二、第三主成分更为重要。由此可见，影响粤北岩溶山区土地石漠化的驱动力具有多面性和复杂性，尽管数年或数十年尺度的气候变化对石漠化发展或逆转具有一定的影响，但是人为活动强度的变化对土地石漠化发展与逆转有重要的驱动作用，尤其是国家和地方人口政策、土地利用政策和生态建设政策的变化对石漠化发展演变具有导向性作用。这证明，人为活动对粤北土地石漠化的贡献率远大于气候变化的贡献率，前者是石漠化发展演变的主要驱动力，后者则是次要驱动力。

表 5-7 粤北岩溶山区英德、阳山、乳源、连州四县（市）气候因素、人为因素与石漠化主成分因子载荷矩阵

Tab.5-7 The load matrix of climatic force, human activities and rocky desertification in researchful four counties

因子载荷矩阵	第一主成分	第二主成分	第三主成分	因子载荷矩阵	第一主成分	第二主成分	第三主成分
x_1（年均温）	0.475 25	−0.046 82	0.002 29	x_7（耕地面积）	−0.242 61	−0.013 02	0.933 11
x_2（暴雨日数）	0.069 69	0.911 40	0.098 11	x_8（牲畜数量）	0.914 45	0.014 90	−0.272 30
x_3（年均雨量）	−0.235 33	0.894 49	−0.134 72	x_9（造林面积）	−0.270 50	−0.100 31	0.018 25
x_4（日最大降水）	0.131 07	0.252 71	−0.218 24	x_{10}（工农业产值）	0.829 87	−0.039 01	0.061 45
x_5（总人口）	0.921 81	−0.080 94	−0.130 74	方差贡献	3.623 91	1.733 81	1.060 59
x_6（农业人口）	0.902 15	−0.135 85	−0.138 32	累计贡献	0.362 39	0.535 77	0.641 83

5.2.4　土地石漠化发展演变的驱动机制

根据上述定性与定量分析的结果可以认为,本区土地石漠化的驱动机制包含以下内容。

（1）石漠化驱动力因子的互动激发机制，导致石漠化土地形成发展或逆转

石漠化的自然与人为驱动力具有互动性、激发性等特征。当驱动力因子叠加、组合后发生连锁反应，形成互动激发机制，影响石漠化土地发展或逆转。在多雨期，降水侵蚀力增大→土壤湿润化→土壤侵蚀加剧→石漠化发展；相反，在少雨期，降水侵蚀力减小→土壤干燥化→土壤侵蚀减缓→石漠化逆转。在人为"三滥"活动增强时期，地表植被遭到破坏→土壤侵蚀加剧→基岩裸露→石漠化发展，相反，在人为"三滥"活动减缓时期，地表植被恢复→土壤侵蚀减缓→土壤结构修复→石漠化逆转。

（2）石漠化自然驱动力与人为驱动力的耦合机制，强化土地石漠化发展或逆转过程

石漠化人为驱动力与自然驱动力在时间与空间上的耦合强化了石漠化过程。当频繁的"三滥"活动和多雨期相耦合，植被遭受破坏＋降水侵蚀力增大→土壤侵蚀加剧→石

漠化发展；反之，当人为治理活动和少雨期相耦合，自然植被恢复＋降水侵蚀力减缓→土壤结构加速修复→石漠化逆转。

（3）政策导向驱动力的人为干预机制，使石漠化的作用效力倍增，速度加快

国家和地方不同时期人口政策、土地利用政策和生态保护政策具有干预性、强迫性及区域性等特征，它通过行政命令等方式干预、引导农民的"三滥"活动或治理活动，这必然使石漠化发展或逆转的效力倍增，速度加快。历史上政策的失误应对粤北山区石漠化的发展负有不可推卸的责任，而现阶段石漠化的逆转则是在正确政策引导下逐步推进的。

（4）石漠化驱动力与石漠化土地之间的反馈机制，导致土地石漠化过程自我加速/

自我恢复

随着土地石漠化进一步发展，植被覆盖度下降、地表裸岩面积增大、地表反射率增大，引起地面水分平衡与热量平衡结构迅速改变，蒸发蒸腾量减少，气温、地温和暴雨日数变幅增大（广东省科学院丘陵山区综合科学考察队，1991），降水出现异常，使土壤侵蚀加剧，石漠化会自我加速发展，形成具有恶性循环性质的正反馈机制。相反，随着石漠化发生逆转，自然植被恢复，土壤结构修复，裸岩面积减少，地表反射率降低，蒸发蒸腾量增大，气温、地温和暴雨日数变幅减小，降水正常或略少，使土壤侵蚀减缓，石漠化又会自我加速逆转，形成具有良性循环性质的负反馈机制（慈龙骏，1998）。

上述土地石漠化驱动力的互动激发机制、耦合机制、干预机制、反馈机制共同组合成粤北岩溶山区土地石漠化过程复杂的驱动机制。

5.3　石漠化土地的植被演替、盖度、生物量及多样性变化

石漠化首先表现在地表植被的退化，植被演替趋势与生物量下降过程及程度反映了石漠化程度。选择典型石漠化土地调查植被变化是评价石漠化程度的首要工作。本书分别选择位于英德市黄花镇岩背村（24°19′32.3″N，112°47′35.1″E）的典型退化峰丛坡面，该区域属于岩溶峰丛洼地地貌。中亚热带季风气候区，年平均气温为18℃，常年平均日照总时数为1677h，年均降水量为1800mm，降水多集中在4~6月及7~9月两个时段。研究区所在的黄花镇是粤北石漠化最严重的两个镇之一，调查区是由当地村民在20世纪60~70年代过度开挖造成的严重石漠化区域，该区域中心为岩石裸露率超过95%的极重度石漠化区域，位于峰丛洼地东南部坡面的中下部。在该区域东南部坡面的中上部植被为残存马尾松的次生林及灌丛，植被发育良好，在东西部与另一坡面相邻区域为石灰岩灌丛，局部平坦区域有小片农耕地。岩裸露率在极重度石漠化地周边逐渐降低，植被层片、盖度也逐渐增加，形成较连续的石漠化由重至轻的分布梯度（附图11）。

采用系统样线设置方法，以极重度石漠化为中心向四周辐射样线，按一定距离设置

样方，样方大小为 3m×4m，按照粤北岩溶山区石漠化土地分级指标（李森等，2007a），将样地分为轻度、中度、重度、极重度 4 种程度的石漠化土地。用铁钎法调查样方内的土层厚度，用面积法调查岩石裸露率，记录植物种及密度，通过测定冠幅调查每个物种的覆盖度，乔灌木种采取抽样法测定地上生物量。最终通过计算物种重要值（IV）比较不同程度石漠化土地群落优势种变化及演替趋势。物种多样性选取的指标有 Simpson 指数、丰富度指数、Shannon-Wiener 指数、Pielou 均匀度指数。计算公式如下：

$$物种重要值(IV)=(相对多度+相对盖度+相对生物量)/3 \tag{5-9}$$

$$Simpson 指数（\lambda）：\lambda=\sum_{i=1}^{s}\frac{n_i(n_i-1)}{N(N-1)},\ i=1,2,3 \tag{5-10}$$

$$丰富度指数（R）：R=(S-1)/\ln N \tag{5-11}$$

$$Shannon\text{-}Wiener 指数（H'）：H'=-\sum_{i=1}^{s}(P_i)\ln(P_i) \tag{5-12}$$

$$Pielou 均匀度指数（J）：J=H'/\log_2 S \tag{5-13}$$

式中，n_i 为第 i 个种的个体数；S 为每一样方内的总种数；N 为每一样方内所有种的总个体数；P_i=样方内各物种的个体数/总个体数×100%；H' 为多样性指数。

群落的共有度可定义为两个群落共有种的数目占两群落物种总数的百分比。本书的群落共有度用 Jaccard（简森相似性）指数测度，如群落 A 的物种数为 a，群落 B 的物种数为 b，二者的共有物种数为 c，则二群落的物种总数为 $a+b-c$，群落 A 与群落 B 的共有度 CP 为

$$CP=c/(a+b-c)\times100\% \tag{5-14}$$

式中，CP 的数值为 0～1，CP 为 0 时表示两群落树种完全不同，CP 为 1 时表示两群落树种完全相同。共有度通过二群落共有物种所占的比例，在一定程度上直观地反映出二群落的相似（或相异）性程度。

5.3.1　石漠化过程中植被群落特征及演替趋势

在石漠化发展过程中，4 个典型样地因为生境的差异，出现的植物不尽相同。轻度石漠化样地的植被出现的植物主要有苎麻、黄荆、牛筋草（*Eleusine indica*）、檵木、吊丝竹、三裂叶野葛、鞭叶铁线蕨（*A.caudatum* L.）、隐囊蕨[*Notholaena hirsuta*（Poir.）Desr.]、乌蕨、凤尾蕨（*Pteris ensiformis* Burn）、野艾蒿、青蒿、海金沙、野苦荬（*Sonchus arvensis*）、加拿大飞蓬（*Conyza canadensis*）、三叶鬼针草（*Bidens pilosa* L.）、水蔗草（*Apluda mutica* L.）等；轻度石漠化土地生境干燥、缺水、易旱，植被以具旱生性、耐钙喜钙性的种类为主，景观外貌不具“石漠”的景象。这类土地的农业利用价值甚为有限，具有生态环境脆弱的特征，植被一旦遭受破坏，恢复将极为困难，容易演替成为更高强度级的石漠化类型。轻度石漠化土地的优势种为苎麻，是多年生宿根性草本植物，半灌木，高 1～2m，由地下茎和根系形成强大的根蔸，根群大部分分布在 30～50cm 深的土层范围中，少数侧根可入土深达 1m 以下。地下茎各分枝的顶芽生长，伸出地面，发育成为地上茎。茎叶茂盛，根蔸发达，耐旱、耐瘠。主要伴生种黄荆、牛筋草均为极耐旱、耐瘠的物种。

中度石漠化样地植物以青蒿、类芦（*Neyraudia reynaudiana*）、白茅（*Imperata cylindrical*）、马唐（*Digitaria sanguinalis*）、牛筋草、吊丝竹、胜红蓟（*Ageratum conyzoides* L.）、深绿卷柏（*Selaginella doederleinii* Hieron）、野苦荬、隐囊蕨、铁包金（*Berchemia lineata* DC.）、铺地蜈蚣（*Palhinhaea cernua*）、飘拂草（*Fimbristylis annua*）、少花龙葵（*Solanum americanum*）等半灌木和多年生草本植物为主；植被结构简单、层片单一，以稀疏的灌草为主，种类也没有轻度石漠化土地丰富，人为活动的频繁影响，造成植被破坏、水土流失加剧、土层变薄、岩层逐渐出露，生态环境脆弱，它的优势种为青蒿，属于一年生草本植物，高达 1.5m。其主要伴生种为类芦、白茅等多年生草本，类芦是一种既喜水肥又耐旱瘠，形态变异性、适应性很大的植物，生长在岩壁上的类芦，株丛矮化，茎叶变小，并具木质化的垂直和水平根状茎，具有强大的附壁能力和极强的根系网，可以伸入任何岩石孔隙，毛根可以钻入岩面的微孔中，并通过不断分泌有机酸，溶解岩壁和沙砾矿物，从中吸取一定的磷、氮、钾等矿质元素，类芦具有极强的抗旱性和节水机制，这也是类芦能够在岩壁生存的重要原因。白茅为多年生草本植物，有匍匐状根茎，高 30～90cm，秆直立，纤细，营养繁殖能力很强，生长力旺盛。

重度石漠化样地植被以野古草、牛筋草、野菊、白茅、何首乌（*Polygonum multiflorum*）、白花柳叶箬（*Isachne albens*）、三裂叶野葛、少花龙葵、蜈蚣草（*Pteris vittata.*）、黄荆、加拿大飞蓬等多年生和一年生草本植物为主。土地石漠化特征明显，土壤侵蚀严重，受人为活动干扰强烈，它的优势种野古草是一种多年生草本，具横走粗壮的根状茎，繁殖迅速，密生具多脉纹的鳞片，是耐旱、耐瘠、适应性很强的粗大禾草。牛筋草是其重要的伴生种，也是具有地下根状茎的适应性强的多年生草本植物。

极重度石漠化样地主要以苔藓、乌蕨、何首乌、黑果薄柱草（*Nertera nigricarpa* Hay.）等为主。石漠化特征极其明显，土壤侵蚀强烈，甚至无土可流。基岩裸露面积大，在 80%以上，土被覆盖度为 10%～20%，坡度陡（一般大于 25°），以苔藓地衣等低等植物和低结构灌草丛为主，植被覆盖度低于 20%，是石漠化接近顶极（石漠）的等级，农业价值丧失，属生态系统严重脆弱型土地。优势种为苔藓，是一种小型的多细胞绿色植物，多适生于阴湿的环境中。结构简单，无花，无种子，以孢子繁殖，仅包含茎和叶两部分，没有真正的根和维管束，一般生长在裸露的石壁上，生长密集，有较强的吸水性，因此能够抓紧泥土，有助于保持水土。苔藓植物可以积累周围环境中的水分和浮尘，通过分泌酸性代谢物来腐蚀岩石，促进岩石的分解，有助于形成土壤。此外，极重度石漠化土地的岩石缝隙、表面坑洼、沟槽中还能见到少量蕨类物种。大多数蕨类植物的个体比较小，能生长在浅薄的土壤上，甚至附生在有少量土壤的岩石表面，不少蕨类植物都是阴生或耐阴性很强，可以生长在荫蔽的岩隙中。在极重度石漠化土地中主要伴生种乌蕨就是典型的蕨类植物，乌蕨根状茎短而横走，密生赤褐色钻状鳞片，适生富含腐殖质的酸性或微酸性土壤，常与杂草混生，有时单独群栖，用孢子繁殖。

从轻度、中度、重度至极重度石漠化土地，植物物种持续减少，优势种从灌木向草本演替，按照物种重要值计算结果（表 5-8），轻度石漠化土地是以灌木苎麻为群落中主要的优势种，灌木黄荆为群落主要的伴生种，而多年生草本植物牛筋草为草本层片的优势种。中度石漠化样地中，半灌木的青蒿取代了苎麻成为群落的优势种，蜈蚣草和类

表 5-8　石漠化过程中植物物种重要值的变化

Tab.5-8　Changes of important value of plant in process of rock desertification

种名	科	属	轻度	中度	重度	极重度
加拿大飞蓬 *Conyza canadensis*	菊科	飞蓬属	0.66	0	0.87	0
野苦荬 *Sonchus oleraceus*	菊科	苦苣菜属	1.39	1.40	0	0
三叶鬼针草 *Bidens pilosa*	菊科	鬼针草属	1.67	0	0	0
海金沙 *Lygodium japonicum*	海金沙科	海金沙属	1.85	0	0	0
青蒿 *Artemisia apiacea*	菊科	蒿属	1.99	29.75	0	0
野艾蒿 *Artemisia larandulaefolia*	菊科	蒿属	2.23	0	0	0
凤尾蕨 *Pteris ensiformis*	凤尾蕨科	凤尾蕨属	2.51	0	0	0
乌蕨 *Stenoloma chusanum*	鳞始蕨科	乌蕨属	2.40	0	0	24.18
隐囊蕨 *Notholaena hirsuta*	中国蕨科	隐囊蕨属	2.58	1.01	0	0
鞭叶铁线蕨 *Adiantum caudatum*	铁线蕨科	铁线蕨属	4.60	0	0	0
水蔗草 *Apluda mutica*	禾亚科	水蔗草属	6.53	0	0	0
三裂叶野葛 *Pueraria phaseoloides*	蝶形花科	葛属	8.14	0	3.98	0
檵木 *Loropetalum chinense*	金缕梅科	檵木属	8.84	0	0	0
吊丝竹 *Dendrocalamus beecheyanus*	竹亚科	单竹属	11.58	6.73	0	0
牛筋草 *Eleusine indica*	禾本科	蟋蟀草属	12.18	8.04	19.98	0
黄荆 *Vitex negundo*	马鞭草科	牡荆属	29.26	0	1.95	0
苎麻 *Boehmeria nivea*	荨麻科	苎麻属	0	0	0	0
野菊 *Chrysanthemum indicum*	菊科	菊属	0	0.45	6.07	0
灯笼草 *Palhinhaea cernua*	石松科	灯笼草属	0	0.55	0	0
铁包金 *Berchemia Lineata*	鼠李科	勾儿茶属	0	0.79	0	0
深绿卷柏 *Selaginella doederleinii*	卷柏科	卷柏属	0	2.89	0	0
飘拂草 *Fimbristylis annua*	菊科	飘拂草属	0	3.57	0	0
胜红蓟 *Ageratum conyzoides*	菊科	藿香蓟属	0	4.37	0	0
少花龙葵 *Solanum americanum*	茄科	茄属	0	8.03	7.67	0
马唐 *Digitaria sanguinalis*	禾亚科	马唐属	0	0	0	0
白茅 *Imperata cylindrical*	禾亚科	白茅属	0	9.27	7.39	0
类芦 *Neyraudia reynaudiana*	禾亚科	类芦属	0	11.09	0	0
蜈蚣草 *Pteris vittata*	禾亚科	蜈蚣草属	0	12.06	3.34	0
白花柳叶箬 *Isachne albens*	禾亚科	柳叶箬属	0	0	5.50	0
何首乌 *Polygonum multiflorum*	蓼科	蓼属	0	0	6.11	11.86
野古草 *Arundinella anomala*	禾亚科	野古草属	0	0	37.13	0
黑果薄柱草 *Nertera nigricarpa*	茜草科	薄柱草属	0	0	0	6.77
苔藓类 *Hypnum* spp.	灰藓科	灰藓属		0	0	57.20

芦成为主要的伴生种。在重度石漠化样地，多年生草本植物野古草成为群落优势种，牛筋草是群落的主要伴生种。在极重度石漠化样地，低等植物苔藓、蕨类植物成为优势种。

显然，随着石漠化程度的加重，群落从石灰岩灌丛向石灰岩灌丛草坡、石灰岩草坡演变，层片由灌木、草本层片向草本层片、低等植物层片发展。物种演替趋势为苎麻-牛筋草→青蒿-蜈蚣草+类芦→野古草+牛筋草→苔藓+蕨类。与相邻的非石漠化样地比较，原来群落类型马尾松-龙须藤+悬钩子-沿阶草最终演变为苔藓+蕨类的单一层片群落，物种从 18 种减少为 16 种、15 种、11 种、4 种，层片从乔木层片、灌木层片和草本层片向低等植物层片演变，高度越来越低矮化，结构越来越简单化。

　　岩溶山地峰丛洼地植被在石漠化过程中从石灰岩常绿、落叶阔叶混交林向石灰岩灌丛、石灰岩灌丛草坡方向演替，生活型由地上高位芽→地上低位芽→地面芽→地下芽转变。层片由乔木层、灌木层、草本层向草本层和地被植物演变。

　　由于岩石的结构特点，其岩面出露率一般高于其他地区，大量的风化残余物存在于岩石构造裂隙中，植物根系可以在这些裂隙中生长，地上部分形成连续的植被层,特别是大量攀援植物、藤本植物可以很好地利用裸露岩石表面空间，覆盖于裸露的岩石表面及上空，截留降水，对地表土壤起到很好的保护作用，即使土被不完整及土层厚薄不一，但小生境条件多样，留存于石沟、石缝、石槽中的土壤肥力水平高，也能提供充足的植物营养，在降水较丰富的条件下，植物生长茂盛，从而形成良好的生态系统。但是，植被一旦遭受破坏，失去保护的土壤很快由于地表径流侵蚀流失，即使在裂隙、沟槽中残存的土壤也会因为垂直渗漏流失或失去植物枯枝落叶返还养分补充而逐渐退化。即使在中度、轻度石漠化土地有零星生长的植物，其生态结构和功能也会丧失或降低，难以形成健康的生态系统，从而使未被植被覆盖的出露的岩石直接在雨滴下受到冲刷，出现基岩裸露的景观，也造成地表径流加强，土壤侵蚀程度加重，从而加速石漠化的发生、发展，最终形成极重度的石漠化景观，水、土、生物资源丧失。

5.3.2　石漠化过程中植被盖度变化

　　粤北英德市黄花镇岩背村典型石漠化区域的植被群落主要是由石灰岩藤、灌丛和草本植物层构成，随着石漠化过程的发展，本区的植被盖度也相应发生变化（图 5-4），

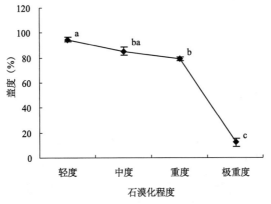

图 5-4　石漠化过程中植被盖度变化

Fig.5-4　Changes of vegetation cover in the process of rocky desertification

由轻度→中度→重度→极重度石漠化样地，植被盖度呈显著下降趋势，从轻度→中度，样地平均盖度由 94.65%下降为 84.98%，由中度→重度，植被盖度进一步下降至 79.21%，重度→极重度，植被盖度显著下降（$F=328.93$，$P<0.05$），平均盖度从 79.21%骤降至 12.14%，降幅达 85%。

　　轻度石漠化样地地表裸露石芽分割土壤，但土壤层基本连续，土层厚度<40cm；植被以草本、灌木为主，有少量乔木。植被类型以苎麻、黄荆、牛筋草、继木、吊丝竹、三裂叶野葛、鞭叶铁线蕨、隐囊蕨、乌蕨、凤尾蕨、野艾蒿、青蒿、海金沙、野苦荬、加拿大飞蓬等为主。尽管以灌木物种居多，但群落植物生长茂盛、冠幅较大，植株数量多，高度大，盖度大。中度和重度石漠化样地裸露石芽增加，溶蚀沟、缝、坑发育，土壤破碎化，斑块变小，土壤层不连续，多呈小斑块状分布于石芽间，土层厚度一般小于 25cm 和 10cm。植被以草本植物、小灌木为主，但青蒿、类芦、白茅、马唐、牛筋草、野古草等草本植物保持了较大的植被盖度。极重度石漠化样地基岩裸露率>90%，溶蚀沟、缝、坑更加发育，地表进一步破碎化，土壤流失殆尽，仅有少量残存，呈斑状分布于石芽、石缝间，多为苔藓土，物种单一，群落极为简单，局部石缝长有茅草或零星小灌木，一年生草本植物多在冬天枯死。可见到的少量草本植物和小灌木类型主要为乌蕨、何首乌、黑果薄柱草、地衣和苔藓等低等草本、铺地藤本，植被盖度很低，这些旱生的草本、藤本植物为了适应缺水少土环境，茎、叶大多萎缩，且分布十分稀疏。

5.3.3　石漠化过程中现存生物量变化

　　石漠化的实质是土地退化，其表现形式为土地生产力的下降。地表生物量可以很好地反映土壤生产力的大小。对轻度、中度、重度和极重度石漠化土地样地内的样方进行地上生物量调查，每个样方中的草本植物留茬 1cm 刈割，灌木种每株剪取 3～5 个典型枝，烘干，用单位面积植物干重表示石漠化土地的生产力。结果发现，与植被盖度变化趋势一样，土地现存生物量在轻度石漠化样地向中度、重度、极重度石漠化样地演变过程中同样呈明显的下降趋势（图 5-5）。特别从中度石漠化变为重度石漠化、极重度石

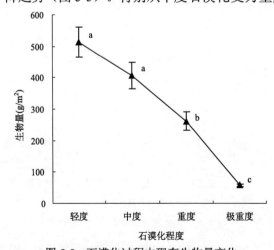

图 5-5　石漠化过程中现存生物量变化

Fig.5-5　Changes of standing biomass in the process of rocky desertification

漠化土地的过程中，地表现存生物量呈显著下降趋势（$F=70.45$，$P<0.05$）。而在相邻的非石漠化区域，由于良好的群落层片结构和植被盖度，地表现存生物量远远大于轻度石漠化土地。

5.3.4 石漠化过程中物种多样性变化

群落的物种多样性是反映群落发育水平、结构与功能的重要指标之一。选用 Simpson 指数、丰富度指数、Shannon-Wiener 指数和 Pielou 均匀度指数来分析比较石漠化过程中物种多样性的变化，结果表明（表5-9），粤北典型区物种多样性在石漠化过程中都呈下降趋势，但在不同阶段，下降程度有所差异。

表 5-9 石漠化过程中物种多样性指数变化

Tab.5-9 Changes of species diversity in the process of rocky desertification

石漠化阶段	Simpson 指数 λ	丰富度指数 R	Shannon-Wiener 指数 H′	Pielou 均匀度指数
轻度石漠化	0.16±0.18a	1.61±0.12a	1.98±0.08a	2.04±0.10a
中度石漠化	0.27±0.08a	1.03±0.26b	1.53±0.23b	1.86±0.13a
重度石漠化	0.35±0.04ba	0.88±0.09b	1.34±0.07b	1.79±0.06a
极重度石漠化	0.60±0.28b	0.36±0.23c	0.51±0.27c	1.68±0.89a

注：不同小写字母表示在 0.05 水平上差异性显著。

从轻度到中度、重度、极重度石漠化，Simpson 指数从轻度石漠化的 0.16 递增至极重度石漠化的 0.60（$F=13.58$，$P<0.05$），呈显著增加的趋势，表明物种的优势程度增加，物种向单一化方向发展，意味着物种多样性越来越低，只有极少数物种才能适应极重度石漠化土地溶蚀沟、缝、坑发育，地表破碎，土层稀薄，干旱的生态环境。丰富度指数和 Shannon-Wiener 指数在石漠化加剧过程中都呈下降趋势，但不同阶段下降程度略有不同，从轻度石漠化到极重度石漠化，丰富度指数从 1.61 降到 0.36，除从中度到重度石漠化丰富度指数下降不显著外，其余都有显著性差异（$F=63.02$，$P<0.05$）；与丰富度指数相似，Shannon-Wiener 指数除从中度到重度下降不显著外，从轻度到中度、极重度都呈显著下降趋势（$F=94.19$，$P<0.05$）。同样，从轻度到中度、重度、极重度石漠化样地，Pielou 均匀度指数也呈下降趋势，从轻度石漠化的 2.04 分别下降到中度、重度、极重度石漠化的 1.86、1.79 和 1.68，但变化均不显著（$F=0.98$，$P<0.05$）。物种多样性变化能够很好地反映岩溶环境恶化对植物生存、发育的影响。石漠化程度加重导致土壤、水分、养分等植物生长所需的资源条件恶化，只有部分耐旱、耐瘠、生存繁衍能力强的物种才能适应这种变化，从而造成物种持续减少，而植被的变化又会加剧地表环境的退化，使岩溶环境进入恶性循环状态。

5.4　石漠化过程的土壤退化

石漠化导致地表植物种减少、盖度降低、生物量下降，进而影响到地表土壤生态系统。由于碳酸盐岩具有易溶蚀的特点，在粤北岩溶山地的纯石灰岩区域，成土过程缓慢，仅有 5%～8%的难溶矿物残留形成土壤。李庆逵和孙欧（1990）认为，627m 厚的碳酸盐岩形成 1m 厚的土壤需要 1.6 万～3.2 万年，这意味着 1cm 厚的土层是经过 160～320 年的成土过程形成的。而侵蚀造成的土壤流失却是很短暂的过程，甚至一场暴雨就能完成。土壤一旦失去植被或植被的保护作用减弱，在粤北亚热带充沛的降水和岩溶山地峰尖、坡陡的地形影响下，极易发生土壤侵蚀现象。加之碳酸盐岩节理发育形成的纵横交错的裂隙和大大小小的孔穴会形成土壤垂直渗漏，从而造成"土壤丢失"的现象。地表径流侵蚀和垂直渗漏的共同作用加剧了岩溶土壤的流失和退化过程，造成土层破碎、土壤厚度降低、粒度粗化、养分损失等土壤退化结果。

5.4.1　不同石漠化程度的土壤粒度变化

1. 不同石漠化土地的土壤机械组成变化

在轻度、中度、重度、极重度石漠化土地按 5cm 间隔采集土样，每个处理采 3 个土样，由于不同石漠化土地土层深度有差异，在 4 种石漠化程度样地分别采集了 21 个、17 个、10 个、3 个土样。粒度分析采用干筛法，钢筛的直径分别为 20mm、10mm、5mm、1mm、0.5mm、0.25mm、0.1mm、0.074mm。每个样品重复测试 3 次以检验其重复性，最后取平均值。

用激光粒度分析仪分析土样粒度。根据乌登-温特沃思分类确定不同石漠化程度土壤的机械组成（表 5-10）。

表 5-10　不同石漠化程度的土壤机械组成

Tab.5-10　Changes of soil grain size in process of rock desertification

石漠化程度	土深（cm）	机械组成（%）						
		粗砾石（≥20mm）	极粗沙和砾石（10～20mm）	粗沙（5～10mm）	中沙（1～5mm）	细沙（0.5～1mm）	极细沙（0.1～0.5mm）	粉沙和黏土（0.074～0.1mm）
轻度	0～5	0.26	22.12	31.16	20.65	21.14	3.30	1.37
	5～10	2.14	24.60	29.85	20.23	19.07	3.31	0.80
	10～15	0.43	22.68	32.46	19.01	21.42	3.17	0.83
	15～20	0.54	28.72	24.90	18.62	21.60	4.01	1.61
	20～25	0.81	22.75	29.71	21.57	21.31	2.97	0.88
	25～30	0.70	21.61	31.38	19.70	22.36	2.86	1.39
	30～35	0	26.07	31.13	19.04	20.36	2.31	1.09
	35～40	1.33	24.89	29.44	17.86	23.48	2.57	0.43

续表

石漠化程度	土深（cm）	机械组成（%）						
		粗砾石（≥20mm）	极粗沙和砾石（10～20mm）	粗沙（5～10mm）	中沙（1～5mm）	细沙（0.5～1mm）	极细沙（0.1～0.5mm）	粉沙和黏土（0.074～0.1mm）
中度	0～5	4.35	31.09	28.37	14.31	17.53	3.43	0.92
	5～10	4.68	35.67	25.14	13.90	17.52	2.52	0.57
	10～15	2.55	32.70	28.66	15.13	17.19	2.99	0.78
	15～20	3.54	33.86	28.32	13.93	16.59	3.06	0.70
	20～25	2.05	33.54	29.84	14.96	16.21	2.95	0.45
	25～30	2.78	30.07	30.93	14.94	17.66	2.99	0.63
	30～35	5.40	33.98	28.91	13.28	15.57	2.35	0.51
重度	0～5	4.75	44.17	27.95	10.48	9.04	2.78	0.83
	5～10	6.18	35.86	26.34	14.42	14.51	2.39	0.30
	10～15	0.68	35.85	26.47	20.89	12.58	2.82	0.71
	15～20	0.53	28.34	28.06	20.78	19.35	2.16	0.78
极重度	0～5	10.64	45.93	24.30	9.40	7.40	1.78	0.55

由表 5-10 可知，不同程度石漠化土壤的土层深度差异较大。随着石漠化程度的加剧，土壤深度越来越浅，轻度石漠化样地土壤的土层厚度平均为 40cm，而中度石漠化样地的土层厚度为 35cm，重度石漠化样地的土层厚度降低为 20cm，极重度石漠化样地的土层厚度不足 5cm。厚度减少使一些原来连续分布的土层变得更加破碎、斑块更小。

将不同土层的粒径平均后发现（表 5-11），由轻度→中度→重度→极重度石漠化土地，随着石漠化程度的加剧，粗砾石、极粗沙和砾石的含量除中度和重度石漠化样地的粗砾石含量有波动外，其余均呈明显上升的趋势。轻度石漠化土地极粗沙以上颗粒所占的百分比为 24.96%，而极重度石漠化样地则为 56.57%，中度和重度石漠化土地则介于两者之间。粗沙、细沙、粉沙含量除个别数据有波动外，大多都呈明显下降的趋势。轻度石漠化样地和极重度石漠化样地相比，中沙、细沙、极细沙、粉沙和黏土的含量分别下降了 2 倍、2.8 倍、1.7 倍、1.9 倍以上。显然，随着石漠化程度的加重，土壤中细粒物质含量逐渐减少，土壤颗粒出现明显粗化的趋势，尤其在极重度石漠化样地上，其土壤已表现出明显的粗骨性土壤特征，细粒物质——粉沙和黏土的含量已很少，而粗沙及其以上粒级的含量占 80.87%。

表 5-11　不同石漠化程度的土壤机械组成比例（%）
Tab.5-11　Mechanical composition ratio of different texture with different grade of rock desertification

石漠化程度	粗砾石	极粗沙和砾石	粗沙	中沙	细沙	极细沙	粉沙和黏土
轻度	0.78	24.18	30.00	19.59	21.34	3.06	1.05
中度	3.62	32.99	28.60	14.35	16.90	2.90	0.65
重度	3.04	36.06	27.21	16.64	13.87	2.54	0.66
极重度	10.64	45.93	24.30	9.40	7.40	1.78	0.55

2. 不同程度石漠化土壤不同深度机械组成的变化

（1）不同石漠化土地 0~5cm 土壤深度机械组成的变化

从图 5-6 可以看出，粤北石漠化土地 0~5cm 土壤表层的土样粒径普遍较粗，以中-粗沙、极粗砂和砾石为主，其含量均超过了 70%，而不同程度的石漠化土壤类型土壤粒度组成也有差异，轻度石漠化土壤的粒度组成中极粗沙和砾石-粗沙含量占 53.54%，中-细-极细沙含量为 45.09%，粉沙和黏土含量为 1.37%；中度石漠化土壤的粒度组成中极粗沙和砾石-粗沙含量占 63.81%，中-细-极细沙含量为 35.27%，粉沙和黏土含量为 0.92%；重度石漠化土壤的粒度组成中极粗沙和砾石-粗沙含量占 76.87%，中-细-极细沙含量为 22.30%，粉沙和黏土含量不足 0.85%；极重度石漠化土壤的粒度组成中极粗沙和砾石-粗沙含量占 80.87%，中-细-极细沙含量为 18.58%，粉沙和黏土含量为 0.55%。可见，粤北不同类型石漠化程度的土壤粒度组成有所不同，而且由轻度→中度→重度→极重度石漠化土地，随着石漠化程度的加剧，土壤细粒物质明显减少。

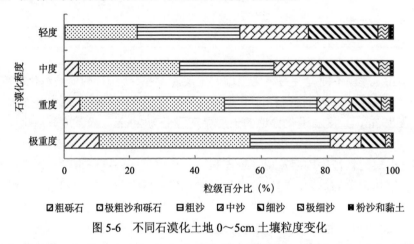

图 5-6　不同石漠化土地 0~5cm 土壤粒度变化

Fig.5-6　Changes of soil partical size in depth of 0~5cm with in the process of rock desertification

对不同石漠化土地表层 0~5cm 粒度数据进行方差分析，结果表明（表 5-12），由轻度→中度→重度→极重度石漠化土地，粗沙、极细沙、粉沙和黏土含量的变化无显著差异，粗砾石含量在轻度、中度、重度石漠化样地之间差异不显著，但轻度石漠化和极重度石漠化差异显著（$F=9.85$，$P<0.05$），表明极重度石漠化在外观上表现为粗粒物质增多的趋势明显强于轻度石漠化。极粗沙和砾石的含量在轻度和中度石漠化土地间也无明显差异，但轻度和重度、极重度之间，重度和极重度之间有显著差异（$F=21.48$，$P<0.05$）。轻度和中度石漠化土地中沙含量无明显变化，轻度和重、极重度差异明显（$F=11.18$，$P<0.05$）。轻度和中度、重度和极重度二者之间细沙含量无显著差异，但轻度和重度、极重度之间差异显著，中度和重度、极重度之间差异同样明显（$F=58.39$，$P<0.05$）。表明石漠化土地表层由于强烈的侵蚀作用，更易造成土壤表层细粒物质的流失，粗化程度增加。

表 5-12　石漠化过程中 0～5cm 粒径变化方差分析

Tab.5-12　Analysis of variance of soil partical size in depth of 0～5cm with in the process of rock desertification

机械成分	轻度石漠化	中度石漠化	重度石漠化	极重度石漠化
粗砾石	0.00±0.00a	0.04±0.05ab	0.05±0.04ab	0.11±0.04b
极粗沙和砾石	0.22±0.09a	0.31±0.07ab	0.44±0.07b	0.46±0.05c
粗沙	0.31±0.05a	0.28±0.05a	0.28±0.12a	0.24±0.02a
中沙	0.21±0.07a	0.14±0.04ab	0.10±0.02b	0.09±0.01b
细沙	0.21±0.04a	0.18±0.02a	0.09±0.01b	0.07±0.01b
极细沙	0.03±0.01a	0.03±0.01a	0.03±0.01a	0.02±0.00a
粉沙和黏土	0.01±0.00a	0.01±0.01a	0.01±0.00a	0.01±0.01a

注：不同小写字母表示在 0.05 水平上差异性显著。

（2）不同程度石漠化土地 5～10cm 土壤深度机械组成的变化

比较轻度、中度、重度石漠化土壤 5～10cm 土层粒度的变化差异（图 5-7），该层土壤的粒径以中-粗沙、极粗沙和砾石为主，其含量均超过了 55%，中-粗沙和砾石的含量变化依次为 56.59%→65.49%→68.38%；中-细-极细沙含量变化依次为 42.61%→33.94%→31.32%；粉沙和黏土含量的变化为 0.80%→0.57%→0.30%。从轻度→中度→重度石漠化土地，5～10cm 土层土壤的细粒物质呈明显减少的趋势，粒径由细变粗，表现出和表层 0～5cm 土壤粒径变化相同的趋势。

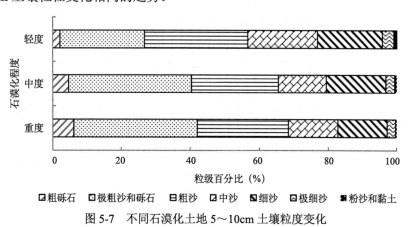

图 5-7　不同石漠化土地 5～10cm 土壤粒度变化

Fig.5-7　Changes of soil partical size in depth of 5～10cm with in the process of rock desertification

对不同石漠化土地 5～10cm 数据进行方差分析，结果表明（表 5-13），轻度、中度、重度石漠化土地 5～10cm 土层，除粉沙和黏土含量变化显著外，其余均无显著差异。在粉沙和黏土的含量变化水平上，轻度和中度、重度石漠化差异明显，而中度和重度差异不明显（$F=15.86$，$P<0.05$）。随着土壤深度的增加，细粒物质存在垂直下渗迁移的现象。土壤细粒物质也有减少，但变化幅度没有 0～5cm 土层土壤的粒度变化幅度大。

表5-13　不同石漠化土地5~10cm土层土壤粒径变化方差分析

Tab.5-13　Analysis of variance of soil partical size in depth of 5~10cm with in the process of rock desertification

机械成分	轻度石漠化	中度石漠化	重度石漠化
粗砾石	0.02±0.04a	0.05±0.00a	0.06±0.01a
极粗沙和砾石	0.25±0.08a	0.36±0.05a	0.36±0.04a
粗沙	0.30±0.05a	0.25±0.02a	0.26±0.03a
中沙	0.20±0.05a	0.14±0.03a	0.14±0.05a
细沙	0.19±0.06a	0.18±0.04a	0.15±0.02a
极细沙	0.03±0.00a	0.03±0.01a	0.02±0.00a
粉沙和黏土	0.01±0.00a	0.01±0.01b	0.00±0.00bc

注：不同字母之间代表0.05水平显著性差异。

（3）不同程度石漠化土地10~15cm土壤深度机械组成的变化

从图5-8看出，粤北石漠化土地10~15cm土层的土壤粒径粗化明显，轻度、中度、重度石漠化土壤10~15cm土层的土壤粒度以中-粗沙、极粗沙和砾石为主，二者含量均超过了55%，而不同程度的石漠化样地之间土壤质地组成也有差异，但差异不明显，土壤中的极粗沙和砾石-粗沙总含量在轻度、中度和重度石漠化样地中分别达到55.57%、63.91%和63.00%。土壤中的中-细-极细沙总含量在轻度、中度和重度石漠化样地中分别占43.60%、35.31%和36.29%。土壤中的粉沙和黏土总含量在轻度、中度和重度石漠化样地中分别占0.83%、0.78%和0.71%。

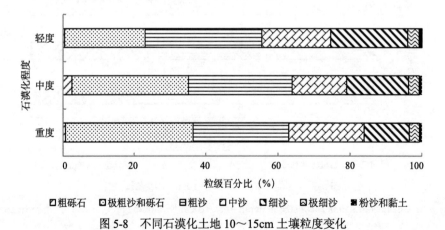

图5-8　不同石漠化土地10~15cm土壤粒度变化

Fig.5-8　Changes of soil partical size in depth of 10~15cm with in the process of rock desertification

（4）不同程度石漠化土地15~20cm土壤深度机械组成的变化

从图5-9可知，15~20cm土层的土壤粒度变化中，从轻度→中度→重度石漠化，中沙以上粒级含量已相差不大，依次为 77.71%，79.65% 和 72.78%。细沙含量也相差不大，极细沙、粉沙和黏土的变化趋势为 2.94%→3.76%→5.62%。从这里可以看出，虽然土深已达到一定程度，粗粒物质所占百分比的变化趋势已经不明显，但是粒径较小颗粒含量仍有随着石漠化程度的加深，比例不断增大的趋势。

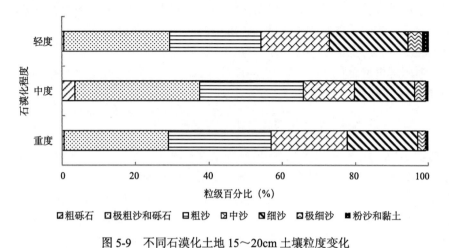

图 5-9　不同石漠化土地 15～20cm 土壤粒度变化

Fig.5-9　Changes of soil partical size in depth of 15～20cm with in the process of rock desertification

从不同石漠化程度、不同土壤深度土壤粒径变化看，石漠化加剧了土壤流失，使土层变薄，表层土壤细粒物质流失，粗化趋势明显。同时，不同深度土壤粒径随石漠化过程的变化也不同，深度越深，土壤粒径粗化越不明显，说明除了地表径流侵蚀外，也存在细粒物质垂直迁移的过程，但如果石漠化过程得不到控制，随着表层土壤流失的加剧，土层变薄，土壤的粗粒化也将加剧，最终导致土壤层消失。

5.4.2　不同石漠化程度的土壤养分含量变化

石漠化过程造成的土层变薄、破碎化、细粒物质流失也意味着土壤养分的损失和土壤生产力水平的下降。

1. 不同石漠化程度的土壤有机碳变化

为进一步比较不同石漠化程度土地与非石漠化土地土壤有机碳的变化差异，根据李森等（2007a）确定的石漠化程度分级指标，在黄花镇调查区以极重度石漠化区为中心，设置 3 条从中心点向两侧延伸的样带。作为对照样地的潜在石漠化样地位于调查区山腰植被茂密处样带顶端，每条样带每间隔 20～30m 设一样方，每条样带共设 5 个样方；极重度、重度、中度、轻度和潜在石漠化样地各设 3 个样方，样方大小为 5m×5m，调查样方内的植物种、个体数、高度、地上生物量，用铁钎法沿对角线和十字形测定样方内的土层厚度，量测样方内的裸露岩石的面积，分 0～10cm、10～20cm 两层采集样方内的土样回实验室测定土壤有机碳。此外，用环刀法测定 0～10cm 和 10～20cm 土壤的容重。由于极重度石漠化样地内岩石裸露率极高，基本上无植被覆盖，只有少部分残留土壤零散分布于石灰岩裂隙、溶槽、溶沟、溶穴中，为保证土壤样品足量，将样方内所有土样都集中收集装入样品袋。由于调查区内无对应的重度石漠化样地，所以本书只探讨轻度、中度与极重度石漠化土地有机碳的差异，并与相邻的潜在石漠化样地进行比较。

考虑到岩溶环境的非均质特点，从土壤资源的角度合理分析不同石漠化样地的生产力水平，选用单位面积有机碳总量指标来分析不同石漠化土地的土壤有机碳差异，这样可以将土层厚度这一重要影响因子纳入土壤资源的合理评价体系中。

有机碳测定采用重铬酸钾法。单位面积有机碳总量按下式计算：

单位面积有机碳总量（g/m^2）=土壤厚度（m）×10 000（m^2）×土壤容重（g/m^3）×10^3×有机碳含量（g/kg）。

（1）不同石漠化样地的土壤厚度、岩石裸露率差异

根据表 5-14，从潜在、轻度、中度到极重度石漠化，极重度石漠化样地的土壤厚度显著减少；潜在、轻度和中度石漠化土壤厚度无明显差异，但比较而言，轻度石漠化土层平均厚度最大。毫无疑问，石漠化会造成地表土壤流失，但流失程度除受植被覆盖度影响外，还与地表坡度、地形有关，3 条样带从位于坡中下部的极重度样地向上延伸，潜在石漠化样地位于坡面最高处，中度和轻度石漠化样地位于极重度石漠化样地的上方及两侧，潜在石漠化样地坡面坡度多超过 25°，由于坡面侵蚀的长期作用，地表土壤逐渐向下侵蚀堆积，造成潜在石漠化样地的土壤厚度略小于轻度和中度石漠化样地。而极重度石漠化区由于人类挖掘造成地表植被破坏，土壤失去保护而流失殆尽，只有少部分土壤分布在石灰岩缝隙及溶蚀槽、溶蚀坑中。岩石裸露率从轻度、中度至极重度石漠化显著增加，但从潜在至轻度石漠化样地，岩石裸露率增加不显著，说明轻度石漠化还没有造成地表土壤明显的流失。

表 5-14　不同石漠化样地土壤厚度、岩石裸露率与地表生物量变化分析

Tab.5-14　**Analysis of variance of soil thickness, rock coverage, and standing biomass in process of rock desertification**

因子	潜在石漠化	轻度石漠化	中度石漠化	极重度石漠化
土壤平均厚度（cm）	16.08±2.17a	24.07±30.32a	19.48±12.33a	0.16±0.06b
岩石裸露率（%）	18.56±11.8a	22.94±15.21a	42.12±12.97b	95.1±2.65c

注：不同小写字母表示在 0.05 水平上差异性显著。

（2）不同深度土壤有机碳随石漠化程度的变化

很多研究表明，随着石漠化程度的加重，土壤有机碳含量减少（刘方等，2005；杨胜天和朱启疆，1999，2000；王德炉等，2003），但根据多次的实地测定数据，在粤北岩溶峰丛洼地的山坡表层，土壤有机碳含量却随石漠化程度的增加而上升（图 5-10）：在 0～10cm 土层，极重度石漠化样地中的土壤有机碳含量显著高于其他样地，中度石漠化土壤有机碳高于轻度石漠化，轻度高于潜在，但差异不显著；在 10～20cm 深度（极

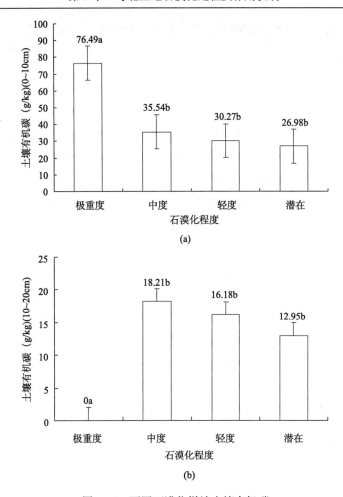

图 5-10　不同石漠化样地土壤有机碳

Fig.5-10　Changes of soil organic C in process of rock desertification

图中不同字母表示在 0.05 水平上差异性显著

重度石漠化样地无此深度的土壤），中度石漠化土壤有机碳高于轻度石漠化，轻度高于潜在。分析导致这一现象的原因，首先由于岩溶地表的土-石二元非均质结构，石漠化加剧了岩石裸露的面积，使地表土被破碎化、不连续，石牙、溶沟发育，而且石漠化程度越重，地表土壤侵蚀越强烈，当石漠化发展到重度石漠化程度时，表面土壤几近被侵蚀殆尽，纵然有少量土壤，也多残留于岩石裂隙及溶蚀槽、溶蚀坑、洼、穴中，这些土壤的厚度、面积大小、分布区域差别很大，只有一定大小的裂隙、孔穴、坑洼中一定厚度的土壤上生长少量苎麻、悬钩子等灌木和报春等草本植物，大多数土层厚度不足 1cm，残留于岩石表层溶蚀小坑、洼、槽中的土壤基本无高等植物生长，仅有一些低等植物，如苔藓、地衣等生长并形成结皮，这些低等植物能够分泌化学物质溶解并吸收岩石矿物，有助于成壤过程，也有效地避免了这些浅层土壤被侵蚀流失；而在裂隙、低洼坑、穴、槽、沟中残留的土壤，有利的地形能够有效截留地表径流挟带的枯落物和土壤细粒物，并为微生物和植物生存提供了良好的条件，因此土壤中养分累积优势明显，以致造成石漠化严重区域的土壤有机质含量高于轻度和潜在石漠化区域。此外，植物对土壤有机质的吸收利用也会影响土壤有机碳含量，石漠化程度越轻，植被发育越好，对土壤养分的吸收也越多，从而使得土壤中有机碳含量降低。

与 0～10cm 土层比较，不同石漠化程度 10～20cm 土壤深度有机碳均有所降低，这与土壤的垂直结构有关，通过观察潜在石漠化样地的剖面发生层，地表 0～3cm 为枯落物层，3～8cm 为富含有机质的腐殖质层，8～15cm 为淋溶层，15～30cm 为淀积层。即便是在石漠化严重区域，土壤垂直结构依然存在，地上生物的返还-循环过程使得地表有机质层的有机碳含量要高于淋溶层和淀积层。但石漠化如果造成表土层流失，则有机碳损失也会非常严重。

（3）单位面积土壤有机碳随石漠化程度的变化

上述调查测定结果说明，用土壤有机碳含量不能科学地反映出石漠化对土壤有机碳储存的影响，因此采用既能表征土壤容重、土壤厚度，又能反映单位重量有机碳含量的单位面积土壤有机碳含量（g/m^2）来综合评价石漠化对土壤有机碳总量的影响。从图 5-11 可以看出，中度石漠化单位面积土壤有机碳总量最高，显著高于极重度石漠化，也高于轻度和潜在石漠化，但与轻度和潜在石漠化程度之间差异并不显著。中度、轻度和潜在石漠化单位面积有机碳总量分别是极重度石漠化的 49.23 倍、47.9 倍和 29.4 倍。造成这一现象的原因首先是土壤厚度，潜在石漠化样地由于位于地势较高、坡度较陡的坡面中上部，长期地表径流使其土层变薄，中度和轻度石漠化样地地势较缓，尽管岩石裸露率较高，但缓坡地势使其能够有效堆积上部侵蚀土壤，加之石牙、石角的阻隔，使地表侵蚀削弱，发育较好的植被也能有效保护土壤和提供枯落物，这是中度石漠化样地单位面积土壤有机碳总量高于轻度和潜在石漠化样地的主要原因；而极重度石漠化样地，土壤流失殆尽，植被稀疏，土层仅存于裂隙、孔穴中，即使单位重量有机质含量很高，

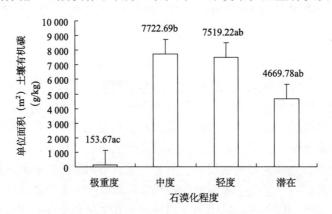

图 5-11　不同石漠化程度的单位面积土壤有机碳变化

Fig.5-11　Changes of soil organic C in unit area in process of rock desertification

图中不同字母之间代表 0.05 水平差异显著

但单位面积土壤有机碳含量显著低于中度石漠化样地。这一结果表明，岩溶区的土-石二元结构造成土壤分布的斑块化，但裸露的岩石也能阻挡、减少地表径流的侵蚀，从一定程度上减弱土壤流失，另外，垂直渗漏流失现象也会加剧，这是岩溶环境土壤侵蚀与其他生态系统最大的差别。这一特征也说明石漠化造成生态系统退化，但只有当石漠化达到重度程度时才会导致土壤有机碳大量流失，并最终丧失生态功能。

（4）单位面积土壤有机碳与土壤厚度、岩石裸露率及生物量的相关性

对土壤厚度、岩石裸露率、地表生物量和单位面积土壤有机碳总量之间进行相关性分析发现（表 5-15），土壤厚度与岩石裸露率之间有显著负相关性，与单位面积土壤有机碳总量之间有极显著正相关关系，与地表生物量之间存在正相关关系，但相关性不显著；岩石裸露率和地表生物量之间存在极显著的负相关，与单位面积土壤有机碳总量呈显著的负相关关系。说明在岩溶环境中，岩石裸露率是影响地表生态最主要的因素，而石漠化使岩石裸露率增加，这不仅会使地表土壤流失，土层变薄，更会导致地表生物失去生长基源，生物量下降。同时发现，岩溶植物具有高度适应性，尤其是藤本植物、攀援植物能够很好地适应岩生环境，越是岩石裸露率高的石漠化区域，藤灌丛越发育，它们的存在可在一定的程度上削弱石漠化对地表生物量的影响。

表 5-15　土壤厚度、岩石裸露率和单位面积土壤有机碳总量之间的相关性

Tab.5-15　Analysis of correlations among the soil thickness,rock coverage, standing biomass，and soil organic C in unit area

因子	参数	土壤平均厚度	岩石裸露率	单位面积土壤有机碳
土壤平均厚度（cm）	皮尔逊相关系数	1.000	−0.614[*]	0.963[**]
	显著性（双侧）	—	0.015	0.000
	自由度	15	15	15
岩石裸露率（%）	皮尔逊相关系数	−0.614[*]	1.000	−0.593[*]
	显著性（双侧）	0.015	—	0.020
	自由度	15	15	15
单位面积土壤有机碳（g/m²）	皮尔逊相关系数	0.963[**]	−0.593[*]	1.000
	显著性（双侧）	0.000	0.020	—
	自由度	15	15	15

*表示 0.05 水平差异显著；**表示 0.01 水平差异显著。

2. 土壤全养分和速效养分的变化

（1）土壤氮变化

不同石漠化程度土壤的氮素积累途径由于受到有机质累积途径的影响而各不相同：轻度及以上石漠化土地植被发育较好，土层连续且保持一定厚度，植物固氮作用和微生

物分解作用健全，使土壤中保持了较高的土壤全氮含量，而随着石漠化程度的加重，植被盖度、生物量下降，固氮作用减弱，土壤微生物活力降低，土壤全氮含量也随之下降，由轻度→中度→重度→极重度石漠化样地，随着石漠化程度的加重，全氮含量均呈极显著的下降趋势（$F=694.85$，$P<0.001$）。土壤全氮含量从轻度石漠化样地的 4.78g/kg 降到中度石漠化样地的2.40g/kg，重度石漠化土地的1.53g/kg，极重度石漠化样地全氮含量为 1.07g/kg（图 5-12）。

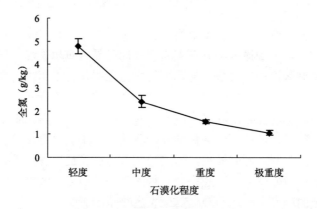

图 5-12　石漠化过程全氮含量变化

Fig.5-12　Changes of the total N content in the process of rocky desertification

同样，随着石漠化程度的加重，土壤速效氮含量也呈极显著的下降趋势（$F=2154.46$，$P<0.001$）。土壤速效氮从轻度石漠化的 154.04mg/kg 减少到中度石漠化的 70.71mg/kg、重度石漠化样地的 46.55mg/kg 和极重度石漠化样地的 22.76mg/kg（图 5-13）。

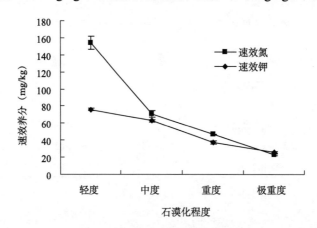

图 5-13　石漠化过程速效氮、钾含量变化

Fig.5-13　Changes of the Av-N、K content in the process of rocky desertification

（2）土壤磷变化

陆地生态系统中的磷除小部分来自干湿沉降外，大多数来自土壤母质。磷与土壤矿物质

紧密结合，其循环主要在土壤、植物和微生物中进行。其主要过程为植物吸收土壤有效态磷，动植物残体磷返回填充再循环；土壤有机磷（生物残体中磷）矿化；土壤固结态磷的微生物转化；土壤黏粒和铁铝氧化物对无机磷的吸附解吸，溶解沉淀。从轻度→中度→重度→极重度石漠化样地，速效磷的含量差异达到极显著水平（F=5526.18，$P<$ 0.001）。表层土壤的速效磷含量从轻度石漠化土地的 2.90mg/kg 减少到中度石漠化土地的 1.60mg/kg，继而又降至重度石漠化土地的 1.21mg/kg，当石漠化程度发展到后期，即极重度石漠化阶段，速效磷骤降至 0.26mg/kg。从轻度石漠化到极重度石漠化土地，速效磷降幅达 91%以上（图 5-14）。说明石漠化造成的植被、土壤厚度、土壤有机碳等变化也会影响土壤速效磷变化，特别是植物生产力的降低使地上植物返还至地表的枯落物减少，有效磷形成转化的资源减少，最终导致土壤有效磷含量降低，而这一变化又会影响地上生物生长和土壤养分转化及微生物活动。

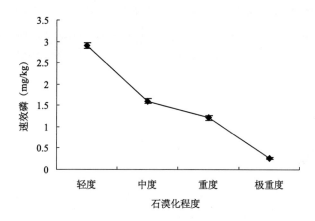

图 5-14　石漠化过程速效磷含量变化

Fig.5-14　Changes of the Av-P content in the process of rocky desertification

（3）土壤钾变化

土壤钾素来源于含钾矿物，但含钾的原生矿物只能说明钾素的潜在供应能力，土壤的实际供应水平则表现为含钾矿物分解成被植物吸收的钾离子的速度和数量。钾素在土壤中容易被土壤矿物吸附和固定，因此属不易流失元素。钾素在土壤中的存在形态有矿物态钾、非交换性钾、交换性钾和水溶性钾，其中土壤交换性钾和水溶性钾属速效钾。碳酸盐类矿物由于自身所含含钾矿物较多，且钾素的损失主要为物理损失，因此钾素含量趋于稳定。从轻度→中度→重度→极重度石漠化样地，速效钾的含量差异显著（F=2824.62，$P<$0.001），如图 5-13 所示，轻度石漠化样地的土壤速效钾含量最高，达 76.01mg/kg，至中度、重度、极重度石漠化样地，土壤速效钾依次降低至 62.96mg/kg、37.22mg/kg 和 25.81mg/kg，呈现极显著下降的趋势。土壤速效钾的变化趋势与土壤有机碳和氮素变化一致。

所以，石漠化过程不仅是植物多样性减少、生物量降低、岩石裸露率升高、土层变薄的过程，更是伴随各种土壤养分下降的过程，这些变化将最终导致岩溶环境生产力下降，生态系统更加脆弱，而一旦达到重度、极重度石漠化程度，由于碳酸盐岩成土速度极慢，流失的土壤极难在短时间内恢复，这将极大地增加石漠化土地治理恢复的难度和时间周期。

5.5　石漠化土地的土壤侵蚀过程

岩溶区土壤侵蚀过程是岩溶石漠化过程的重要组成部分，同时也是岩溶生态环境恶化和制约岩溶区农业发展的重要因子（蒋忠诚，2011）。国内外学者对有关岩溶区土壤地表侵蚀过程做过大量研究，近几年在土壤地下漏失方面也提出了一些关键问题，国内研究区域主要集中在南方的贵州和广西区域。在粤北岩溶地区，魏兴琥等通过人工模拟降水试验研究了该区域的地表土壤侵蚀（黄金国等，2012；王明刚和李森，2011；魏兴琥等，2008）。由于岩溶区石漠化土地的地表地下双层结构，土壤流失过程中除地表土壤侵蚀外，还存在地下空间土壤漏失、丢失等情况。本节通过在粤北石漠化地区设置石漠化土地试验样地，结合室内石漠化土地模型进行人工降水模拟试验，从微观层面上对石漠化土地地表和地下土壤流失过程进行研究，探讨不同石漠化阶段（即轻度、中度、重度、极重度石漠化）土壤退化特点和变化过程。

5.5.1　试验设计与方法

1. 野外研究样地与研究方法

在广东省英德市九龙镇石角村（24°8.113′N，112°51.855′E，海拔高度为121m）的一岩溶孤丘分别布置了轻度、中度、重度和极重度4个阶段的石漠化土地人工降水径流试验样地（附图12～附图15），试验样地面积为3m×4m，对样地周边植被进行清理设置隔离带，四周挖深10cm、宽20cm左右，再砌砖高20cm以上，在下沿设置出水口，可接水桶。在样地上进行人工降水模拟试验（附图16），模拟降水前先调查植被种类、盖度、生物量和土壤深度、容重、剖面组成，并采集土壤样品。试验所用仪器为中国科学院水利部水土保持研究所研制的BX-1型便携侧喷式模拟降水机。模拟雨强为30～40mm/h、4～50mm/h和60～70mm/h；每个模拟雨强下至少进行3次试验。为了能更加精确地控制模拟雨强，采用试验中实测雨强的方法，在样地均匀放置雨量筒和相同口径的塑料桶，测定整个降水过程的实际雨强。地表径流量每隔5min采集一次，适时测量。

土壤地表侵蚀量测算采用体积法，试验中每隔5min测量一次水桶采集的地表径流量，并采集一1000ml的含沙浑水样，对含沙水样过滤烘干称重，再结合采集时段的径流量计算出土壤侵蚀量（附图17）。

土壤深度采用插钎法，在样地对角线和十字线上等距离插钎，每个样地至少插钎17次。岩石裸露率通过直接测量裸露岩石面积计算，并以地表土壤为平面量算裸露岩石体积。

2. 室内研究样地与研究方法

由于野外试验难以测算地下空间土壤漏失、丢失等情况，所以参照李森等（李森等，2007a）粤北石漠化分级指标，通过基岩裸露率、土壤厚度、植被盖度等综合地表特征在室内制作一个长 5m、宽 4m、高 0.6m 的中度石漠化土地模型（附图 18），模型上方可升降，模拟 8°、15° 和 25° 的坡度（附图 19）。模型下方有一条集流管，管道出水位放有接水桶；模型内挖有 12 个不同体积大小的裂隙、漏斗（体积测算时先将其底部出水口封堵，再往其中灌水，待灌满后解封出水口，用水桶承接出水量并利用量杯量算），其底部出水口面积大小都为 Φ3cm，并下接水桶（附图 20）。

进行室内人工降水模拟试验，人工模拟降水采用的仪器及方法与野外试验相同。土壤地表侵蚀量和裂隙、漏斗里土壤漏失量的测算同样采取上述野外试验的方法，利用水桶采集地表径流量和地下渗漏水量，并采集一 1000ml 的含沙浑水样，对含沙水样烘干称重，再结合采集时段的水量量算出土壤侵蚀量。

5.5.2　石漠化土地土壤地表与地下流失结果分析

1. 石漠化土地土壤地表流失特征

（1）不同雨强土壤地表流失变化特征

在轻度石漠化样地上，以 3 种不同雨强进行人工模拟降水，在地表产生地表径流后 35min 内，土壤侵蚀变化量如图 5-15（a）所示。3 种不同雨强的人工降水，每隔 5min 所产生的地表土壤侵蚀量变化幅度很小，都围绕在 0～1g 波动，而且雨强的大小跟土壤侵蚀量无明显的相关性。轻度石漠化样地植被盖度达 69.6%，群落层片有四层，相对茂密的乔木、灌草木等能截留雨水，减缓雨强对地表的侵蚀作用；另外，样地的土层较深时，土壤水饱和后，有部分沿地下岩石与土壤界面往低位处渗流，随下方岩石出露而流出地表形成地表径流，当遇裂隙、漏斗时会渗漏其中直至地下河管道。因此，产流后汇集到集水处的地表径流量少，而且不同雨强产生的径流量的差异也不明显，通过地表径流量算出来的土壤侵蚀量自然也具有同样的特征。

在中度和重度石漠化样地上进行的人工模拟降水，其地表土壤侵蚀量变化有相似的特征。当雨强为 30～50mm/h 时，每隔 5min 所产生的地表土壤侵蚀量为 0～3g；当雨强为 60～70mm/h 时，地表土壤侵蚀量波动幅度增大：中度石漠化样地的地表土壤侵蚀量在 10min 时达到峰值，随后快速降低，回到 0～3g；重度石漠化样地的地表土壤侵蚀量在 15min 达到峰值，同样快速降低，但其后在 4～9g 波动。中度和重度石漠化样地岩石裸露率较高，土层较薄，裸露的岩石中除有较多裂隙外，还分布有漏斗和落水洞，人工降水中的部分雨水降落到土壤中直到饱和产流，部分雨水降落到裸露岩石上直接通过裂隙、漏斗、落水洞等渗漏，样地上方产生的径流也会通过下方的裂隙、漏斗、落水洞等渗漏，在小雨强的情况下，裂隙、漏斗、落水洞等把样地上方的径流"吸收"，随径流流失的土壤也在此被"挡住"或"漏失"，样地集水面积主要是下方的小区域，因此所产生的径流及土壤侵蚀量都比较少；当雨强大于 60mm/h 时，土壤水快速饱和，产生的

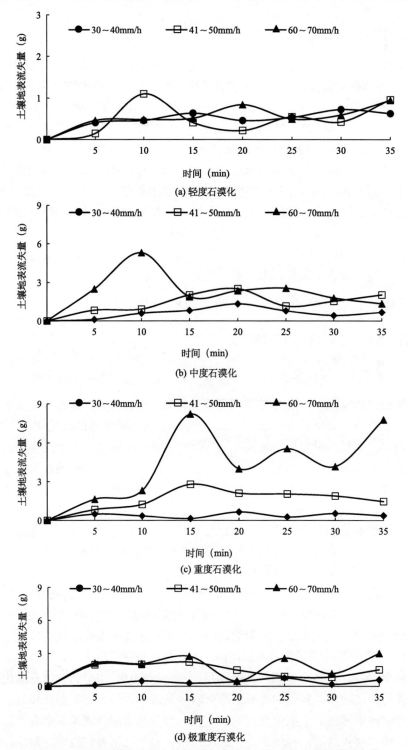

图 5-15　不同石漠化阶段土地坡面产流后 35min 内的土壤侵蚀量变化

Fig.5-15　The variations of soil erosion in 35 minutes after the overland flow begining in different stages of rocky desertification

径流强度比通过裂隙、漏斗、落水洞的渗漏强度大，样地整个区域的地表土壤都能通过地表径流运移，但由于裂隙、漏斗、落水洞等地势，部分块状或粒度大的土壤会在此短暂"停留"后又被冲下，因此当雨强大于 60mm/h 时，土壤侵蚀量增大，而且呈现较大的波动性[图 5-15（b）、图 5-15（c）]。

在上述轻度、中度和重度石漠化样地上进行人工降水试验，地表土壤侵蚀量都跟地表径流量呈显著相关性，随地表径流量的增大，土壤侵蚀量也增大。但在极重度石漠化样地上进行的人工降水试验，随雨强的增大，径流量呈现增大的趋势，但土壤侵蚀量与其没有呈现相关性，3 种不同雨强情况下，所产生的土壤侵蚀量没有显著增大，都在 0～3g 波动[图 5-15（d）、图 5-16]。产生上述情况的原因主要是极重度石漠化样地的基岩裸露率达 90%，裂隙、节理极为发育，分布很多漏斗、落水洞，水的漏失、流失强度极大，土壤流失强度减少，在长期雨水的作用下，已很少有土壤可流，因此虽然径流强度大，但地表上由径流带走的泥沙量很少。

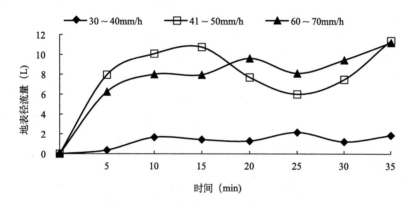

图 5-16　极重度石漠化土地坡面产流后 35min 内的地表径流量变化

Fig.5-16　The variations of runoff intensity in 35 minutes after the overland flow beginning in very severely rocky desertified land

（2）不同雨强土壤地表流失总量

从轻度→极重度石漠化样地，随着雨强的增大，产流后 35min 内的地表土壤侵蚀总量差异很大。轻度石漠化样地变幅最小，3 种雨强所产生的地表土壤侵蚀总量差距在 0.5g 左右；重度石漠化样地变幅最大，达 30g，在雨强高于 60mm/h 的情况下，地表土壤侵蚀总量从 12.4g 陡增到 33.6g，是轻度石漠化样地的 7 倍多；而中度和极重度石漠化样地随着雨强的增大，地表土壤侵蚀总量呈缓慢增加趋势（图 5-17）。上述情况的产生主要受不同石漠化样地植被情况、岩石裂隙分布、土壤盖度的综合影响。石漠化产生后，基岩裸露越多，石漠化越严重，水土的地下漏失越强。水的流失越强，土壤流失的危害越严重，直到极重度石漠化阶段，因几乎无土壤可流，水的流失强度极端增加，土壤流失强度减少，直至等于成土速率。

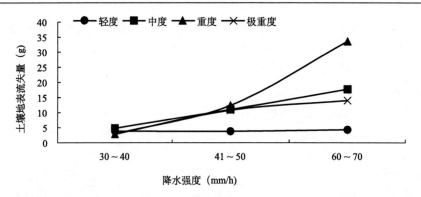

图 5-17　不同石漠化阶段土地坡面产流后 35min 内的土壤侵蚀总量

Fig.5-17　The amount of soil erosion in 35 minutes after the overland flow beginning in different stages of rocky desertification

2. 石漠化土地土壤地下漏失特征

粤北石漠化地区大部分以纯石灰岩为主,特殊的岩溶地质背景与湿热的气候条件,使岩溶强烈发育,表层岩溶带发育裂隙、漏斗、溶孔等,洼地发育落水洞、竖井和饱水带岩溶管道。在降水条件下,产生地表地下双层多向径流的作用,也产生土壤地表侵蚀和地下漏失、丢失的过程。在室内中度石漠化土地模型上,模拟不同雨强不同坡度情况下的人工降水,35min 后模型中的 12 个裂隙、漏斗的土壤漏失量呈两个主要特点:一是体积越大的裂隙、漏斗产生的土壤漏失量反而越小。体积为 0.35～0.75L 的裂隙、漏斗除一个较为特殊外,都呈现随体积增大土壤漏失量减少的特点,在模拟坡度为 8°、雨强为 30mm/h 的情况下,最小体积的一个漏斗所产生的土壤漏失量达 1.15g;而体积在 2.20～3.85L 的裂隙、漏斗的土壤漏失量大多数都为 0.01～0.06g。二是坡度和雨强对中度石漠化土地土壤漏失量影响不大,试验中在 3 种不同雨强情况下,12 个裂隙、漏斗在不同坡度下的土壤漏失量都没有呈现明显的规律性(图 5-18)。

对体积为 0.35L 和 2.70L 的漏斗里的土壤进行分层采样,漏斗(0.35L)土壤粒径含量比在不同深度相差不大,土壤粒径为 10～63μm 的都占 50%以上,而<2μm 的都维持在 10%以下;土层越深,漏斗(2.70L)土壤粒径>63μm 的含量比越来越小,而<2μm 的含量比越来越大。在深度为 0.3～0.6m 时,粒径含量变化最为明显,土壤粒径为 10～63μm 的急速降低,而 2～10μm 的陡升(图 5-19)。由于每个裂隙、漏斗底部出漏面积相同,体积大的裂隙、漏斗随深度的增加,土壤颗粒越细化,土壤胶结作用越大,通过裂隙、漏斗渗漏的水越小,土壤漏失量自然也较小。

上述试验可说明,在石漠化土地里,裂隙、漏斗由于最底部出水口面积较小,土壤充填其中,土层越深,土壤颗粒越细粒富集,在重力和土壤胶结作用下,通过此途径连续蠕滑导致土壤流失量减小;而底部连接地下水管道或溶洞的落水洞、竖井等由于最底部出水口面积大,地表土壤滑落其中便直接丢失。因此,落水洞、竖井等底部连接地下水管道或溶洞的是造成土壤大量流失的主要渠道。

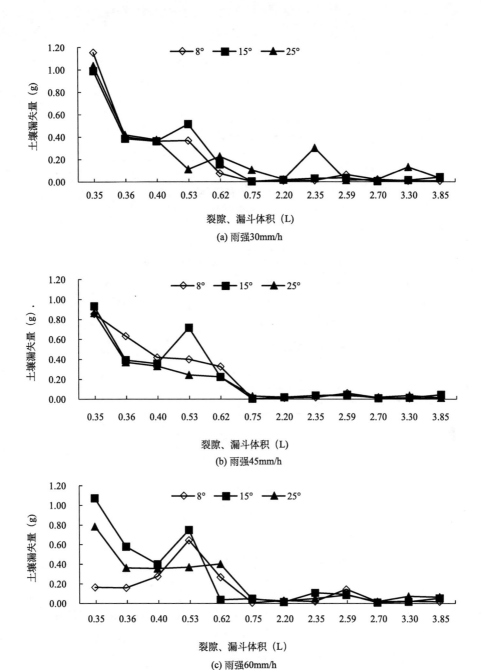

(a) 雨强30mm/h

(b) 雨强45mm/h

(c) 雨强60mm/h

图 5-18　不同体积裂隙、漏斗的土壤漏失量变化

Fig.5-18　The variations of sold leakage in different volume of fracture and funnel

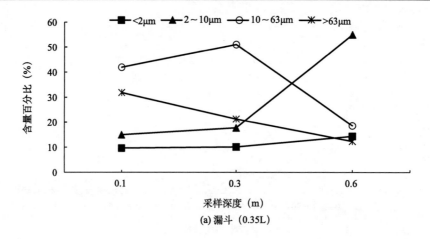

(a) 漏斗（0.35L）

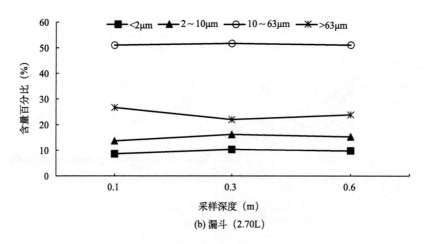

(b) 漏斗（2.70L）

图 5-19　不同体积漏斗土壤粒径含量

Fig.5-19　Content of soil particle size in different volume of funnel

3. 石漠化土地土壤地表流失、地下漏失过程

在粤北岩溶山区土地石漠化发展初期，虽然土壤分布不连续，被石芽所间隔，但地表具有乔木、灌木、藤本、草本等丰富的植物种类，覆盖度高，能降低降水强度，减少径流量和地表土壤侵蚀量（图 5-20，A 处）。岩石通过与水及 CO_2 的作用，形成一些裂隙、漏斗、溶管等岩溶环境，由于处于溶蚀的初级阶段，裂隙、漏斗、溶管等都较小，土壤充填其中，有极小部分的末端连接到地下河管道，出口都很小，土壤很难直接受重力作用而漏失，主要是受地下河管道的水流冲蚀、运移（图 5-20，B 处）。因此，在轻度石漠化阶段，土壤地下漏失量很少，土壤流失以地表土壤侵蚀为主。

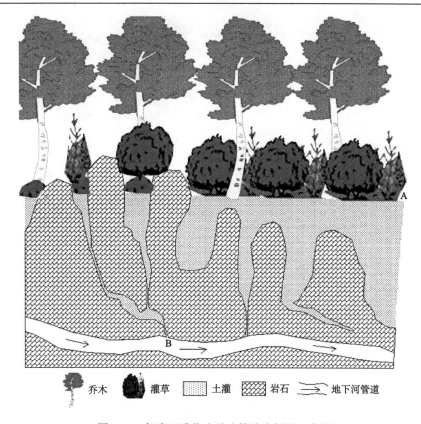

🌳乔木　🟤灌草　▦土灌　▨岩石　〰地下河管道

图 5-20　轻度石漠化土地土壤流失剖面示意图

Fig.5-20　Schematic cross-sectional view of sold erosion in slightly rocky desertified land

A 为表土面产流侵蚀；B 为地下河管道水流冲蚀

当植被受自然或人为因素破坏时，植被种类减少，地表土壤侵蚀强度增大，岩石出露越来越多，当岩石裸露率达 50%左右时，地表石漠化阶段从轻度转变成中度。在这个阶段中，地表土壤一方面受自身表面土壤产流将泥沙运移（图 5-21，A 处），另一方面由于植被减少，裸岩多，降水落到岩石表面形成的岩面流对土壤进行冲蚀（图 5-21，C处），因此地表土壤侵蚀较强烈。在地下环境中，同样由于植被减少，土层变薄，水分更容易进入土层中参与溶蚀作用，裂隙、漏斗、溶管等开始变多、变大，连接地下河管道的裂隙、漏斗、溶管等末端出口处开始变大，部分土壤直接受重力作用漏失到地下河管道中，部分受地下河管道的水流冲蚀、运移（图 5-21，B 处）。在中度石漠化阶段，土壤地下漏失量相对较大，但土壤流失也以地表土壤侵蚀为主。

随着中度石漠化阶段土壤流失，土壤养分也不断流失，生物生产力降低，植被进一步退化，只剩下灌木、草本物种，岩石裸露率进一步扩大到 70%左右，石漠化进入到重度阶段。在这个阶段，形成多种水土流失的运移途径，土壤退化进入到一个突变的状态。在地表上，表土面产流侵蚀和岩面的产流冲蚀更为强烈（图 5-22，A、C 处），另外，

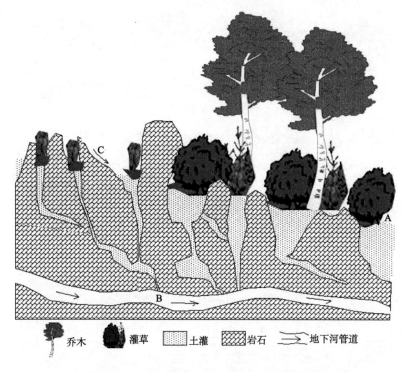

图 5-21　中度石漠化土地土壤流失剖面示意图

Fig.5-21　Schematic cross-sectional view of sold erosion in moderately rocky desertified land

A 为表土面产流侵蚀；B 为地下河管道水流冲蚀；C 为岩面产流冲蚀

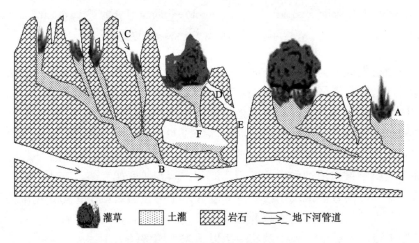

图 5-22　重度石漠化土地土壤流失剖面示意图

Fig.5-22　Schematic cross-sectional view of sold erosion in severely rocky desertified land

A 为表土面产流侵蚀；B 为溶管土壤漏失；C 为岩面产流冲蚀；D 为溶管产流冲蚀；E 为落水洞土壤丢失；F 为溶洞
土壤漏失

溶孔、溶管增多，溶管在地表径流作用下将土壤从溶管上面管口运移到下方管口（图 5-22，D 处）。在地下，裂隙、漏斗等进一步增多，溶蚀扩大，部分漏斗慢慢发育成落水洞、竖井，部分溶管发育成溶洞（图 5-22，F 处），连接地下河管道的裂隙、漏斗、溶管等末端出口处更大，土壤直接受重力作用漏失到地下河管道中（图 5-22，B 处），而地表土壤也通过落水洞、竖井大量进入地下河管道中（图 5-22，E 处）。在重度石漠化阶段，土壤大量通过落水洞、竖井丢失，土壤流失主要以地下漏失、丢失为主。

　　经过重度石漠化阶段土壤退化的突变过程，地表土壤大部分通过溶孔、溶管、落水洞、竖井等漏失、丢失到地下河管道中并被水流运移走，少量残留在地表裸露岩石的裂隙和溶孔中，地表植被稀少，岩石裸露率达 90%以上，石漠化演变成极重度阶段。在这个阶段中，当地表径流进入残留有土壤的裂隙和溶孔时，会把颗粒小的土壤冲走，在长期的雨水作用下，残留在裂隙和溶孔的土壤颗粒都很大（图 5-23，G 处）。部分残留在较深裂隙和溶孔的土壤（图 5-23，H 处），当该裂隙和溶孔进一步溶蚀可连接到溶管或地下河管道时，残留里面的土壤又继续被水流冲走运移，直到无土可流。

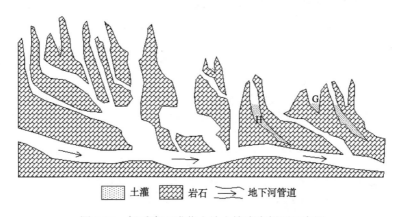

图 5-23　极重度石漠化土地土壤流失剖面示意图

Fig.5-23　Schematic cross-sectional view of sold erosion in very severely rocky desertified land

（G/H 为裂隙、溶孔残留土壤）

　　粤北岩溶山区土壤流失是地表径流侵蚀、化学溶蚀、重力侵蚀和地下径流侵蚀综合作用的结果。植被破坏后，在持续性降水时，土壤吸水膨胀，土壤层崩解，加上雨滴的溅蚀，土壤在岩面快速产流、基岩裂隙流、岩土接触面产流、地表产流的作用下极易流失，产生崩塌侵蚀。基岩受化学溶蚀的作用，土壤层下的裂隙、漏斗、溶管等增多和扩展，失去植被保护的土壤在岩面产流等作用下漏失、丢失。基岩裸露率越高，石漠化越严重，水土的地下漏失、丢失越严重，直到极重度石漠化阶段，几乎无土可流。

　　在石漠化土地土壤流失的过程中，重度石漠化阶段是石漠化一个重要的转折阶段，在这个阶段中，形成多种水土流失的运移途径，土壤退化进入到一个突变的状态。在其土壤流失过程中，主要以落水洞、竖井等土壤垂直丢失为主。

5.6　石漠化土地的水文循环过程

　　石漠化土地的典型特征之一是具有地上、地下双层结构（中国矿物岩石地球化学学会，2001），从而导致山地和丘陵因地表水渗漏损失严重而缺水，地表径流仅出现在溶蚀谷地与洼地中，形成了水土资源很不协调的"土地在山上，水源在山下"的分布格局，严重影响着当地人民生活及社会经济发展。国内对岩溶环境水转化及其模型的研究在 20 世纪 80 年代初就已经开始，但对象主要为"三水"：大气降水、地表水和地下水。目前，对石漠化土地"五水"（降水、植被截留雨水、土壤水、地表径流和地下水）转化过程的研究还是空白。本节在粤北岩溶地区设置石漠化土地试验场地进行定位观测和人工降水模拟试验研究，探讨植被截留雨水、土壤水、地表径流及地下水特征，对"五水"转化进行定量化，以此阐明石漠化土地坡面水文循环过程。

5.6.1　试验设计与方法

1. 研究样地设置

　　样地同 5.5 节石漠化土地的土壤侵蚀过程试验样地，同样位于广东省英德市九龙镇石角村。

2. 研究方法

（1）人工模拟降水

　　在 4 个石漠化样地上进行人工降水模拟试验。模拟降水前先调查植被种类、盖度、生物量和土壤深度、容重和剖面组成，并采集土壤及水源样品，分析水分与理化性质。试验所用仪器为中国科学院水利部水土保持研究所研制的 BX-1 型便携侧喷式模拟降水机。模拟雨强为 30～40mm/h、41～50mm/h、51～60mm/h 和 61～70mm/h；每个模拟雨强下至少进行 3 次试验。为了能更加精确地控制模拟雨强，采用试验中实测雨强的方法，在径流小区均匀放置雨量筒和相同口径的塑料桶，测定整个降水过程的实际雨强。人工降水在地表产流 35min 后结束。地表径流量每隔 5min 采集一次，适时测量。

（2）土壤持水量的测定

　　土壤饱和持水量采用环刀法测定，在不同石漠化样地不同土壤深度用环刀采样，每小区 3 次，在环刀底部放滤纸，置于玻璃条上，再横置于瓷盘上，瓷盘中装水，将滤纸下折使充分吸水，置 6～8h 充分吸水至饱和后称重，即为饱和持水量，撤去瓷盘中的水，再置 8h 使重力水充分流失后称重，即为田间持水量。

（3）石漠化土地"五水"转化量的测定

　　降水落入石漠化土地，雨水落至岩石表面后部分流入岩石裂隙、溶孔，进而进入岩石下部，部分沿溶痕、溶沟进入与土壤接邻的石-土缝隙继续下渗，并与土壤水合体。落入土壤中的雨水首先经过地表植被的拦截，然后是地表枯落物，最后进入土壤表层，地表土壤水分饱和后下渗并形成地表径流。进入岩石中或岩石表面（包括地下岩石与土壤接触的表面）的流水渗漏进入地下河。因此，在石漠化土地上，降水后的雨水有 4 个去向：植被截流、土壤吸收、地表径流、地下水。根据水平衡原理，将水转化用公式表示为 $T=V+S+R+F$。式中，T 为降水总量；V 为植被截流雨水量；S 为土壤含雨水量；R 为地表径流量；F 为地下水量。

本次试验"五水"转化量的计算是在不同石漠化样地以雨强 35mm/h 人工模拟降水60min 的"五水"转化量。

降水量的测定：根据样地面积 12m^2、雨强 35mm/h 和降水时间 60min 计算出降水量为 420L。

植被截流雨水量的测定：采取刈割法测定地上生物量。在每个样地内采用方格网随机设置 3 个采样点，以采样点为中心，样方大小为 0.5m×0.5m，选择晴天天气，垂直剪采地上植物，同时收集地表枯落物，即刻称取鲜质量，然后置于原样地内进行模拟降水（35mm/h 雨强），等地上生物茎秆和地表枯落物产流后称重，计算降水前后地上生物茎秆和地表枯落物重量差，再根据样地面积换算植被截流雨水量。

土壤含水量的测定：在不同石漠化阶段样地，人工降水前后通过环刀采集不同土层深度的土壤样品，通过称重→室内烘干→再称重，计算人工降水前后环刀土壤水量差。在不同石漠化样地上划定网格，每网格大小为 0.3m×0.2m，通过插钎法在每个网格交点测量土层深度，计算不同石漠化阶段样地土壤体积。再根据土壤体积和降水前后环刀土壤水量差计算样地土壤水量。

地表径流量的测定：按雨强 35mm/h 分别在不同石漠化样地上进行人工模拟降水，测量 60min 后水桶收集的水量。

地下水量的测定：地下水量通过水量平衡原理得出，$F=T-V-S-R$。

5.6.2 石漠化土地"五水"转化特征

1. 植被截留雨水特征

从轻度→中度→重度→极重度石漠化土地，随着石漠化程度的加深，地表植物最大截留量不断下降，从 1198.14g/m^2 下降到 128.00g/m^2，其中以重度→极重度阶段降幅最大，达 6 倍多；地表枯落物最大截留量从轻度石漠化阶段的 699.71g/m^2 上升到中度石漠化阶段的 791.90g/m^2，以此作为拐点降低到极重度的 293.34g/m^2，降幅也是以重度→极重度阶段最大，达 2 倍多（表 5-16）。

相关分析表明（表 5-17），除 Pielou 均匀度指数和植被盖度与地表植物最大截留量之间无显著差异外，Shannon-Wiener 指数、Margalef 丰富度指数、Simpson 优势度指数、地上生物量都与地表植物最大截留量和单位重量地表植物最大截留量有显著相关性，但与地表枯落物最大截留量和单位重量枯落物最大截留量相关性不显著。说明地表植物最大截留量与地上植物种类有一定的关系，从轻度→中度→重度→极重度石漠化土地，植物群落及优势种都发生变化，与之相联系的植物种特征（茎秆粗糙度、叶片大小、光滑度、

表 5-16　不同石漠化阶段植物与地表枯落物的降水截留

Tab.5-16　The rainfall interception of vegetation and surface litter in the four different stages of rocky desertification

石漠化阶段	地上植物平均重量（g/m²）		地表植物最大截留量（g/m²）	单位重量地表植物最大截留量（g/g）	地表枯落物平均重（g/m²）		地表枯落物最大截留量（g/m²）	单位重量枯落物最大截留量（g/g）
	降水前	降水饱和后			降水前	降水饱和后		
轻度	2455.18	3653.32	1198.14	0.56	1430.82	2130.53	699.71	0.71
中度	2189.56	3125.00	935.44	0.43	1775.58	2567.48	791.90	0.69
重度	1829.14	2657.65	828.51	0.34	715.52	1326.37	610.85	0.53
极重度	668.88	796.88	128.00	0.12	33.22	326.56	293.34	0.66

表 5-17　不同石漠化阶段植被特征-降水截留相关性分析

Tab.5-17　The correlation analysis of vegetation characteristics and rainfall interception in the four different stages of rocky desertification

因子	地表植物最大截留量（g/m²）	单位重量地表植物最大截留量（g/g）	地表枯落物最大截留量（g/m²）	单位重量枯落物最大截留量（g/g）
Shannon-Wiener 指数	0.995**	0.997**	0.887	0.252
Margalef 丰富度指数	0.951*	0.981*	0.782	0.364
Simpson 优势度指数	−0.995**	−0.997**	−0.913	−0.267
Pielou 均匀度指数	0.911	0.962*	0.736	0.469
地上生物量	0.970*	0.994**	0.902	0.404
植被盖度	0.935	0.981*	0.849	0.507

*，**分别表示通过信度 0.05 和 0.01 假设检验。

茎叶有无芒等）的不同使得在降水过程中的截留量也呈现显著变化，轻度石漠化土地植物种类较多，并具有黄连木、继木、黄荆等乔灌木和层片既有高度又有厚度的灌丛，使得降水截留量最大，次为中度和重度石漠化灌草丛，而以苔藓、地衣等低等植物和低结构灌草丛为主的极重度石漠化的降水截留量显著降低。不同石漠化阶段地表枯落物对降水的最大截留量与植被特征指标相关性不明显，可能是受到地表水冲刷、风吹等外部因素的影响，使得地表枯落物在同一地点不同时间上会产生不同变化。总的来说，植被退化可直接影响到降水雨水的强度及其地表空间分布，而雨水强度及其地表空间分布的变化也必然引起土壤侵蚀，以及基岩溶蚀程度的变化，最终产生一系列石漠化生态环境效应。

2. 土壤水特征

从轻度→中度→重度石漠化样地，土壤饱和持水量呈上升趋势，在重度石漠化样地上达到最高，以此最为拐点，到极重度阶段，土壤饱和持水量显著降低（图 5-24）。不同阶段石漠化样地的田间持水量也具有相同特征。

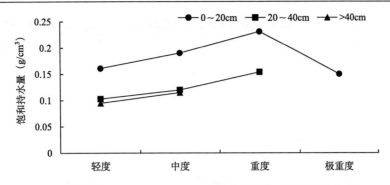

图 5-24　不同石漠化阶段不同土壤深度土壤饱和持水量的变化

Fig.5-24　Variations of soil saturated capacity in different stages of rocky desertification

　　土壤颗粒、容重和持水量是表征土壤组成、结构和水源涵养功能的物理指标，土壤持水量受土壤基本性质的影响。本书选取有机质、容重、土壤颗粒组成（<0.005mm、0.005~0.01mm、0.01~0.05mm、0.05~0.10mm、0.10~0.25mm、0.25~0.50mm、>0.50mm）与土壤持水量进行分析，结果见表 5-18。

表 5-18　不同石漠化阶段土壤持水量和土壤基本性质

Tab.5-18　Soil moisture capacity and characteristics in different stages of rocky desertification

石漠化阶段	土层深度（cm）	饱和持水量（g/cm³）	田间持水量（g/cm³）	有机质（g/kg）	容重（g/cm³）	土壤颗粒（mm）组成（g/kg）						
						>0.50	0.25~0.50	0.10~0.25	0.05~0.10	0.01~0.05	0.005~0.01	<0.005
轻度	0~20	0.161	0.089	26.49	1.13	2.25	4.37	15.53	21.47	30.19	7.02	18.84
	20~40	0.103	0.052	15.66	1.45	2.21	4.12	15.48	22.34	31.64	7.86	19.22
	40~60	0.095	0.048	15.46	1.87	2.08	3.87	14.72	21.83	32.52	7.89	18.93
中度	0~20	0.190	0.105	29.82	1.15	3.19	6.07	16.28	20.08	28.77	6.77	18.70
	20~40	0.120	0.069	18.27	1.44	3.01	6.02	15.23	19.85	29.66	7.12	18.63
	40~60	0.115	0.067	14.39	1.45	2.96	5.39	15.02	21.37	30.97	7.31	18.16
重度	0~20	0.231	0.115	35.00	0.96	4.22	6.24	17.59	21.55	23.94	6.04	15.55
	20~40	0.154	0.076	21.41	1.08	4.17	5.88	16.45	20.21	26.21	6.31	16.73
极重度	0~20	0.150	0.100	12.76	1.52	23.43	17.26	19.94	11.81	10.98	1.31	1.04

　　有机质为土壤中的亲水物质，一方面可以吸持水分，增加土壤的水分含量；另一方面参与土壤结构的形成与改良，有机质高的土壤，往往有良好的团粒结构，适宜的土壤孔隙构成，土壤蓄持水的能力增加。从轻度→中度→重度石漠化样地，有机质呈上升趋势，主要是由于随着石漠化程度的加深，岩石裸露率增加，经过常年雨水侵蚀，岩石上的裂隙、洼地等微地形越来越多，虽然土壤盖度小、厚度薄，但地表枯枝落叶、岩石表面少量风化产物常被雨水冲蚀积累在残存土壤中，致使土壤有机质含量高，结构疏松，容重降低。在极重度石漠化样地，岩石裸露率达 93%，土壤盖度极低，土层很薄，虽然

结构比较疏松，但其地表岩石常受雨水侵蚀和风化作用，使得土壤中沙砾含量较高，土壤容重也较大。从轻度→中度→重度石漠化样地，土壤持水量与有机质、容重呈显著相关性（图 5-25、图 5-26）。

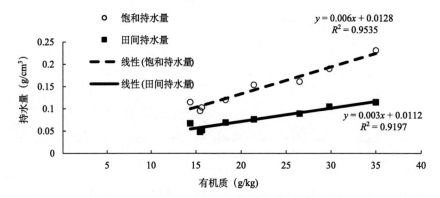

图 5-25　土壤持水量与有机质关系

Fig.5-25　Relationship between soil moisture capacity and organic matter

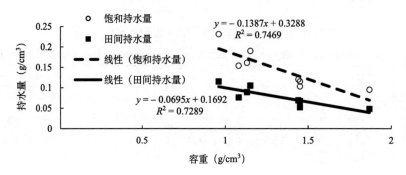

图 5-26　土壤持水量与容重关系

Fig.5-26　Relationship between soil moisture capacity and bulk density

　　土壤颗粒组成影响到土壤的质地，从而影响到土壤持水量。从轻度→中度→重度石漠化样地，土壤中 0.10～0.25mm、0.01～0.05mm 和 0.005～0.01mm 颗粒与土壤持水量呈显著相关性（表 5-19）。

表 5-19　土壤持水量与土壤颗粒相关性分析

Tab.5-19　The correlation analysis of soil moisture capacity and soil particle

因子	土壤颗粒组成（g/kg）						
	>0.5mm	0.25～0.50mm	0.10～0.25mm	0.05～0.10mm	0.01～0.05mm	0.005～0.01mm	<0.005mm
饱和持水量（g/cm³）	0.694	0.645	0.915**	−0.247	−0.859**	−0.878**	−0.701
田间持水量（g/cm³）	0.628	0.677	0.826*	−0.332	−0.780*	−0.843**	−0.591

*，**分别表示通过信度 0.05，0.01 假设检验。

土壤持水量与 0.10～0.25mm 颗粒呈正相关，而与 0.01～0.05mm 和 0.005～0.01mm 颗粒呈负相关。极重度石漠化样地由于土壤盖度极低，土层很薄，而且土壤中砾石含量高，土壤失去保水作用，所以其土壤持水量与土壤颗粒关系不明显。

3. 地表径流特征

（1）地表径流变化特征

在轻度石漠化样地上，以 3 个不同雨强进行人工模拟降水，地表都能产生径流，产流时间随雨强增大而变短，但径流强度差异不大，都为 2～5mm/h，而且随降水时间的延长，径流强度也处在稳定的状态。这是由于轻度石漠化样地除了具有植被覆盖度较高，土层较深的条件外，其岩石裸露率为 30.4%，裸露的岩石上有 6 条大小不一的裂隙，其中有一条面积达 104cm^2，且位于样地低洼处。降落到岩石表面的雨水大部分沿裂隙渗漏，降落到土壤上超渗产生的径流也大部分流向低洼裂隙处继而渗漏，因此产流后汇集到集水处的径流量少，而且不同雨强产生的径流量的差异也不明显。

在中度和重度石漠化样地上进行的人工模拟降水，其地表径流特征有相似的特征，表现在以下两个方面：一是该类土地在不同雨强条件下的地表径流强度变化呈现出一定波动性的较为曲折的峰谷相间的特点。二是该类土地在产流初期，曲线的波动性大，并表现为地表径流强度较大且变幅也较大，随着时间的推移，地表径流强度明显降低且变幅也随之减小，曲线的波动性减弱，逐渐趋向稳定。主要原因在于该类土地岩石裸露率高，土层较薄，降水后地表土壤水能较快饱和继而产生地表径流，且径流量在短时间内不断增大。但该类土地土层下也分布有落水洞和漏斗，当土壤水饱和后沿土壤-落水洞和土壤-漏斗界面渗漏，其渗漏强度大于土壤的入渗强度时，地面径流量快速变小，当落水洞和漏斗的渗漏水量达到饱和时，地面径流量变幅也随之减小，逐渐趋向稳定。

在极重度石漠化样地上进行的人工模拟降水试验，其地表径流也有两个明显的特征：一是在该类土地上实施人工降水后很快产流，且在不同的雨强条件下其产流时间相差不大；另一方面是产流后每隔 5min 时间段地表径流强度的变化幅度很小，在不同的雨强条件下，其地表径流强度的变化幅度相差也不大。主要原因在于该类土地基岩裸露，裂隙、节理极为发育，洼地内多漏斗、落水洞，特别是包气带上部发育有表层带，该表层带相当于碳酸盐层上部的风化裂隙带，厚达数米，垂向的裂隙及节理上宽下狭，致使降落到地面的雨水大部分以分散的形式向下渗漏，成为分散式的补给裂隙；渗漏雨水满足裂隙持水量后（雨水的损失量），形成裂隙流。裂隙流因裂隙大小不同其流动速度不一，形成不同的快、慢速裂隙流，它们以不同的汇流速度向洞穴汇集补给。当雨强超过裂隙下渗强度时，超渗部分的雨水形成地面径流，沿着倾斜坡面流动，继续向洼地内漏斗、落水洞汇集，以"灌入"的方式集中补给地下水源。因此，降落在试验样地内大部分区域的雨水都通过裂隙、漏斗，以及落水洞流失掉，试验样地下方的小部分区域作为径流的主要来源，降水后便很快产生径流，由于集流面积小，雨强增大后产生的径流变化幅度不大（图 5-27）。

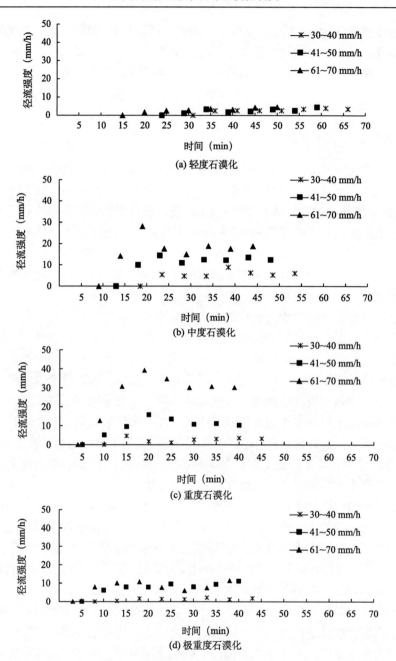

图 5-27　不同石漠化阶段样地 35min 径流时间内的径流强度变化

Fig.5-27　Changes of runoff intensity for 35 minutes on plots in different stages of rocky desertification

（2）地表总径流特征

从轻度→中度→重度石漠化样地，随着雨强的增大，产流后 35min 内的总径流量呈增大趋势，但在极重度石漠化样地，雨强为 61～70mm/h 的地表总径流量比雨强为 51～

60mm/h 的小。当雨强为 30~40mm/h 时，总径流量以中度石漠化样地最高；当雨强为 41~50mm/h 时，以中度石漠化样地最高；当雨强为 51~60mm/h 时，以极重度石漠化样地最高；而当雨强为 61~70mm/h 时，则以重度石漠化样地最高（图 5-28）。

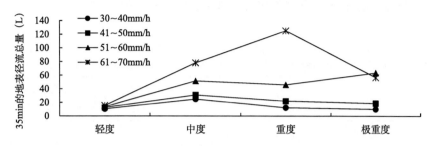

图 5-28 不同石漠化阶段样地 35min 径流时间内径流量对比

Fig.5-28 Comparison of runoff for 35 minutes on plots in different stages of rocky desertification

轻度石漠化样地乔灌木树种多、盖度高，能够截留部分雨水，同时土层厚度也深，土质疏松，可以保持相当数量的雨水。而重度石漠化土地岩石裸露率大，土层薄，降水产生后很快就产生径流。极重度石漠化样地不仅岩石裸露率最大，其裂隙、溶孔的数量也最多，降水后雨水渗漏较快，产生的地表总径流量也较小；另外，在这种环境下，雨水对碳酸盐岩的冲刷，以及对碎屑、颗粒的搬运作用极其强烈，当雨强较大时，能把堵在裂隙、溶孔口的碎屑、颗粒冲开，这时雨水更多的通过裂隙、溶孔渗漏，产生的地表径流总量也更小。所以，只有当岩石裸露率和土壤盖度达到一定比例，且岩石裂隙较少时，才有相对较大的径流量。

4. 石漠化土地"五水"转化过程

（1）石漠化土地"五水"转化量的计算

1）植被截流雨水量。从上述植被截留特征分析可知，当径流产生后，将降水前后地表植物及枯落物称重，得出植被截留雨水量（表 5-20）。

表 5-20 不同石漠化样地植被截留雨水量

Tab.5-20 The rainfall interception of vegetation in the four different stages of rocky desertification

石漠化阶段	地表植物最大截留量（g/m²）	地表枯落物最大截留量（g/m²）	试验样地面积（m²）	植被截留雨水量（L）
轻度	1198.14	699.71	12.00	11.39
中度	935.44	791.90	12.00	10.36
重度	828.51	610.85	12.00	8.64
极重度	128.00	293.34	12.00	2.53

2）土壤含水量。在不同石漠化样地人工降水前后，通过环刀采集不同土层深度的土壤样品，通过降水前称重→室内烘干→称重，计算环刀土壤水量差。通过插钎法测量不同石漠化样地土层深度，计算不同土层深度土壤体积。结果得出，从轻度→极重度石漠化样地，土壤雨水含量分别为223.92L、144.96L、65.18L 和 8.40L（表5-21）。

表 5-21　不同石漠化样地土壤雨水含量
Tab.5-21　Soil water in the four different stages of rocky desertification

石漠化阶段	土层深度（cm）	降水前后环刀土壤水量差（g/cm³）	土壤体积（m³）	土壤雨水含量（L）	合计（L）
轻度	0～20	0.072	1.824	131.33	
	20～40	0.051	1.152	58.75	223.92
	40～60	0.047	0.720	33.84	
中度	0～20	0.085	0.960	81.60	
	20～40	0.051	0.768	39.17	144.96
	40～60	0.048	0.504	24.19	
重度	0～20	0.116	0.360	41.76	65.18
	20～40	0.078	0.300	23.42	
极重度	0～20	0.05	0.168	8.40	8.40

3）地表径流量。按雨强 35mm/h 分别在不同石漠化样地上进行人工模拟降水，从轻度→极重度石漠化样地，产流时间分别是 37.8min、22.4min、12.2min 和 9.5min。因此，在 60min 内地表径流时间分别为 22.2min、37.6min、47.8min 和 50.5min，产生的地表径流量见表 5-22。

表 5-22　不同石漠化样地人工降水 60min 后地表径流量
Tab.5-22　The surface runoff for 60 minutes on plots in different stages of rocky desertification

石漠化阶段	产流时间（min）	径流时间（min）	地表径流量（L）
轻度	37.8	22.2	9.14
中度	22.4	37.6	30.97
重度	12.2	47.8	19.26
极重度	9.5	50.5	16.76

4）地下水量。由于石漠化土地的双层结构，土壤层下的岩石层裂隙体积难以测算，特别是轻度和中度石漠化样地。另外，由于降水时间为 60min，本次试验忽略雨水蒸发量。因此，地下水量可通过水量平衡原理：$F=T-V-S-R$ 得出（表5-23）。

表 5-23 不同石漠化样地人工降水 60min 后地下水量计算

Tab.5-23 The volume of groundwater for 60 minutes on plots in different stages of rocky desertification

"五水"转化量（L）	轻度	中度	重度	极重度
降水水量	420.00	420.00	420.00	420.00
植被截留雨水量	11.39	10.36	8.64	2.53
土壤含雨水量	223.92	144.96	65.18	8.40
地表径流量	9.14	30.97	19.26	16.76
地下水量	175.55	233.70	326.93	392.31

（2）石漠化土地"五水"转化过程

按雨强 35mm/h 分别在不同石漠化样地上连续人工模拟降水 60min，雨水主要转化为土壤水和地下水，两者总和达 90%以上。从轻度→中度→重度→极重度石漠化样地，土壤含雨水量显著减少，而地下水量显著增大。在极重度石漠化样地，雨水转化为地下水比例高达 93.41%，而在轻度石漠化样地，土壤含雨水量和地下水量差距最小。在轻度→中度石漠化过程中，"五水"转化比重从以土壤含雨水量转变为以地下水量为主（图 5-29）。轻度和中度石漠化样地土层较深，保持的水量自然较多，而随着石漠化程度的加深，土层越来越薄，岩石裸露率越来越大，裂隙发育越强烈，到极重度石漠化阶段，土壤已经失去保水作用，绝大部分的雨水通过裂隙、溶洞等漏失。

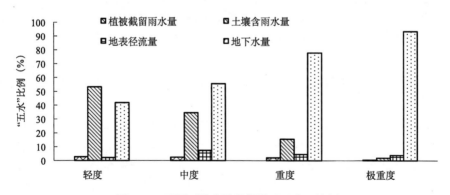

图 5-29 不同石漠化阶段样地"五水"比例

Fig.5-29 Proportion of "five water" on plots in different stages of rocky desertification

在粤北石漠化样地"五水"转化过程中，有 0.6%～2.71%雨水被植被及枯落物截留；有 2%～53.31%雨水被土壤吸收；有 2.18%～7.37%雨水转化为地表径流；有 41.8%～93.41%雨水渗漏形成地下水（图 5-30）。由于连续降水过程中，植被截留雨水量和土壤含水量基本处在稳定的状态，因此随着时间的延长，降水产生的地表径流量和地下水量比例会不断增大。

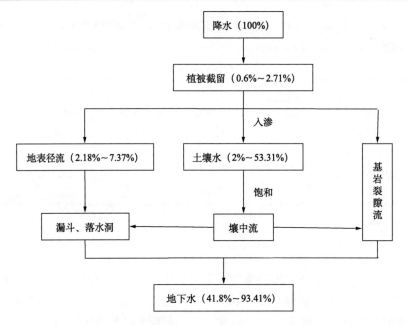

图 5-30　石漠化土地"五水"转化过程示意图

Fig.5-30　Schematic diagram of the process of "five water" transformation in the rocky desertification land

　　在粤北石漠化地区，植被的退化会直接影响到降水雨水的强度及其地表空间分布，随着石漠化程度的加深，地表植物对雨水最大截留量不断下降，其中以重度→极重度阶段降幅最大，达 6 倍多。土壤的有机质和容重都会影响到土壤持水量，而重度→极重度石漠化是一个转折阶段，从轻度→重度石漠化阶段，土壤田间持水量和饱和持水量呈上升趋势，在重度石漠化样地上达到最高，以此为拐点，到极重度阶段又显著降低。

　　人工降水模拟试验得出中度和重度石漠化土地地表径流特征有相似之处，但其与轻度和极重度石漠化土地差异明显，主要归因为石漠化土地复杂的植被-土壤-基岩界面组成及其物质能量流动。

　　在粤北石漠化地区，降落到石漠化土地上的雨水大部分转化为地下水。该区域气候为亚热带季风气候，气候干湿季分明，每年 4～9 月的降水量占全年总降水量的 70%，而从 10 月至翌年 3 月的降水仅占全年的 30%，这种干湿季极其分明的状况，加上前述岩溶地下水在岩溶通道中运动，地下水、地表水迅速转化的特点，使得岩溶地下水的季节变幅很大。雨季刚过不久的 10 月上旬，试验地附近的河流断流、泉眼干涸，表明地表水和地下水的流失都很快。

5.7　岩溶生态系统石漠化过程降水-侵蚀-土壤-植被耦合关系

　　石漠化的发生、发展是自然与人为因素综合作用的结果，其发展过程中生态系统的变化也会影响岩溶生态系统的诸多因素，在石漠化的任一阶段都会形成某一相对平衡，即系统中的构成要素达到或形成相对稳定的关系，即石漠化过程是生态系统各要素动态耦合作用的过程。了解岩溶生态系统各主要要素在石漠化过程中的关系，有助于掌握这种耦合性和综合作用，可以系统掌握岩溶生态系统的变化，从而制定综合的治理策略和技术体系。

本节通过在粤北石漠化地区典型试验地进行定位观测、模拟降水试验，以及采用样地与面上观测调查相结合的方法，来阐明岩溶生态系统石漠化过程降水-侵蚀-土壤-植被的相关关系。

5.7.1　试验设计与方法

除了英德市黄花镇的石漠化试验地外，另外在阳山县江英镇设置石漠化试验地，均按不同石漠化阶段（轻度、中度、重度和极重度）设置样地，调查岩石裸露率、土层厚度、植被等，此外在连州市、连南瑶族自治县也设置多个观测点。

在江英镇和九龙镇设置的轻度、中度、重度和极重度石漠化土地试验小区（共 8 个，每个小区面积为 3m×4m）进行人工降水试验，模拟不同石漠化土壤侵蚀和水文过程。

植被截留雨水试验是通过在每个试验小区内采用方格网随机设置 3 个采样点，以采样点为中心，样方大小为 0.5m×0.5m，选择晴天天气，垂直剪采地上植物，同时收集地表枯落物，即刻称取鲜重，然后置于原小区内进行模拟降水（强度为 30~40mm/h），等地上生物茎秆和地表枯落物产流后称重。试验所用仪器为中国科学院水利部水土保持研究所研制的 BX-1 型便携侧喷式模拟降水机。

分别采集每个样方中 0~10cm 土层的土样，用于测定土壤颗粒组成、含水率、有机质、有机碳、全氮含量。用环刀测土壤容重。土壤 pH 采用电位法测定。有机质含量采用重铬酸钾容量法测定。全氮含量采用重铬酸钾硫酸消化法测定。速效氮采用碱解扩散法测定。速效磷采用碳酸氢钠法测定。速效钾采用醋酸铵火焰光度法测定。

5.7.2　不同石漠化阶段植被-降水截留量关系

物种多样性，地上生物量与降水在地上植物截留量的关系显著，而不同石漠化程度对物种数量、生物量、盖度等都有直接的影响，石漠化程度的加重会减少地表植被对降水截留量，从而影响降水对土壤、岩石的侵蚀和溶蚀过程。

5.7.3　不同石漠化阶段植被-土壤关系

不同石漠化阶段植被特征与土壤物理和化学性质都具有显著相关性（表 5-24、表 5-25）。说明在粤北石漠化地区，从轻度→中度→重度→极重度石漠化阶段演变过程中的植被退化会造成土壤机械组成、容重、有机质等变化，土壤物理和化学性质的变化反过来也会对植被生长造成影响，发生不同石漠化阶段植物种的演替。

可见，土壤各指标的状况基本上能够反映植被的状况，而且植被-土壤之间的相互关系在很大程度上可以定量化。粤北地区土地石漠化植被退化过程是植被-土壤协同作用的结果，从轻度→中度→重度→极重度石漠化阶段，地上植被减少，令植物残体形成的有机质减少，使得土壤养分降低，而植物生长所需的营养物质减少，最终反过来造成植被物种的退化。因此，植被退化是粤北石漠化地区土壤退化的直接原因，而土壤退化也必然引起植被退化，二者互为因果。植被–土壤系统的退化过程应是先自上而下由植被影响土壤理化性质，之后自下而上通过土壤限制植被生长的过程。

表 5-24　不同石漠化阶段植被–土壤物理特征相关性分析

Tab.5-24　Correlation analysis of vegetation and soil physical characteristics in different stages of rocky desertification

机械成分 因子	粗砾石 （5～ 10mm）	极粗沙 （1～ 5mm）	粗沙 （0.5～ 1mm）	中沙 （0.25～ 0.5mm）	细沙 （0.1～ 0.25mm）	极细沙 （0.074～ 0.1mm）	粉沙 （< 0.074mm）	容重 （g/cm³）
Shannon-Wiener 指数	−0.849	−0.981*	0.943	0.787	0.990**	0.984*	0.928	0.905
Margalef 丰富度指数	−0.776	−0.973*	0.978*	0.747	0.938	0.962*	0.982*	0.897
Simpson 优势度指数	0.835	0.968*	−0.92	−0.761	−0.993**	−0.991**	−0.906	−0.921
Pielou 均匀度指数	−0.693	−0.938	0.962*	0.669	0.897	0.949	0.981*	0.91
地上生物量	−0.746	−0.935	0.899	0.663	0.968*	1.000**	0.902	0.967*
植被盖度	−0.672	−0.911	0.898	0.599	0.93	0.989*	0.916	0.978*

*，**分别表示通过信度 0.05，0.01 假设检验。

表 5-25　不同石漠化阶段植被–土壤化学特征相关性分析

Tab.5-25　Correlation analysis of vegetation and soil chemical characteristics in different stages of rocky desertification

因子	pH	有机质 （g/kg）	全氮 （g/kg）	速效氮 （mg/kg）	速效磷 （mg/kg）	速效钾 （mg/kg）	碳酸钙 （%）
Shannon-Wiener 指数	0.383	0.853	0.878	0.874	0.973*	0.937	−0.972*
Margalef 丰富度指数	0.432	0.943	0.956*	0.956*	0.995**	0.958*	−0.921
Simpson 优势度指数	−0.329	−0.834	−0.864	−0.855	−0.967*	−0.941	0.985*
Pielou 均匀度指数	0.379	0.973*	0.984*	0.981*	0.995**	0.972*	−0.896
地上生物量	0.227	0.866	0.898	0.883	0.981*	0.978*	−0.987*
植被盖度	0.199	0.912	0.939	0.923	0.989*	0.997**	−0.961*

*，**分别表示通过信度 0.05，0.01 假设检验。

在土地石漠化过程中，伴随着土壤细粒组成的丧失和颗粒的粗化，增加了土壤通透性，造成土壤对水、肥、气、热等因素的容蓄、保持和释供能力的恶化和丧失，土壤水稳定性团聚体数量表现为轻度石漠化＞中度石漠化＞重度石漠化＞极重度石漠化，土体结构被破坏，持水性能变劣。同时，土壤保肥性能逐渐恶化，土壤有机质和氮、磷养分逐渐丧失，致使土地生物生产力大大降低，也使土壤中生命系统难以存活，最终造成缺土、多石、少水、无生产力的石漠化土地。这也就是石漠化土地在开垦之初还有一定的生产力，但经过3～5年耕种后很快就丧失了耕种价值的原因之一。

参 考 文 献

慈龙骏. 1998. 我国荒漠化发生机理与防治对策. 第四纪研究, (2): 97～107.

丁文峰. 2009. 基于GIS和BP神经网络模型的长江中上游地区. 长江科学院院报, 26(2): 18～22.

广东省科学院丘陵山区综合科学考察队. 1991. 广杜步区国土开发与治理. 广州: 广东科技出版社.

广东省农业区划委员会. 1988. 广东省农业资源要览. 广州: 广东人民出版社.

韩昭庆. 2006. 雍正王朝在贵州的开发对贵州石漠化的影响. 复旦学报(社会科学版), 23(6): 657～666.

胡宝清, 蒋树芳, 廖赤眉, 等. 2006. 基于3s技术的广西喀斯特石漠化驱动机制图谱分析. 山地学报, 24(2): 234～241.

胡宝清, 廖赤眉, 严志强. 2004. 基于RS和GIS的喀斯特石漠化驱动机制分析. 山地学报, 22(5): 583～590.

黄金国, 李森, 魏兴琥, 等. 2012. 粤北岩溶山区石漠化过程中土壤养分变化研究. 中国沙漠, (1): 163～167.

黄秋昊, 蔡运龙. 2005. 基于RBFN模型的贵州省石漠化危险度评价. 地理学报, 60(5): 771～777.

黄雪峰, 龚碧凯, 黄海峰. 2009. 基于Landsat的四川盆地NDVI变化研究. 安徽农业科学, 37(7): 3126～3128, 3130.

蒋忠诚, 袁道先. 2003. 西南岩溶区的石漠化及其综合治理综述//中国地质调查局. 中国岩溶地下水与石漠化究. 南宁: 广西科学技术出版社: 13～19.

蒋忠诚. 2011. 广西岩溶山区石漠化及其综合治理研究. 北京: 科学出版社.

李辉霞, 李森, 周红艺, 等. 2006. 基于NDWI的海南岛西部沙漠化信息自动提取方法研究. 中国沙漠, 26(2): 215～219.

李辉霞, 刘淑珍. 2007. 基于ETM+影像的草地退化评价模型研究. 中国沙漠, 27(3): 412～418.

李庆逵, 孙欧. 1990. Soil of China. 北京: 科学出版社.

李瑞玲, 王世杰, 熊康宁. 2004. 喀斯特石漠化评价指标体系探讨. 热带地理, 24(2): 145～149.

李森, 董玉祥, 王金华. 2007a. 土地石漠化概念与分级问题再探讨. 中国岩溶, 26(4): 279～284.

李森, 王金华, 王兮之, 等. 2009. 30a来粤北山区土地石漠化演变过程及其驱动力. 自然资源学报, 24(5): 816～824.

李森, 魏兴琥, 黄金国, 等. 2007b. 中国南方岩溶区土地石漠化的成因与过程. 中国沙漠, 27(6): 918～926.

李文辉, 余德清. 2002. 岩溶石山地区石漠化遥感调查技术方法研究. 国土资源遥感, 51: 34～37.

李阳兵, 王世杰, 容丽. 2003. 关于中国西南石漠化的若干问题. 长江流域资与环境, 12(6): 594～598.

李阳兵, 王世杰, 容丽. 2004. 关于喀斯特石漠和石漠化的讨论. 中国沙漠, 24(6): 689～695.

连州年鉴编纂委员会. 2014. 连州年鉴2014. 广州: 广东省人民出版社.

刘方, 王世杰, 刘元生, 等. 2005. 喀斯特石漠化过程土壤质量变化及生态环境影响评价. 生态学报, 25(3): 639～644.

乳源年鉴编撰委员会. 2014. 乳源年鉴. 广州: 广东省人民出版社.

乳源瑶族自治县地方志编纂委员会. 1997. 乳源瑶族自治县志. 广州: 广东人民出版社.

韶关市地方志编纂委员会. 2001. 韶关市志. 北京: 中华书局.

孙武, 南忠仁, 李保生, 等. 2000. 荒漠化指标体系设计原则的研究. 自然资源学报, 15(2): 160~163.

屠玉麟. 1996. 贵州土地石漠化现状及成因分析//李箐. 石灰岩地区开发治理. 贵阳: 贵州人民出版社: 58~70.

王德炉, 朱守谦, 黄宝龙. 2003. 石漠化过程中土壤理化性质变化的初步研究. 山地农业生物学报, 22(3): 204~207.

王德炉, 朱守谦, 黄宝龙. 2004. 石漠化的概念及其内涵. 南京林业大学学报, 28(6): 87~90.

王德炉, 朱守谦, 黄宝龙. 2005. 贵州喀斯特石漠化类型及程度评价. 生态学报, 25(5): 1057~1063.

王连庆, 乔子江, 郑达兴. 2003. 渝东南岩溶石山地区石漠化遥感调查及发展趋势分析. 地质力学学报, 9(1): 78~84.

王明刚, 李森. 2011. 粤北石漠化地区坡地土壤侵蚀模拟试验研究. 中国沙漠, (6): 1488~1492.

王情, 张广录, 王晓磊, 等. 2008. 基于 RS 和 GIS 的城市热岛效应分析——以石家庄市为例. 世界科技研究与发展, 30(3): 320~323.

王世杰. 2002. 喀斯特石漠化概念演绎及其科学内涵的探讨. 中国岩溶, 21(2): 101~105.

王世杰, 李阳兵, 李瑞玲. 2003. 喀斯特石漠化形成背景、演化与治理. 第四纪研究, 23(6): 657~666.

魏兴琥, 李森, 罗红波, 等. 2008. 粤北石漠化过程土壤与植被变化及其相关性研究. 地理科学, (5): 662~666.

吴微. 1989. 中国南方山地的土地荒漠化初探. 中国沙漠, 9(4): 36~43.

谢家雍. 2001. 西南石漠化与生态重建. 贵州: 贵州民族出版社.

熊康宁, 黎平, 周忠发. 等. 2002. 喀斯特石漠化的遥感—GIS 典型研究——以贵州省为例. 北京: 地质出版社: 25~28.

徐建春, 赵英时, 刘振华. 2002. 利用遥感和 GIS 研究内蒙古中西部地区环境变化. 遥感学报, 6(2): 142~148.

阳山年鉴编纂委员会. 2014. 阳山年鉴 2014. 广州: 广东省人民出版社.

杨加志. 2010. 广东省岩溶地区石漠化综合治理规划. 广东林业科技, 6: 67~71.

杨景春. 1993. 中国地貌特征与演化. 北京: 海洋出版社.

杨胜天, 朱启疆. 1999. 论喀斯特环境中土壤退化的研究. 中国岩溶, 18(2): 169~175.

杨胜天, 朱启疆. 2000. 贵州喀斯特地区环境退化与自然恢复速率. 地理学报, 55(4): 459~466.

英德年鉴编纂委员会. 2014. 英德年鉴 2014. 广州: 广东省人民出版社.

袁道先. 1997. 现代岩溶学和全球变化研究. 地学前缘, 4(1~2): 17~25.

张信宝, 王世杰, 贺秀斌, 等. 2007. 西南岩溶山地坡地石漠化分类刍议. 地球与环境, 35(2): 188~192.

中国矿物岩石地球化学学会. 2001. 关于我国西南石漠化地区生态环境治理工作的建议. 学会, (9): 10~11.

周游游, 霍建光, 刘德深. 2000. 岩溶化山地土地退化的等级划分与植被恢复初步研究——以湘西洛塔河流域坡耕地为例. 中国岩溶, 19(3): 268~274.

朱震达, 崔书红. 1996. 中国南方的土地荒漠化问题. 中国沙漠, 16(4): 331~337.

FAO/UNEP. 1984. Provisional Methodology for Assessment and Mapping of Desertification. Rome: Desertification Control Bulletin.

Odingo. 1990. The definition of desertification: its programmatic consequences for UNEP and the international community. Desertification Bulletin, 18: 31~49.

Yuan D X. 1997. Rocky desertification in the subtropical karst of South China. Z. Geomorph. N. F. , 108: 81~90.

第6章　岩溶土壤垂直流失过程

6.1　土壤垂直流失概念

在岩溶山区,由于碳酸盐岩的非均质性、可溶性,造成地表环境差异和地表与地下双层结构,石牙间漏斗、岩石间裂隙、孔穴等为地表土壤提供了储存空间,地表土壤在自身重力及其降水入渗的动力作用下进入岩石孔穴、洞穴、裂隙中,纯碳酸盐岩区地下流失比例远大于地表流失,同时渗漏入岩石中的土壤因其化学溶蚀作用、水热理化作用对碳酸盐岩造成影响,导致表层岩溶带的空间分布特征和理化性质发生变化,并最终影响整个岩溶环境(张信宝等,2010)。因此,岩溶生态环境结构与功能的复杂性远大于其他环境,对岩溶环境水土流失的研究不仅要了解地表土壤侵蚀,更要关注岩溶地下空间土壤分布与流失过程。李德文等(2001)最早发现并提出了"土壤丢失"概念,认为岩溶区土壤或风化壳不需要远距离的物理冲刷就从地表消失,主要是溶蚀残余物质局部向下运动的缘故。张信宝等(2007)也提出岩溶坡地的土壤侵蚀是化学溶蚀、重力侵蚀和流水侵蚀叠加的观点,并分析了岩溶坡地土壤地下漏失和土地石质化的过程。

综上所述,岩溶区土壤垂直流失指岩溶地表的土壤及溶蚀物在水及其自身重力作用下,通过裂隙、孔穴、节理缝隙向下迁移或通过地表径流沉积于漏斗下部而难以被地表生物利用的土壤物质流失过程。

6.2　土壤垂直流失特征与数量

6.2.1　粤北典型岩溶山地地下裂隙、漏斗、孔穴、洞穴的分布特征

1. 样地选择

为详细调查粤北岩溶山地土壤垂直流失特征,选择连南瑶族自治县三江镇清连高速K2117～K2116(24°42′07.4″N,112°18′01.2″E,剖面底部海拔高度为316m)和K2118处(24°41′18.6″N,112°18′15.4″E,剖面底部海拔高度为361m)两个剖面(底部下沿总长为360m和282.5m,高度为25.9m和35m,平均坡度为12°和15°),还选择了位于连南瑶族自治县的威建水泥厂20世纪70～90年代挖石料遗留的同一山体不同方位和大小的6个人工剖面(24°45′00″N～24°47′30″N,112°15′00″E～112°18′45″E,海拔高度为93～185m)(图6-1,图6-2)。清连高速两个剖面同属一个封闭性六边形的峰丛洼地,位于洼地东侧,基座相连,属于和广西桂林东部西河两侧、玉龙河等两岸广为分布的、相同的典型峰丛洼地(Ⅰ型)(朱学稳等,1988),其对于研究亚热带区域的岩溶环境有很好的代表性。

清连高速剖面和连南威建水泥厂剖面所处的连南瑶族自治县三江镇位于广东省北部,

为典型的岩溶山地峰丛洼地地貌，属中亚热带季风气候区，年均气温为 19.5℃，年均降水量为 1620.9mm，主要集中在 3~8 月，尤其 4~6 月的降水量约占全年的一半。调查点的地质基底属于华夏古陆，为泥盆系地层和二叠系地层，基岩为纯石灰岩，下部夹杂有白云质灰岩、灰质白云岩和变质岩。自然土壤为红色石灰土和黑色石灰土。两个剖面中除裂缝中夹杂部分石英以外，其余大部分为含云石灰岩。植被为石灰岩灌丛，有少量小

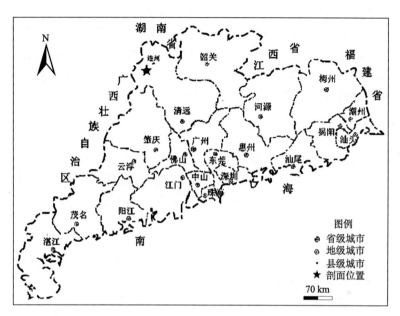

图 6-1　剖面所在位置示意图

Fig.6-1　Location of the researched profile

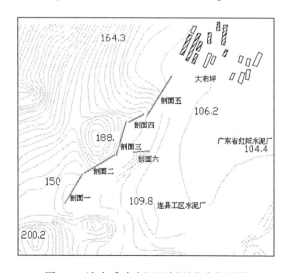

图 6-2　连南威建水泥厂剖面分布位置图

Fig.6-2　Distribution of the researched profile of Weijian cement plant，in Liannan county

乔木，如黄连木、八角枫、圆叶乌桕等，其余多为灌木和草本，如金丝桃（*Hypericum monogynum*）、绣毛铁线莲（*Clematis leschenaultiana*）、檵木、小果蔷薇、龙须藤、五节芒、白茅、芒萁、千里光等。剖面 A 和剖面 B 顶部的岩石裸露率平均分别为 17%和 13%，土层厚度为 18～35cm。剖面 A 和剖面 B 顶部的植被覆盖度分别为 78%和 83%。边缘地带由于施工出现 3m 左右的裸地。

水泥厂剖面地表植被也是石灰岩灌丛，有少量小乔木，如野桐，其余多为灌木和草本，如竹叶椒、黄荆、龙须藤、檵木、小果蔷薇、箬叶竹、五节芒、野菊等。坡下部、中部、顶部的植被平均覆盖度分别为 25.36%、41.92%、31.6%，岩石裸露率分别为 14.29%、20%、41.67%，土层厚度分别为 20.4cm、15.68cm 和 9.25cm。地表形态表现出明显的地表径流侵蚀和溶蚀的双重特征。

2. 调查方法

清—连高速剖面采用垂直剖面网格调查法观测剖面裂隙、漏斗、孔穴分布。以剖面底部为 X 轴，剖面垂直高度为 Y 轴，从剖面 A 和剖面 B 的底部沿剖面上部边缘由南向北、从上向下每隔 2m 垂直放卷尺，从地表垂直向下测高度，在卷尺两侧各 1m 范围观测记录裂隙的宽度、深度及走向，漏斗形状、深度、宽度，孔穴（洞）的位置、分布及其大小等，并逐一绘制在网格纸上，同时拍照记录影像。对拍摄影像采用 ArcView 软件进行处理，结合网格图和测定数据绘制两个剖面的空间特征图。裂隙、漏斗等图斑面积是 ArcView 软件默认形成的相对面积。

威建水泥厂剖面利用 GPS（合众思壮 MG758）在每一个剖面下沿每隔 10m 及拐点处定位，以确定剖面的水平位置；利用电子全站仪（NTS-330R 型）对每个剖面的空间位置、漏斗、裂隙、地表土壤、岩石节理等的相对位置、深度、宽度、形状进行测量。考虑到剖面、漏斗和裂隙形状的不规则性，采用了对边测量技术[MLM1（A-B，A-C）模式]。在每个剖面的前面设置 1～2 个站，利用电子全站仪的免棱镜功能测出岩石和土壤分界点的相对高度和长宽范围，增加测量精度。同时，进行拍照和记录，以方便进一步的验证及分析判断。

在野外取得测量数据后，利用 CAD 软件进行剖面图处理，对每个剖面进行单独的处理和计算，并对每个剖面中的各个漏斗、裂隙土的位置和范围按实况数据进行填绘，并用该软件提供的多义线功能对各类型土壤的分布面积进行计算。然后，对现场调查到的照片等资料进行归纳分析。

以该区域 1965 版 1∶5 万地形图为地图，进行扫描，根据剖面所在位置、山体形状、地貌、等高线等选取适当范围作为计算基底，选定平面面积为 101 975.4m²，选定山脚最小高程为 106.2m，最大高程为 188.5m。最后，利用南方测绘 CASS7.0 软件（2011 年版）进行土石方总量计算。先将扫描地形图进行矢量化、加密等高线，根据地形图资料恢复现在剖面所在的地形，然后选取高程范围内的高程点建立数字地面模型（DEM）（图 6-3），利用 CASS 软件的体积计算功能进行土石总量计算。

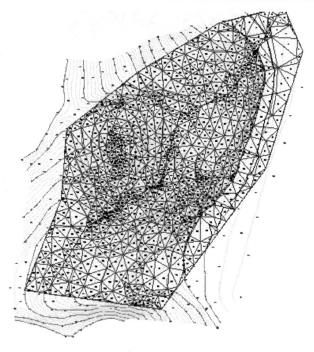

图 6-3　三角网建立数字地面模型

Fig.6-3　Trigonometrical mathematical model of ground surface

最后，因为抽样是按纵剖面所在两边基本对称的原则选取的，所以纵剖面的面积与土石方量有对应关系，因此按各类土体所占剖面积的比例数来推算各类土体所占的总量。

另外，在剖面背面不同部位设 3m×4m 样方调查主要物种、盖度和岩石裸露率，每隔 0.5m 用铁钎在样方对角线测定土层厚度。

3. 清连高速剖面漏斗、裂隙与孔穴的分布特征

（1）漏斗分布特征

两个剖面的成土母岩均为碳酸盐岩，以石灰岩为主，夹杂有白云岩、灰质白云岩、白云质灰岩等。由于差异性溶蚀作用，碳酸盐岩表层高低起伏剧烈，在地表形成大小不一的漏斗。两个剖面表层的漏斗多分布在山体中上部地势较缓地带。剖面 A 共有 9 个漏斗，漏斗表面直径为 5～15m，深度为 3～5m，根据截面积计算，漏斗土所占剖面 A 总面积的比例为 28.12%（图 6-4，表 6-1）。剖面 B 同样有 9 个较大的漏斗，深度大于 5m，表面直径超过 10m，漏斗土所占剖面 B 总面积的比例为 23.09%（图 6-5，表 6-1）。多数漏斗下部有石芽发育，并在底部或周边形成大小不等的裂隙。两个剖面漏斗大小、形状、分布的差异与山峰大小、坡度、岩石种类组成、断裂、节理、裂隙等多种因素有关，特别是节理和裂隙的大小、走向都会影响到岩石的次生渗透性，进而影响到土壤的渗漏。

图 6-4　剖面 A 漏斗、裂隙分布

Fig.6-4　Distribution of funnels and cracks in profile A

表 6-1　漏斗、裂隙及孔穴数量、大小及面积比例

Tab.6-1　Quantity，depth，width，and ratio of soil in funnels，cracks，and caves

形态	剖面	数量	平均深度（m）	平均宽度（m）	各形态土壤占剖面总面积的比例（%）
漏斗	A	9	4.65	9.13	28.12
	B	9	6.63	19.25	23.09
裂隙	A	27	5.43	1.41	8.88
	B	21	9.11	0.22	5.27
孔穴	A	0	0	0	0
	B	2	1.5	0.85	0.16

图 6-5　剖面 B 漏斗、裂隙、孔穴分布

Fig.6-5　Distribution of funnels, crack sand caves in profile B

（2）裂隙分布特征

剖面裂隙的发育除受溶蚀作用的影响外，还与岩石构造发育密切相关，尤其是构造节理系统的发育。而灰岩在受力时节理分布极不均匀，易形成岩石裂隙和洞穴系统，使得差异性溶蚀作用更加显著（Folk and Ward, 1957）。在长期的溶蚀作用下，随着节理面的扩张，裂隙逐渐发育，地表降水随重力作用下渗进入裂隙，雨水挟带的土壤同时进入裂隙，雨水、雨水中的二氧化碳及土壤中的二氧化碳与石灰岩发生溶蚀作用，使固态碳酸钙变为可溶态，并随水、土迁移。同时，水土重力作用对裂隙产生挤压、摩擦也使裂隙逐渐扩展，两种作用的强度与节理类型密切相关，垂直节理更易受到两种作用的影响。调查发现，剖面 A 的节理系统多呈交叉网络状的"X"型，少数为垂直节理。垂直发育的裂隙较宽，裂隙土体积大，而倾斜节理发育的裂隙长度长，但狭窄。剖面 A 的主要裂隙共 27 条，裂隙宽度为 0～3m，深度集中在 3～10m，平均宽度为 1.41m，平均深度为5.43m。其中，最大裂隙平均宽为 3m，深为 9.5m。根据截面积计算，裂隙土所占剖面总面积的比例为 8.88%（图 6-4，表 6-1）。剖面 B 的节理系统成组出现，与水平方向倾角

大致相同且小于 30°，其间距也大致相等。相对于剖面 A 的网状"X"型节理系统而言，剖面 B 节理扩张发育的裂隙延伸的深度更深，但宽度较窄，主要裂隙有 21 条，平均宽度为 0.22m，平均深度为 9.11m。裂隙土所占剖面总面积的比例为 5.27%（图 6-5，表 6-1）。

（3）孔穴、洞穴分布特征

和峰林多脚洞不同，岩溶山地以峰丛洼地地貌为主，并且在粤北多为闭合的峰丛洼地，在洼地低洼处多出现落水洞，将径流水导入地下河，峰丛山坡上少见洞穴。仅在剖面 B 的中部有两个直径不足 1m 的孔穴，穴内堆积有土壤，走向与岩层走向一致，深度不足 2m，直径不足 1m，孔穴土所占剖面总面积的比例仅为 0.16%（图 6-5，表 6-1）。

上述裂隙、漏斗、孔穴间大多相通，横向与垂向共同作用，共同形成岩溶山地峰丛主要的地表水垂直运移通道，同时也是地表土壤和养分垂直渗漏的动力和储存地。两个剖面中，A 剖面漏斗土和裂隙土占断面土壤总面积的比例为 37%。B 剖面漏斗土、裂隙土和孔穴土占断面土壤总面积的比例为 28.52%。剖面 B 的山体高度大于剖面 A，漏斗基本分布在山体表面 0～5m，而裂隙大多在漏斗之下或直接接于地表，范围更大，0～10m 是其分布的主要范围，随深度增加裂隙减少，超过 15m 时，尽管有节理存在，但宽度为 2cm 以上的裂隙已很少。此外，没有一个漏斗是完全封闭的，其底部或周边都存在大小不一的裂隙。

4. 威建水泥厂剖面漏斗、裂隙与孔穴的分布特征

该剖面位于同一个山体的六个不同方位，形成形态、长度、高度、坡度等有差异的六个不同剖面（图 6-6，表 6-2）。剖面二、剖面三位于山体中部，高度较高，剖面一、

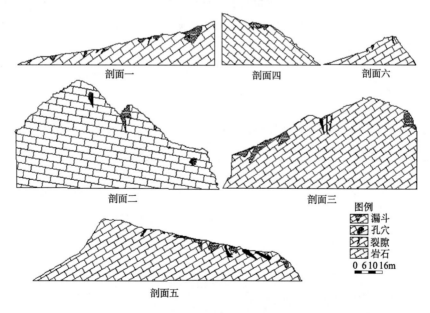

图 6-6　不同剖面裂隙、漏斗、孔穴分布

Fig.6-6　Distribution of funnels, cracks and caves in different profiles

剖面五、剖面六位于山体外沿，剖面四位于剖面三和剖面五之间。坡度在中部略微平缓，两侧较陡，之后又变平缓。岩石节理倾角与坡度有相似的规律。剖面走向差异也较大，正好将一个山体切割为不同剖面，为调查计算整个山体地下渗漏提供了很好的条件。基岩以纯石灰岩为主，剖面中下部夹杂薄层不纯石灰岩。

表6-2　不同剖面概况

Tab.6-2　General situation of different profile

| 剖面 | 剖面 | | | | 节理倾角（°） | 基岩类型 |
	走向（°）	相对高度（m）	长度（m）	坡度（°）		
1	NE5.76	23.62	109.37	11.86	9.3	纯石灰岩
2	NE80.56	58.43	110.44	30.39	17.8	表层纯石灰岩，下部夹杂白云质灰岩
3	NE9.62	49.68	110.66	15.07	13.1	表层纯石灰岩，下部夹杂白云质灰岩
4	NE75.12	28.06	53.86	26.15	18.1	表层纯石灰岩，下部夹杂白云质灰岩
5	NE32.21	32.19	146.70	22.78	20.5	表层纯石灰岩，下部夹杂白云质灰岩
6	NE85.94	15.76	52.10	19.64	17.4	纯石灰岩

六个剖面所处位置不同，裂隙、漏斗、孔穴分布特征不一样，以山体最高点为中心，位置越边缘，裂隙数量、宽度、长度越大，位于外沿的剖面一、剖面五、剖面六，裂隙数量分别是 1、3、1，漏斗多位于山体表面波状起伏处，剖面一、剖面五、剖面六的漏斗分别是 9、6、2，孔穴只有 3 处，位于剖面二和剖面五。裂隙面积最大的剖面五的比例占整个剖面的 1.15%，剖面二、剖面四无明显裂隙；漏斗面积最大的剖面一的比例占整个剖面的 4.4%（表6-3）。所有漏斗都分布在表层0～5m，裂隙主要分布在0～15m，下部基岩面裂隙极少，所以调查剖面漏斗、裂隙所占面积比例与剖面高度、长度有很大关系，剖面二、剖面三、剖面四高度分别为 58.43m、49.68m 和 28.06m，长度分别为 110.44m、110.66m 和 53.86m，而剖面一、剖面五、剖面六高度分别为 23.62m、32.19m 和 15.76m，长度分别为 109.37m、146.7m 和 52.1m。

表6-3　连南瑶族自治县威建水泥厂各剖面漏斗、裂隙、孔穴数量、面积与比例

Tab.6-3　Quantity,area,and proportion funnels, cracks and caves in different profile

因子	项目	剖面一	剖面二	剖面三	剖面四	剖面五	剖面六	总计
漏斗	数量	9	2	3	1	6	2	23
	面积（m²）	53.90	33.53	117.04	14.65	29.52	2.38	251.01
	占剖面比（%）	4.4	0.8	3.06	1.58	1.06	0.6	1.87
	占表土比（%）	320.83	165.17	653.85	155.85	166.78	33.06	1495.54
裂隙	数量	1	0	3	0	3	1	8
	面积（m²）	2.01	0	11.32	0	32.4	1.88	47.6
	占剖面比（%）	0.16	0	0.29	0	1.15	0.474	2.07
	占表土比（%）	11.96	0	63.24	0	183.05	26.11	284.36

续表

因子	项目	剖面一	剖面二	剖面三	剖面四	剖面五	剖面六	总计
孔穴	数量	0	2	0	0	1	0	3
	面积（m²）	0	21.61	0	0	3.23	0	25.33
	占剖面比（%）	0	0.51	0	0	0.11	0	0.19
	占表土比（%）	0	106.45	0	0	41.95	0	148.4
岩石面特征	高度（m）	23.62	58.43	49.68	28.06	32.19	15.76	—
	长度（m）	109.37	110.44	110.66	53.86	146.7	52.1	—
表层土壤面积	（m²）	16.8	20.3	17.9	9.4	17.7	7.2	89.3
剖面总面积	（m²）	1 221.5	4 225.63	3 824.78	927.34	2 813.73	392.54	13 405.51

6.2.2 粤北典型岩溶山地土壤地下流失时间与流失量

1. 岩溶山地土壤地下流失时间

为准确确定裂隙与漏斗形成年代，采集了连南威建水泥厂 6 个剖面中最大的漏斗与最深的裂隙土样，由兰州大学西部环境教育部重点实验室通过 ^{14}C 方法测年，土样肉眼剔除草类植物残体后，用去离子水浮选，泥质沉积物采用酸—碱—酸处理，余物提取有机质合成苯；已制备的样品配 HIS-3 闪烁液，静置 7d 后测量计数，测试时间 1400min；放射性碳年代采用碳$^{-14}$半衰期惯用值 5568 计算获得。树轮校正 INTCAL09 北半球非海洋陆地校正模式。结果见表 6-4，裂隙土的形成年代远晚于漏斗土壤，它们都是全新世以后形成的，最底层裂隙土壤不足 1 万年，表层土壤不足 2000 年，但裂隙深度间存在很好的年代序列，漏斗最底层超过 2.5 万年，表层不足 1000 年，2~3m 处年代高于 3~4m，估计可能与地质活动或塌陷有关，总体上也呈现较好的年代序列。从时间看，漏斗形成

表 6-4 连南威建水泥厂剖面漏斗与裂隙土壤地质年代测定结果

Tab.6-4 chronology of soil of funnel and fissure in profile of Liannan Weijian Cement plant

采样类型	深度（cm）	样品描述	PMC（%）	年龄（a）
裂隙	0~100	红褐色土	79.92±0.53	1 801±47
	100~200	红黏土	64.18±0.56	3 667±59
	200~300	红黏土	51.44±0.57	5 340±75
	300~400	红黏土	36.16±0.60	8 172±109
	400~500	红黏土	29.77±0.57	9 733±124
漏斗	0~100	黏土	89.57±0.49	885±45
	100~200	红黏土	20.96±0.42	12 553±130
	200~300	红黏土	4.9±0.44	24 225±290
	300~400	红黏土	6.37±0.45	22 122±269
	400~500	红黏土	4.37±0.64	25 151±324

注：表中"年龄"列的数据表示用 ^{14}C 方法测得的土壤形成年龄±测定误差。

早于裂隙，从漏斗分布看，其位于山坡中下部，坡度从陡边缓的过渡处，类似于张裂隙，形状呈心形，上沿宽为 13.7m，深度超过 5.3m，靠上坡面一侧有坠落的大块岩石，其形成应该早于 2.5 万年，其上部坡面土壤在径流侵蚀作用下沉积于底部并逐渐堆积。其 2～5m 深度土壤年龄接近，说明该段时间是快速堆积时间，且出现了塌落现象。同样深度的裂隙，土壤年龄不足 1 万年，说明裂隙发育缓慢，土壤下渗速度也很缓慢，但时间梯度很有规律，每下渗 1m 深度需要 1600～1800 年。

2. 岩溶山地土壤地下流失量

（1）清连高速剖面土壤地下流失量

在长期的降水渗漏作用下，所有的漏斗和裂隙均被土壤填充，即使在很细小的裂缝中仍有水土流存。根据调查和影像分析计算可以了解漏斗土、裂隙土和孔穴土在剖面总面积中的比例。漏斗土是地表土壤存在的主要方式，其土壤截面积占整个断面积的 23.1%～28.1%，而裂隙土所占整个断面面积的 5.3%～8.9%，孔穴土只有 0.16%。也就是说，在整个剖面中，土壤空间占据了 28.4%～37.16%，岩石占据了 71.6%～62.84%。表层土壤厚度平均为 11.0cm，剖面表层土壤面积分别为 $46.2m^2$ 和 $35.76m^2$，与表层土壤比较，剖面 A 与剖面 B 漏斗中储存的土壤分别是其表层土壤的 7.14 倍和 31.12 倍，剖面 A 与剖面 B 裂隙中储存的土壤分别是其表层土壤的 3.47 倍和 0.18 倍。

（2）威建水泥厂剖面土壤地下流失量

从表 6-3 可以看出，威建水泥厂剖面中，漏斗土壤是表层土壤的 33.06%～653.85%，裂隙土壤是表层土壤的 11.96%～183.05%，孔穴土壤是表层土壤的 0%～106.45%，如果将 6 个剖面作为整体看，漏斗土壤平均占表土的 281.1%，裂隙土壤占表土的 53.3%，孔穴土壤占表土的 28.37%，垂直渗漏土壤的总量占表层土壤的 362.77%，意味着表层土壤的 2.63 倍土壤渗漏入地下。这一数据要低于清连高速剖面的数据，说明不同区域、不同地貌的碳酸盐岩垂直渗漏有差异。

（3）地表土壤形成与流失分析

显然，经过近万年的时间，岩溶山地裂隙发育过程增强，表层土壤在水作用下通过裂隙、节理缝隙缓慢下渗流失，甚至通过孔穴漏失，而漏斗形成时间更早于裂隙，土壤在表面径流和垂直渗漏双重作用下沉积、迁移至深层位置，随着时间的延长，表层土壤流失量加大，而岩溶土壤形成 1m 厚的土层需要 4.33 万年时间，按此分析，在连南威建水泥厂剖面，现有的平均土层厚度 15.11cm 加上流失入地下的土壤，总土层厚度为 54.81cm，已流入地下的土层为 39.7cm。这种垂直渗漏过程将继续，并且随着土壤填充作用和溶蚀作用的增加，裂隙发育将加强，渗漏程度也会增加。假如再过 1 万年，将形成近 25cm 土层，即使不考虑地表径流侵蚀，以现在的垂直渗漏速度，这 40.11cm 的土层在 1 万年时间内将通过裂隙全部流失殆尽。

6.2.3　土壤垂直流失影响要素分析

清连高速剖面和威建水泥厂剖面共计 8 个不同剖面的调查结果说明，漏斗、裂隙、孔穴的形成是地质过程、地表过程共同作用的产物，影响要素复杂，主要包括以下几方面。

1. 基岩种类

志留纪末发生的加里东运动使广东省结束了地槽的历史，进入了华南准地台阶段，泥盆纪至中三叠纪沉积的浅海碳酸盐岩形成了广东省岩溶地貌发育的基础，之后中三叠世末的印支运动产生了一系列北东向的褶皱构造，包括粤北连州复向斜、英德弧形褶皱，构成了广东省岩溶地貌发育的基本框架。碳酸盐岩发育阶段、发育位置不同，岩性也有差异，有纯碳酸盐岩、不纯碳酸盐岩，包括石灰岩、白云岩、白云质灰岩、泥质石灰岩。不同岩性的溶蚀过程、程度有差异，这种差异对表层岩溶带的发育强度具有明显的影响。纯的碳酸盐岩和灰岩具有比不纯碳酸盐岩和白云岩更高的溶解度，所以纯碳酸盐岩的裂隙发育高于不纯碳酸盐岩，灰岩的裂隙发育高于白云岩。此外，在纯碳酸盐岩之间夹杂的白云岩等也影响到溶蚀程度、溶蚀过程，从而影响地下裂隙、缝隙、孔穴、漏斗等发育。

2. 地貌与地形

不同沉积的碳酸盐岩使其发育成不同的碳酸盐岩地貌，广东省的碳酸盐岩地貌有岩溶山地、岩溶丘陵、岩溶台地、岩溶峰林平原 4 种类型，山地与丘陵主要位于乐昌市、乳源瑶族自治县岩溶高原区，台地和平原主要位于连州市、阳山县、英德市岩溶山地及盆谷区。岩溶山地是陆地上升，经过长期的溶蚀、侵蚀作用形成，由于石灰岩纯度差异造成岩溶山地地貌分异，纯石灰岩构成的岩溶山地常形成峰丛洼地与底座相连的峰林，山坡岩石裸露，石芽、裂隙、石槽遍布，最低处往往有落水洞，低洼处多漏斗；不纯石灰岩与砂页岩相间构成的岩溶山地既有溶蚀地貌，也有侵蚀地貌，裂隙发育不如纯石灰岩地貌，地表土层较厚，漏斗较多。岩溶山地顶部裂隙发育，底部漏斗发育；岩溶丘陵是由于地壳上升，经长期溶蚀侵蚀作用形成的，纯石灰岩构成的岩溶丘陵呈峰尖坡陡、岩石裸露的莲座状峰林地貌，顶部岩石裸露、裂隙发育，坡面多石芽、石槽、沟、裂隙，低洼处有漏斗，但面积小于岩溶山地，不纯石灰岩与砂页岩相间构成的岩溶丘陵有丘有峰，洼地、漏斗、竖井相间出现；岩溶台地是比较宽阔平缓的一种地貌，依石灰岩纯度差异分为溶蚀台地和溶蚀侵蚀台地，溶蚀台地地表多红色石灰土，有残峰和石芽突起，裂隙发育，垂直渗漏明显，地表河流少，地下河发育。溶蚀侵蚀台地土层厚，裂隙发育不明显；溶蚀平原是在溶蚀作用和地表流失侵蚀作用下形成的较平坦地貌，峰林独立或部分莲座状，陡峭，仅坡麓较缓，顶部平缓，石芽、石沟、裂隙发育，峭壁可见明显的裂隙，底部偶见溶洞，峰间洼地漏斗发育。

3. 坡度

无论峰丛还是峰林，坡度是影响溶蚀和侵蚀的主要因素之一，位于岩溶山地、丘陵的峰丛多峰尖坡缓，顶部岩石裸露，基本都是垂直渗漏，坡面以地表径流侵蚀为主，但在局部岩石裸露、石芽、石沟、裂隙发育的区域地表径流受阻，垂直渗漏占优势；岩溶台地和岩溶平原的顶部相对平缓，地表径流小，以垂直渗漏为主，裂隙发育，坡麓平缓，为堆积地貌，土层厚，地表径流明显，土壤水饱和时存在垂直渗漏。总体来讲，坡度越小，垂直渗漏溶蚀越明显，坡度越大，以地表径流侵蚀为主。

4. 岩石节理

表层的节理、裂隙构造是表层岩溶带发育的先导，它为降水向表层岩体中渗漏和溶蚀提供了基础。在粤北岩溶地区，岩溶发育时期大致在中生代晚期至老第三纪，以燕山运动的断裂和断块造山运动为主，构造分区为粤北、粤东北-粤中拗陷带，区域内有彬县-怀集大断裂、吴川-四会深断裂带。断裂运动造成了大型的褶皱断块山地和断陷盆地，如连州盆地，粤北连州、连南、阳山、乳源岩溶山地等，褶皱构造发育的英德弧形山地形成峰林和溶蚀谷地，如英西峰林等，而连江流域的岩溶高原受南北向瑶山背斜控制，连州-阳山-英德-翁源谷地受东陂-连州复向斜控制。地质构造与运动对岩溶地貌影响巨大，也使得地层在陆地抬升过程中不断变化，形成各种节理与裂隙，调查的 8 个剖面中，以斜向节理为主，山体中部节理缓平，山体外沿节理倾角加大，节理缝隙中多见水体和土壤渗漏。越靠近表层或山体外沿的节理缝隙更明显，尤其是山体外沿节理缝隙变宽，长度增加，可见节理的倾角对雨水渗漏及溶蚀强度的影响。

5. 气候

降水是碳酸盐岩溶蚀的基础，它和空气中二氧化碳共同构成溶蚀动力，粤北地区降水充沛，工业化又增加了空气中的二氧化碳，研究证明，气温每增加 10℃，溶蚀速度提高 1 倍，而全球气候变暖无疑会加剧粤北岩溶区的溶蚀速度。酸雨也会影响溶蚀量。我们的模拟实验结果表明，平均每毫米降水会使供试石灰土壤中钙离子流失的量达到 $0.01g/m^3$，单位降水土壤中钙离子平均净流失量以轻度酸雨最大、次为 pH5.6～6.29 的非酸雨和重度酸雨，它们都明显高于蒸馏水和岩溶区的坡麓积水 2 倍至数 10 万倍。

6. 人类活动

人类活动最直接的影响首先是矿石开采，英德、阳山、连南、连州、乳源等县（市），大大小小的石灰岩开采场有上百个，开采造成土壤直接流失、地表植被破坏、径流侵蚀加剧、水质恶化，同时水泥厂也会污染大气环境与周边生态环境。其次的影响是开垦，特别在岩溶丘陵区和岩溶台地区，坡面平缓处大多被开垦为梯田，尽管坡面侵蚀得到控制，但垂直渗漏依然存在，如阳山县、英德市、连南瑶族自治县、连州市的岩溶区；在很多峰林平原区，坡麓相对平缓，土层较厚，多被开垦为经济林栽植区，如英德市九龙镇等，沙糖桔栽植面积逐年增加，原有植被被砍伐，地表土壤被搬运，侵蚀加剧，钙离子迁移路线受到影响，导致土壤理化性质也发生变化。当然，如果人类能够合理保护和开发岩溶土地，对脆弱的岩溶区域通过封育、植树造林等措施增加治理与保护力度，也能提高岩溶生态系统的稳定性，改善岩溶环境。

6.3　土壤垂直流失对地表环境的影响

土壤无论通过裂隙、孔穴渗漏流失还是漏斗堆积，都会使地表土壤在空间上发生迁移，这种迁移不仅是数量变化，也是土壤养分的流失变化。最终都会导致地表土壤资源损失，并影响到植被及地表生态系统。通过裂隙土、漏斗土粒度养分的分布规律可以了解地表土壤特性的变化。

6.3.1　地下土壤粒度垂直分布特征

以清连高速剖面典型裂隙和漏斗土壤粒度变化为例，分析表层土壤的流失特征（雷俐等，2013）。分布于裂隙和漏斗中的土壤，在降水入渗和土壤重力的共同作用下不断下移直至下移通道受阻而堆积。土壤质地是土壤堆积、侵蚀过程的反映，而土壤颗粒大小及比例直接决定着土壤质地。为了解土壤的垂直渗漏过程及土壤颗粒的迁移特征，分别选取剖面 A 的一条垂直裂隙和剖面 B 的一条倾斜裂隙分层采样，此外又分别选取剖面 A 和剖面 B 的典型漏斗分层采样，进行土壤粒度分析。

剖面 A（图 6-4）采样裂隙为垂直走向，宽度为 0.5～1.5m，深度为 3.5m，呈上大下小的哑铃形状，中间最窄处为 0.5m（深度为 1.5m 左右），地表最宽处为 1.5m。土壤为红色石灰土，紧实，与岩石接壤处有明显的挤压痕，表层 1m 以下基本没有根系。从表层至 3.3m 深，土壤颗粒呈现很好的水蚀特征，粗粉粒含量占 39.18% 以上，最高达 48.21%，次为砂粒含量，为 25.71%～35.97%，细粉粒含量最低，为 6.56%～8.66%，黏粒含量为 14.63%～23.11%（图 6-7）。粗粉粒与砂粒占绝大多数，这和贵州省普定县陈旗小流域地表溶蚀残积物颗粒分布规律相同（唐益群等，2010）。从趋势线看，随深度的增加，粗粉粒和砂粒呈缓慢下降趋势，而黏粒有增加的趋势，细粉粒基本平稳。如果细分，大致分 4 个变化阶段：0～1.5m 深度：砂粒呈波状下降；粗粉粒缓慢上升；黏粒从地表至 0.3m 明显增加，之后呈波状变化，略有下降，1.05～1.35m 深度又明显增加；细粉粒变化比较平稳，表现为略有增加的趋势。1.5～2.25m 深度：粒度变化较大，砂粒明显增加；粗粉粒波动幅度大，先明显下降，之后在 1.95m 深度又上升；黏粒呈先下降后缓慢上升的趋势；细粉粒变化幅度小，呈缓慢上升趋势。2.25～3.0m 深度：粗粉粒和砂粒呈下降趋势；细粉粒和黏粒呈上升的趋势。大于 3m 深度：除砂粒外，其他都在下降。总体而言，粗粉粒、砂粒随深度减少，黏粒随深度增加，细粉粒变化不明显。显然，土壤颗粒物在水挟带运移及分选过程与裂隙的大小、形状、坡度有关，由于该裂隙在 1.5m 深度形成一个小的瓶颈，土壤下移受阻，速度降低，使黏粒和粗、细粉粒出现沉积，同样在接近最底部处，黏粒和粗、细粉粒出现沉积，在超过 3m 深度后，尽管垂直裂隙被岩石阻隔，但仍然有细小的裂隙相通，水的运移作用仍未停止，砂粒被阻挡沉积，而其他细粒物质仍可以随水下移，如果碰上洞穴，则在洞穴中堆积。根据唐益群等（2010）的研究，在喀斯特洞穴 I 内堆积的厚层黏性土同地表土壤相比显得湿滑、细腻和黏重，颗粒主要以黏粒为主，大多小于 0.005mm，而且结构致密，孔径一般不超过 50cm，其整体性状类似于被流水侵蚀搬运后自然沉积而成的堆积物，不具备溶蚀残积物的特征，证明该黏土并非碳酸盐岩原地风化的产物，而是由地表土壤漏失而来。本书也证实了这一规律。

从地表 0～30cm 粒度变化分析，特别是砂粒和黏粒的变化说明除土壤垂直渗漏外，还存在地表径流侵蚀作用，造成黏粒和粉粒的流失（图 6-7），这和唐益群等（2010）"降水渗漏具有一定的潜蚀作用，土壤因细颗粒物质的漏失而表现出粗颗粒化的趋势"的研究结果一致。

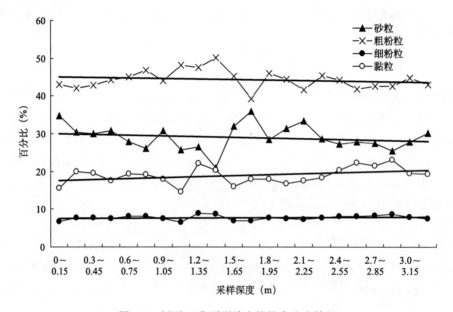

图 6-7　剖面 A 典型裂隙土壤粒度分布特征

Fig.6-7　Distribution feature of soil grades in the typical crack in profile A

剖面 B（图 6-5）裂隙为向下倾斜的近蛇形走向，宽度为 0.2～0.5m，同样为红色石灰土，在 0～1.0m 倾角近 50°，1～2m 略平缓，倾角不到 20°，之后倾角逐渐加大，5～10m 段倾角近 60°，10～12m 段倾角超过 70°。从粒度变化看（图 6-8），在地表 0～20cm，黏粒含量低，砂粒含量高，证明同样存在地表侵蚀。在 1～2m、2～5m 两个深度范围粒度有较大的波动变化，其他深度相对平稳。0～1m 深度，砂粒逐渐减少，黏粒呈波状增加，粗粉粒在 0～0.8m 明显增加，之后略有下降，细粉粒含量变化不大，1～2m 深度，出现第一次大幅度波动，砂粒先明显增加后又大幅减少，粗粉粒、黏粒和细粉粒都呈先减少后增加的趋势，粗粉粒波动最大。2～6m 深度，出现第二次大幅度波动，砂粒先大幅度增加，后又大幅度减少，之后略有增加，在 5m 深度后又大幅下降；粗粉粒、黏粒和细粉粒开始都呈先大幅下降后又上升的趋势，在 4.5m 深度后，粗粉粒先下降再缓慢上升，而黏粒和细粉粒一直增加直到 6m 深度。6m 深度以下，砂粒呈缓慢增加趋势，粗粉粒、细粉粒和黏粒都呈减少趋势，黏粒减少最为明显。从总体趋势线看，随深度的增加，砂粒明显减少，粗粉粒明显增加，而黏粒缓慢增加，细粉粒变化不明显。只有粗粉粒随深度的变化趋势和剖面 A 的采样裂隙不同。很显然，剖面 B 的裂隙窄、角度变化复杂，其土壤颗粒的运移和水选过程在不同位置差异也大。当裂隙变得平缓时，水土的垂直重力作用减弱，运移力减少，造成土壤暂时堆积，这和泥沙在平缓洞穴中堆积的原理一样（唐益群等，2001），水的移动速度也减慢，在此堆积的土壤向下移动的速度减慢，细粒物质一方面在水的重力作用下更易继续向下移动，同时水还可以挟带细粒物质向裂隙土周边的小裂隙垂直下渗，所以在裂隙平缓的区段，砂粒堆积，而细粒物质明显减少。在倾斜角度相对一致的裂隙区段，粒度变化的规律更清晰，水选特征更明显。

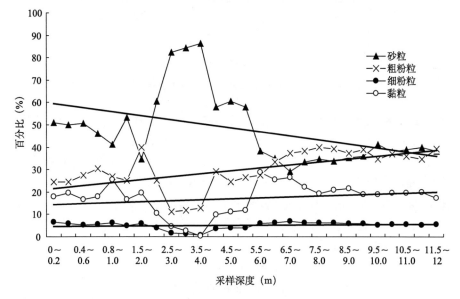

图 6-8　剖面 B 典型裂隙土壤粒度分布特征

Fig.6-8　Distribution feature of soil grades in the typical crack in profile B

剖面 A（图 6-4）典型采样漏斗宽为 15m，最深为 3.5m，位于剖面上部，坡度为 12°，选择边缘较浅的漏斗采样。粒度分析结果（图 6-9）和裂隙土一样，粗粉粒和砂粒含量占主导，然后是黏粒、细粉粒比例最少。在 0～0.1m 表层，砂粒含量最高，从表层至 0.3m，粗粉粒、黏粒含量明显增加，砂粒含量明显减少，细粉粒略有增加，说明土壤表层存在侵蚀现象。0.3～0.7m，粗粉粒先上升后下降，砂粒先下降后上升，而黏粒和细粉粒下降；说明漏斗中部区域细粒物质的垂直运移比较稳定；在漏斗底部 0.5～1.1m 深度，砂粒、粗粉粒呈下降趋势，而黏粒增加，细粉粒呈波状增加。漏斗底部岩石结构对于土壤颗粒的运移非常重要，如果岩石密闭，则会使向下运移的细粒物质堆积，如果岩石存在裂隙，则会使土壤颗粒物继续沿裂隙渗漏。从剖面 A 采样漏斗土壤粒度变化看，粗粉粒总体上升，砂粒总体降低，而黏粒和细粉粒比较平稳，说明该漏斗底部存在裂隙，细粒物质继续随水分向下运移。

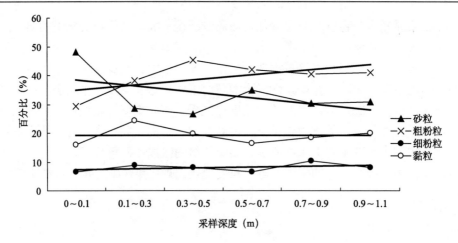

图 6-9　剖面 A 典型漏斗土壤粒度分布特征

Fig.6-9　Distribution feature of soil grades in the typical funnel in profile A

　　在剖面 B（图 6-5），选择的是一个较大的漏斗，位于剖面顶部，地势平缓，漏斗宽度超过 20m，最深处超过 7m，沿该漏斗上沿从南至北分为四段，在南端第二段中部采样。该漏斗粒度变化（图 6-10）比剖面 A 漏斗变化幅度更大，但砂粒和粗粉粒的总体变化趋势与剖面 A 漏斗一致。细粉粒总体略有增加，但黏粒变化不明显。在表层 0～0.4m，砂粒含量最高，但有增加后又下降的趋势，粗粉粒、黏粒和细粉粒呈先下降后增加的趋势，同样可以看出地表侵蚀明显；0.4～2m 深度，砂粒显著增加，粗粉粒、黏粒和细粉粒呈下降趋势，表现出漏斗中部区域细粒物质垂直下移的规律。2m 深度后，漏斗底部边沿出现大小不一凸出的岩石，阻挡了土壤颗粒在周边与岩石接壤处颗粒的垂直运移过程，因而砂粒含量快速减少，而粗粉粒、黏粒和细粉粒呈波状增加。

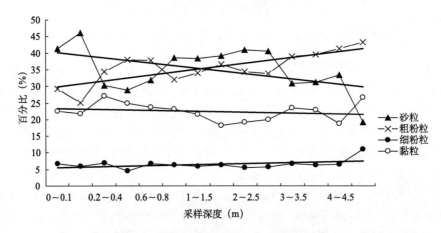

图 6-10　剖面 B 典型漏斗土壤粒度分布特征

Fig.6-10　Distribution feature of soil grades in the typical funnel in profile B

　　显然，岩溶漏斗、裂隙等的地下空间分布特征与土壤粒度垂向分布之间有极大的相关性，漏斗、裂隙的大小、走向、角度、形状等影响到土壤在水作用下的运移过程和程度。地表土壤在流水的侵蚀搬运、浸润软化，加上重力的作用下，会随各种孔隙向下蠕滑迁移，当所有地下大、小孔隙都填满土壤后，土壤渗漏仍未停止，更细的土壤颗粒物仍会在充满孔隙的漏斗土、裂隙土中继续向下运移，最终通过地下洞穴进入地下河。并且漏斗、裂隙的发育也在土壤、水作用下继续，而土壤垂直渗漏也会延续。通过两个剖面的漏斗土壤颗粒变化可以发现基本相同的规律：砂粒减少，粗粉粒增加，黏粒呈波状变化，但总体趋势和细粉粒一样基本稳定。各粒度的比例有差异，尤其是黏粒比例，这与漏斗表面的地形密切相关，剖面 B 漏斗表面地势平坦，侵蚀与堆积共存，来自于坡上部的侵蚀物，尤其是细粒物质在此堆积，在雨强大时产生地表侵蚀，但在较小雨强时会沉积并垂直下移，这是该漏斗黏粒含量高的主要原因。

　　根据以上两个剖面的裂隙土和漏斗土壤粒度比例及变化分析可以看出，裂隙土和漏斗土壤颗粒的运移受到地表径流、土壤重力和水重力 3 个作用，并在总体变化趋势上基本一致：砂粒和粗粉粒比例高，砂粒随深度降低，粗粉粒增加，裂隙土的黏粒含量随深度增加，但黏粒的变化与漏斗底部、边缘，以及裂隙底部及边缘是否存在裂隙、裂隙大小有关，如果存在裂隙，则细粒物质的垂直运移过程将继续。裂隙大小、角度、形状，漏斗大小、底部石牙形态，表层坡地等都会影响到土壤的垂直运移过程及水选程度。从典型裂隙土、漏斗土不同深度的土壤质地变化可归纳出在一个相对封闭、通畅、均一的裂隙和漏斗中土壤流失的 3 个阶段，①地表侵蚀阶段，表现在地表土壤的粗粒化；②漏斗中部土壤细粒物质下渗阶段，除砂粒增加外，其他颗粒物下降；③漏斗底部细粒物质堆积阶段，除砂粒降低外，其他颗粒物增加。

　　很明显，石灰岩表层存在两种土壤运移方式：一是地表径流的侵蚀使土壤细粒物质随径流流失至其他洼地沉积或被水流挟带至河流中；二是在水重力作用下土壤细颗粒物下移至裂隙底部或漏斗下部。这两种方式应该是同时进行的，并且地下渗漏更易发生，而地表径流只有在较大雨强、地表覆盖差、有一定坡度的情况下才较容易发生。可以推测出，冲刷易将基岩表面的薄层土带走，却难搬运裂隙、洞穴中的土壤残积物（张信宝等，2007）。尽管地表径流不能带走裂隙、漏斗下层、洞穴中的土壤，但它们同样也不能被地表生物所利用，反而在溶蚀作用和土壤重力作用下增加裂隙的进一步发育，导致更多的表层土壤渗漏损失。

6.3.2　地下土壤有机质与碳酸钙变化特征

　　根据连南威建水泥厂剖面最大漏斗与最深裂隙分层采样分析结果(图 6-11、图 6-12)，有机质含量随岩溶漏斗深度下降而不断减少，碳酸钙含量呈波状下降的趋势。位于表层的有机质和碳酸钙的含量最高，分别为 60.34g/kg 和 31.25g/kg，而漏斗的底部却出现最低值，分别为 3.84g/kg 和 1.25g/kg。无论漏斗底部有无裂隙，它都是一个开放的环境，即使底部无裂隙，地表水下渗至底部岩石面时也会在岩石面形成径流向底部渗漏，使挟带有机质的细粒物质发生迁移，同样碳酸钙细粒也能够被快速带走，3m 深度碳酸钙含量增加可能与侧面岩石面溶蚀和岩石面径流挟带来的碳酸钙有关。表层土壤由于植物枯落物在微生物作用下分解，不断得到有机质补充而富含有机质，1m 以下土壤深度根系已很少，得到的有机质补充较少，所以漏斗底部有机质基本来自于上层渗漏，因而漏斗的垂直渗漏特征很明显。

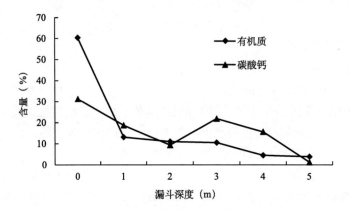

图 6-11　有机质和碳酸钙的含量随岩溶漏斗深度的变化

Fig.6-11　Contents changes of the organic matter and calcium carbonate with the depth of funnel

有机质和碳酸钙含量随裂隙深度的下降，其变化过程比较复杂（图 6-12）。有机质的含量在表层很低，随后逐渐上升，在 2m 处出现最大值（29.92g/kg），之后急剧下降，在 5m 处出现最小值（1.64g/kg），之后又小幅度地回升。此变化规律有两个原因，首先是裂隙所在地形为山地坡面中下部，坡度超过 25°，地表径流侵蚀明显，细粒物质基本流失，有机质含量低，2m 处裂隙宽度增加且有弯度，阻止了土壤下渗速度且有停滞过程，使细粒物质积聚，同样在 5m 深度后，裂隙倾斜度增加，其余深度裂隙较窄，垂直角度较大，总体上有机质都在随深度下移损失。碳酸钙除表层外，也有类似的变化规律，但在 5m 深度后有明显增加的趋势。除雨水挟带的表层土壤颗粒物中所含的碳酸钙外，溶

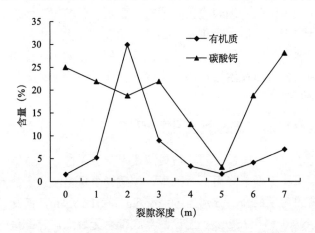

图 6-12　有机质和碳酸钙的含量随岩溶裂隙深度的变化

Fig.6-12　Contents changes of the organic matter and calcium carbonate with the depth of fissure

蚀作用形成的钙离子也会随二氧化碳浓度变化而沉积于土壤中，此外裂隙中的岩石在土壤、水作用下也会风化成原生矿物颗粒，使碳酸钙含量增加并随土壤和水迁移至下层裂隙中。

2～5m 裂隙宽度和倾斜度相对均匀，5m 以下宽度变窄，倾斜度较大，存在细粒物质沉积，有机质、碳酸钙有上升趋势。总体上讲，随裂隙深度的增加，有机质下降，而碳酸钙在裂隙中既发生垂向的渗漏也有横向的补充，因而其波动较大。裂隙的宽度、深度、倾斜度都会影响土壤迁移与溶蚀程度。

清连高速剖面裂隙基本为一垂直节理形成，但裂隙宽窄不一，在深度 50～80cm 和 250～300cm 为较窄瓶颈，宽度为 10～15cm，且有岩石块交错，其他裂隙宽度超过 40cm。有机质和碳酸钙含量在这两个狭窄处出现峰值，体现堆积特征。但与表层比较，有机质呈下降趋势（图 6-13）。说明有机质和碳酸钙随着地表水在坡面下渗迁移过程中遇岩石受阻堆积后缓慢下渗，土壤中 CO_2 含量也会影响碳酸钙的溶解和沉淀，从而抑制垂直渗漏的持续发生。

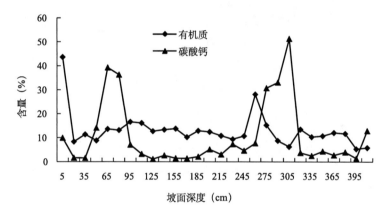

图 6-13　清连高速剖面裂隙有机质和碳酸钙含量随深度的变化

Fig.6-13　Contents changes of the organic matter and calcium carbonate with the depth of profile of Qin-Lian rapid road

从典型裂隙中土壤有机质与碳酸钙含量变化的规律可以发现，表层土壤养分在地表侵蚀与垂直流失作用下逐渐损失，如果得不到生物的及时补充，将导致表层土壤肥力下降，生产力减弱，而裂隙中的土壤和水分迁移又能加大裂隙中岩石的溶蚀和风化程度，从而加剧裂隙发育，进一步造成表层土壤数量和质量的损失。

6.3.3　地下土壤钙离子变化特征

岩溶动力系统中的碳-水-钙循环是岩溶过程的动力，它们共同驱动了岩溶环境元素的迁移与变化，钙循环不仅是岩溶作用的结果，也是岩溶作用的重要环节，通过钙元素的变化不仅可以了解岩溶过程，而且对认识岩溶生态系统变化有重要的指示作用。

1. 连南瑶族自治县剖面裂隙土壤钙离子的变化

在裂隙中，随裂隙深度的增加，全钙呈波状变化，水溶性钙呈明显上升趋势，交换性钙呈缓慢上升趋势（图6-14）。显然，可溶性钙离子随水迁移的趋势明显，这会造成地表土壤钙离子损失，使岩溶富钙环境的特征减弱，进而影响到植被的分布和多样性变化。除了地表钙离子下渗迁移，裂隙两侧岩石在下渗雨水和其挟带的二氧化碳的作用下发生溶蚀作用，将岩石中碳酸钙变为部分水溶性钙离子，并随水下渗。裂隙越大，能够容纳的土壤和水分越多，溶蚀作用也越强，而裂隙也会进一步加宽、加深。全钙的变化不仅与交换性钙离子变化有关，而且它也取决于碳酸钙含量的变化。即使在底部的裂隙变窄，但如果是缝隙，也会有水下渗，这会不断地将土壤中的细粒物质、养分、钙离子等向下层迁移，如缝隙延伸出岩石表面或与地下河、孔穴相通，则会使土壤或挟带细粒物质与养分离子的水进入另一个系统中。

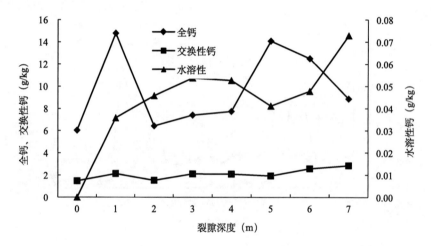

图6-14　土壤全钙、交换性钙和水溶性钙的含量随裂隙深度的变化

Fig.6-14　Contents changes of the total calcium, exchangeable calcium,and water soluble calcium with the depth of fissure

2. 连南瑶族自治县剖面漏斗土壤钙离子的变化

在漏斗土壤中，钙离子的变化则平缓很多（图6-15），除1～2m全钙、交换性钙和水溶性钙离子有大幅下降外，其余土层内的土壤钙离子变化幅度不大，水溶性钙离子和交换性钙离子基本稳定，全钙小幅波动。漏斗表层有石灰岩灌丛生长，水分的下渗受到限制，漏斗底层土壤变得紧实，含水量变化小，钙离子的交换没有表层活跃，表层土壤受降水、溶蚀、植物等影响较大，钙离子交换频繁，特别会受到坡面径流挟带的钙离子的影响，植物的生长，尤其是悬钩子、黄荆、五节芒等主要植物都是富钙环境高适应性植物，能够吸收土壤中较多的钙离子。

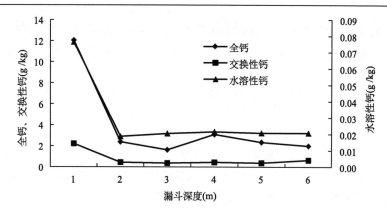

图 6-15　土壤全钙、交换性钙和水溶性钙的含量随漏斗深度的变化

Fig.6-15　Contents changes of the total calcium, exchangeable calcium,and water soluble calcium with the depth of funnel

根据几个剖面裂隙与漏斗年代及分布特征调查，岩溶山地土壤已经历了 2 万多年的沉积迁移，表层土壤随雨水和重力作用在漏斗堆积或通过裂隙下移。漏斗土壤量是表层土壤的 1.8～31 倍，裂隙土壤量是表层土壤量的 0.18～3.5 倍。不仅表层土壤体积减小，而且表层土壤的有机养分、细粒物质迁移损失更严重，导致表层土壤浅薄，深度在 20cm 以下，且分布不均。漏斗土壤尽管可以被植物利用，但其分布集中，深层土壤利用率不高，深层裂隙土基本不能被利用。

表层土壤的流失导致地表岩石裸露，石芽林立，石沟、石槽、石缝遍地，最终形成非均质的岩溶地表生态系统。在这种生态系统中，地表形态发生很大变化，水动力过程也相应发生变化，裸露岩石阻隔了表面径流，雨水只能通过裂隙等向下迁移，进而影响到土壤资源的分布及养分特征，并最终影响到植被及其他生物种群分布。在剖面背部山坡土层较厚而且连续分布的区域，以草坡为主要群丛，而在岩石裸露、土层间断的区域以石灰岩灌丛为主要群丛。岩石裸露率、坡度、裂隙密度、大小等都会使不同空间部位的物种、群落结构、层片、优势种等发生适应性变化，如岩石裸露率高会增加攀援灌木和藤本植物的种类和数量。

6.4　土壤地下流失程度评价指标体系

对岩溶区土壤地下流失的程度进行评价，有助于了解和预测地表土壤及其生态系统的变化，更好地预防生态系统退化。但目前的研究成果中还没有涉及该方面的内容，而岩溶区地下土壤流失的程度又很难直接观察和调查，所以给土壤地下流失程度和过程的评价造成很大困难。因此，只能以已有的典型剖面调查和资料为基础，探讨初步的评价指标体系，以起抛砖引玉的作用，期望未来有更多的同行给予关注和完善。

本岩溶山地地下土壤渗漏评价指标体系是根据已有调查结果和渗漏特征将土壤地下渗漏程度分为无流失、轻度流失、中度流失和重度流失 4 种级别。将裂隙、洞穴、渗漏土壤占表土比，地表岩石裸露率作为评价的一级指标，土壤覆盖情况作为辅助参考指标。

将与溶洞连通度、占剖面的面积比例和密度作为裂隙的二级指标，将类型、数量与位置作为洞穴的二级指标，最终通过几个样本调查来判定某个岩溶区地下土壤的流失程度（表6-5）。

据此指标体系，如果岩溶山体的裂隙、孔穴与底部的溶洞或地下河没有连通，表层土壤的地下渗漏过程将是缓慢的，其程度应该在轻度以下，如果连通，则表层土壤通过裂隙、孔穴使表层土壤持续迁移至溶洞沉积或流入地下河，这样的渗漏程度将在中度以上，如果连通的裂隙、孔穴数量多，渗漏速度和强度都会增加。该指标体系内的各项指标是依据已有的调查数据，样本数量有限，难以达到全面、准确，需要在今后的工作中继续增加调查样本数和类型，细化、完善各指标数量和类别。

表 6-5　岩溶区土壤地下流失分类指标
Tab.6-5　Classify index of soil leakage underground in Karst area

土壤渗漏程度	裂隙			洞穴			渗漏土壤占表土倍数	地表岩石裸露率（%）	土壤覆盖情况
	与溶洞连通度	占剖面的面积比例（%）	密度（条/100m²）	类型	数量	位置			
无流失	不连通	≤1	≤3	无溶洞、落水洞、竖井、天窗	0		<1	≤10	土被连续，土层厚度为30～50cm；无溶蚀沟、槽
轻度流失	不连通	1～9	4～9	无溶洞、落水洞、竖井、天窗	0		1～9	11～30	土被基本连续，土层厚度为20～30cm；零星溶蚀沟、槽分布
中度流失	连通	10～30	10～14	落水洞或竖井	1～2	峰丛洼地中央	10～19	31～49	土被不连续，土层厚度为10～20cm，土壤侵蚀较强烈，溶蚀沟、槽分布密度接近一半
重度流失	连通	≥30	≥15	横向溶洞（管道状溶洞、穹状溶洞）	≥3	山体垂直或斜下方	≥20	≥50	土被不连续，土层厚度≤10cm，土壤侵蚀强烈；溶蚀沟、槽发育基本连片

注：裂隙调查，峰丛洼地至少一个山体的完整断面，峰林至少一面峰林完整断面；洞穴调查，峰丛洼地以完整的一个闭合为调查单元，峰林以一座独立峰林山体为调查单元；地表岩石裸露率和土壤覆盖情况调查，峰丛洼地以调查断面顶部为调查单元，峰林以山体平缓顶部为调查单元；渗漏土壤包括漏斗、裂隙、孔穴中的土壤体积，表土是表层平均土壤厚度乘以表面积。

参 考 文 献

雷俐, 魏兴琥, 徐喜珍, 等. 2013. 粤北岩溶山地土壤垂直渗漏与粒度变化特征. 地理研究, 32(12): 2204～2214.

李德文, 崔之久, 刘耕年, 等. 2001. 岩溶风化壳形成演化及其循环意义. 中国岩溶, 20(3): 184～188.

唐益群, 叶为民, 黄雨. 2001. 全充型复活溶洞——宜兴慕蠡洞洞穴发育特征. 水文地质工程地质, (5): 39~42.

唐益群, 张晓晖, 周洁, 等. 2010. 喀斯特石漠化地区土壤地下漏失的机理研究——以贵州普定县陈旗小流域为例. 中国岩溶, 29(2): 121~127.

张信宝, 王世杰, 曹建华, 等. 2010. 西南喀斯特山地水土流失特点及有关石漠化的几个科学问题. 中国岩溶, 29(3): 274~279.

张信宝, 王世杰, 贺秀斌, 等. 2007. 碳酸盐岩风化壳中的土壤蠕滑与岩溶坡地的土壤地下漏失. 地球与环境, 35(3): 202~206.

朱学稳, 汪训一, 朱德浩, 等. 1988. 桂林岩溶地貌与洞穴研究. 北京: 地质出版社.

Folk P L, Ward W C. 1957. A study in the significance of grain size parameters. J Sedi Petr, 27: 3~26.

第7章 粤北石漠化环境的治理与恢复

7.1 石漠化危害

石漠化是岩溶土地退化的一种表现形式和结果，是由于脆弱的生态环境背景条件并叠加不合理的人类活动作用，造成植被持续退化乃至丧失，水土资源不断流失，基岩大面积裸露，生态环境逐渐退化，地表呈现石质荒漠化的过程，其显著特征为植物种减少、盖度降低、生物量下降、土壤严重侵蚀、土层变薄乃至流失殆尽、基岩裸露，从而使土地生产力下降甚至丧失。在粤北岩溶地区许多农村，耕地资源贫瘠、破碎化程度高，土地产出率低下，农户广种薄收、增收困难，农村贫困面大，30%的山区农民年均收入不到 300 元，远低于非岩溶区农民的人均水平。一部分农民因石漠化程度的不断加剧，已经或将要失去基本的生产和生存条件。石漠化的存在不仅影响了岩溶地区农、林、牧业的发展，也严重阻碍了岩溶地区新农村建设与和谐社会的构建。由于特殊的自然条件和社会经济发展背景，粤北岩溶山区经济发展落后，是广东省集老、少、边、穷于一体的贫困地区，在广东省的 3 个国家级扶贫县中有 2 个分布在粤北岩溶区，13 个省级重点扶贫的特困县中有 7 个分布在岩溶区。土地石漠化问题已成为制约当地农村社会经济发展的核心问题。石漠化对粤北岩溶山区农村经济发展的影响主要表现在以下几个方面。

7.1.1 破坏土地资源，使可利用耕地资源减少

在石漠化区域，由于成土母岩多为石灰岩，其成土母质的自然成土能力差，进程缓慢，地表侵蚀与垂直渗漏过程使原本浅薄的表土层逐渐变薄，土壤发生层层次缺失，土体结构恶化，土壤粒度组成向粗化方向演变；土壤中有机质、全氮、P_2O_5 和 K_2O 含量逐渐降低（表 7-1），土壤表面被裸露岩石分割，变得破碎化，不仅使肥力降低，生产潜力下降，而且为耕作管理也造成诸多不便，增加了生产成本。不少耕地丧失了利用价值，最终无法耕种，直接威胁到当地群众的生存基础。粤北岩溶山区普遍存在着石山多、耕

表 7-1　粤北岩溶山区典型石漠化样地土壤理化性质

Tab.7-1　Soil physical-chemical characters in different rocky desertification lands of north Guangdong

土地类型	土壤平均机械组成（%）					土壤养分			
	砾石、极粗沙	粗沙	中沙	细沙、极细沙	粉沙、黏土	有机质 (g/kg)	全氮 (g/kg)	P_2O_5 (mg/kg)	K_2O (mg/kg)
非石漠化土地	16.86	32.33	22.21	26.51	2.09	38.72	5.46	3.37	80.51
轻度石漠化	24.96	30.00	19.59	24.40	1.05	30.39	4.79	2.89	76.01
中度石漠化	36.60	28.6	14.34	19.80	0.66	18.19	2.39	1.60	62.96
重度石漠化	39.10	27.21	16.64	16.40	0.65	13.44	1.53	1.21	37.22
极重度石漠化	56.57	24.30	9.40	9.18	0.55	9.26	1.07	0.26	25.81

地少、荒地面积大、利用困难等问题，如清远市的白湾镇，72km² 的土地面积中有 97% 为石山，而全镇有土壤覆盖的地表仅 10%左右，许多地区土地呈盆景状，零星分布在裸露的岩石中间，称为石旮旯土，农业生产方式仍停留在"刀耕火种"状态，种植的玉米单产只有 750kg/hm²，仅为平原地区的产量的 1/10，"种了几片坡，只能装一箩"成了当地秋收的真实写照（黄金国，2002）。

7.1.2　水资源供给减少，用水短缺

尽管粤北岩溶山区属于亚热带季风气候，降水量丰富，年平均降水量为 1440～1700mm，但碳酸盐岩的易溶蚀性造成地表溶沟、溶隙、裂隙、孔穴发育，岩溶透水性强，渗漏严重，其入渗系数达到 0.3～0.5，在裸露的峰丛洼地甚至高达 0.5～0.6（黄金国，2002），亚热带地区降水多由台风造成，大雨、暴雨居多，加之由于石漠化严重，地面植被覆盖率低，浅薄的土层蓄水能力差，地表流失和垂直渗漏使大量地表水流入地表河流或通过孔穴、落水洞进入地下河流走，造成地表干旱缺水，使仅有的少量耕地也难以得到水源灌溉。缺水问题不仅影响农业灌溉用水，而且造成人畜饮水十分困难，如江英旱片的对坳、大平、龙家、黄泥塘等地段缺水特别严重的村庄的食用水主要靠在屋顶建池积蓄雨水解决，或在村边山脚建蓄水柜蓄水使用，到了旱季，则基本上无水可用，需到 2km 外的山洞接滴水供人畜饮用（曾士荣，2009）。

7.1.3　农业生态环境恶化，灾害频繁

岩溶区特有的易溶岩、非均质地表、浅薄且破碎的土层、岩溶灌丛植被使岩溶生态环境极其脆弱，而石漠化又会加剧脆弱生态环境的恶化，形成高度敏感的生态系统，对自然环境变化和人类干扰的缓冲性很弱。气候稍有变化，就会引起严重的干旱、洪涝等自然灾害。即使遇到中到大雨，缺乏森林植被调节缓冲地表径流能力的岩溶区极易形成地表径流和垂直渗漏，地表径流极易在低洼处积聚，造成暂时局域性涝灾，如 2002 年 7 月初，连江流域上游由于降大到暴雨，造成连州市、连南瑶族自治县、连山县共 36 个乡镇、17.2 万人受灾，1 人死亡，房屋 210 间倒塌，农作物受灾面积为 6490hm²，2002 年 8 月上旬，北江流域普降大到暴雨，造成特大洪灾，乐昌市区一片汪洋，最深达 5m（孔淑琼等，2005）。另外，石漠化地区植被稀少、土层薄或基岩裸露率高，地下漏斗、裂隙及地下河网发育，地表径流又能较快地汇入地下河系而流走，使河溪径流减少，井泉干枯，造成大面积的地表干旱。由于缺水少土，旱涝灾害频发，导致农业生态环境恶化，土地生产力大幅降低，出现"一方水土养活不了一方人"的窘境。

7.1.4　经济发展滞后，贫困现象严重

贫困是导致石漠化的重要根源之一，石漠化又加剧了贫困。长期以来，由于农业生产条件差，加上人口压力大，生产方式落后，产业结构单一，耕作粗放，广种薄收，使得粤北岩溶山区经济发展十分迟缓，形成了"人口增加→人地矛盾加剧→植被减少、退化→水土流失加重→石漠化→贫困"的恶性循环。粤北岩溶山区是广东省农村贫困面最广、贫困人口最多、贫困程度最深的地区。以 2004 年为例，粤北岩溶山区岩溶土地面积

比重大于 30%的阳山、乐昌、武江、乳源、英德、连州等县（市、区），人均国内生产总值为 5243 元、农民平均纯收入为 3228 元，与广东省平均水平相比，人均国内生产总值低 11 970 元、农民人均纯收入低 1137.9 元（姜丹玲，2008）。

7.2 石漠化治理策略与优化模式

7.2.1 石漠化治理思路

粤北岩溶山区是广东省生态环境最脆弱和经济最落后的地区之一，面临着人地矛盾突出、经济贫困、生存环境条件恶劣、区域可持续发展后劲不足等几大难题（黄金国等，2009）。在广东省的主体功能区规划中，已明确将粤北岩溶山区划为生态发展区域，确定了粤北岩溶山区作为全省生态屏障、水源涵养区、生态旅游示范区，以及人与自然和谐相处示范区的主体功能定位（叶玉瑶等，2012）。因此，粤北岩溶山区石漠化治理在指导思想上应全面贯彻落实科学发展观，将生态文明建设作为第一任务，紧紧围绕生态环境面临的突出矛盾和问题，正确处理治理、保护与开发的关系，统筹规划、分步实施，以自然环境条件和现状利用类型为基础，以稳定提高农地系统的生物生产能力和保持良好的生态环境效益为尺度，以控制水土流失、遏制石漠化、改善农业生态环境、实现可持续发展为目标，以科技为先导，保护、恢复和扩大植被覆盖为主要手段，以农村生态能源开发、小流域综合治理及移民搬迁、人口减载为辅助手段，以重点地区保护和治理为突破口，根据"适地适用"原则，将生物措施、工程措施、农艺措施、管理措施结合起来，处理好长远与当前、局部与全局的关系，因地制宜地实施农业综合开发，建立多目标、多层次、多功能的立体生态经济体系，以提高岩溶山区的自我"造血功能"，促进生态效益、社会效益与经济效益的协调统一。

7.2.2 石漠化治理对策

1. 系统规划，因地制宜地进行分区、分类治理

石漠化是岩溶过程与社会经济过程交叉作用的结果，石漠化治理是一项跨部门、跨行业的综合性、社会性很强的生态公益事业，是一项涉及千家万户、复杂艰巨的社会系统工程，同时又是一个渐进的过程（饶懿等，2004；王德炉等，2005）。因此，对粤北岩溶山区石漠化治理应进行系统、全面地规划，因地制宜地制订长期、中期、短期治理目标和不同级别、不同阶段的治理措施和操作性强的可行方案，分期分批实施。在治理过程中需结合不同区域的自然条件，重点治理坡耕地，防止水土流失，注意乔灌草结合多层配置，加强林地和陡坡地退耕改造，着力于地面绿化，增加水土保持与水源涵养林面积，大力发展绿色经济，改善贫困现状，控制人口数量，加大生态环保投入，逐步提高生态安全度。在治理方法上，应以大流域为依托，以小流域为单元，以乡、村、组为基础，系统规划，根据不同流域的自然、经济和社会条件，制定治理的规划和措施，合理确定农、林、牧各业用地比例，正确布设各项水土保持措施及实施顺序，将生物措施、工程措施、农耕措施、管理措施结合起来。生物措施主要是对 25° 以上的坡耕地要坚决退耕

还林还草,切实加强退耕还林和天然林保护,加快陡坡退耕还林还草的步伐,加大林草优选,增加植被覆盖度,发展市场畅销的经果林、药材等,推动林果业、畜牧业及药业的发展,壮大区域经济;工程措施主要是抓好山坡防护工程、山沟治理工程、山洪排导工程和小型蓄水用水工程建设,加大坡耕地改造与整治的力度,通过坡地改梯田,建拦水沟埂、水平沟、水平阶、鱼鳞坑、挡土墙、水窖等,改变小地形,将雨水就地拦蓄,减少坡面径流形成,对于 15°～25°的坡耕地应建设截流工程,辅以林草措施,在侵蚀沟道布设谷防、淤地坝,防止沟道的下切与扩张;农耕措施主要是以坡耕地合理利用和保水保土措施为重点,采取等高耕作、横坡耕种、垄沟种植,草粮、林粮间作,林草林灌套栽,埂坎经济带等不同栽培模式,把水土保持与农业产业化结合起来(黄金国,2007)。

2. 培育替代产业,降低农业人口比重,减轻农业人口对环境造成的直接压力

岩溶地区生态环境脆弱,土地人口承载力是相当低的,一般约为 150 人/km^2(苏维词等,2006)。目前,粤北岩溶山区部分镇、村的人口密度已远远超过这一限度,过多的人口已使土地不胜负荷,客观上加大了对农业水土资源的压力。要从根本上解决粤北岩溶山区人口压力大、农业人口比重高、退耕还林还草后复垦现象严重、经济贫困等一系列问题,必须在农村就业结构优化、替代产业培植和产业化经营等方面取得突破(林中衍,2004)。替代产业的培育可从以下方面着手,一是加强石漠化地区农村小城镇和市场建设,大力发展劳务输出和第三产业,以减轻农业入口对岩溶石漠化环境造成的直接压力;二是大力发展绿色产品加工业,如道地中药材产业化经营、牛羊肉系列产品开发和经果林系列产品开发等;三是利用当地丰富的洞穴、峡谷、石林等旅游资源发展洞穴探险、峡谷漂流、民俗风情游等特色旅游业。只有通过培植适合于石漠化地区地域特色的替代产业,才能从根本上缓解农业人口对土地的压力,降低生态负荷,为生态恢复提供必要的条件。

3. 加大不同类型区石漠化土地治理的试验示范工作力度

石漠化治理是一项复杂的社会系统工程,粤北岩溶山区不同石漠化区域的自然环境、生活方式、文化背景,以及经济发展水平存在较大的差异。因此,在开展石漠化综合治理时,应选择生态本底不同、社会经济基础各异的几种典型石漠化类型区进行试验示范开发,结合以往的治理经验,建立一批科技含量高、生态经济效益显著、易操作、示范辐射效应强的"精品工程"、"样板工程",如退耕地的林牧高效复合经营示范、立体农业示范、道地中药材的标准化规模化种植示范、高产优质改良草场示范、生态渔业示范、植被快速恢复示范等(黄金国,2002)。通过示范,总结成功模式,以点带面,促进石漠化治理与产业发展上一个新台阶。同时,要发展"公司+农户+基地+科技+订单"的经营新机制,积极推动相关产业的发展,调动和保护农民群众直接参与石漠化治理与生态重建的积极性,只有这样,才能推动石漠化的治理不断向前发展(黄金国等,2008)。

4. 多渠道筹集资金,建立投入保障机制

土地石漠化的综合治理需要大量资金,而当地经济比较落后,资金短缺限制了土地

石漠化治理的力度和步伐。一是，今后应建立以农民投劳为主，国家、地方、农户相结合的多层次、多方位的多元化资金投入机制。各级政府要按国家要求安排好配套资金，同时市、县、乡（镇）各级政府应把建设投资纳入各级财政预算，安排专项资金。二是，按照"谁投入、谁所有、谁受益"的原则，对适宜开发的石漠化土地采取对外承包、股份合作、拍卖、租赁招商等多样化的引资形式，以及税费减免等优惠政策。鼓励和吸引广大农民、企事业单位、私营业主等投入资金，进行石漠化土地的综合开发与治理。三是，应立足于小流域自然资源优势，以市场为导向，在小流域内建立"优质、高产、高效"的生态农业示范基地，通过综合治理与开发，增产增收，再从其中提取一定的资金，以形成滚动资金机制，增加石漠化治理的资金投入。

5. 优化农业生产方式，实现由传统农业向现代生态农业的转变

石漠化已成为粤北岩溶山区生态环境改善和农村经济发展的主要制约因素，石漠化的形成不仅有岩溶脆弱环境背景方面的自然原因，也有传统农业生产方式的直接和间接影响。岩溶地区人口密度大，地区经济贫困，群众生态意识淡薄，包括过度樵采、不合理的耕作方式、过度开垦、乱放牧等各种不合理的农业生产方式对土地资源形成掠夺式开发，进而导致水土流失、造成土地石漠化。多年来的石漠化治理侧重从生态的角度采取生物技术与工程措施，忽视了农业生产活动对生态的影响，因而治标不治本，效果不佳。因此，要想遏制石漠化，石漠化地区的农业经济必须转型，即从现有的以生存为目的、以种植业为主、以资源环境破坏为代价、以分散细碎方式组织生产的传统小农经济向以市场为导向、以保护生态环境为前提、以合理产业结构为载体、以专业化方式组织生产的现代农业转变，这样不仅有利于发展农业生产，促进农地资源的可持续利用，而且有利于农业生态环境的保护（刘肇军，2007）。根据粤北岩溶山区农地石漠化特点，可以发展的现代生态农业模式如下：①以沼气为生态农业发展的突破口、切入点和纽带，在发展以气代柴解决能源、减少对植被的破坏、促进生态恢复的同时，开发形成"猪—沼—果"的生态经济模式，通过对沼气、沼渣、沼液的综合利用，带动畜禽、水产、蔬菜、经济果木的发展；②利用石漠化山地牧草的适宜性强、容易取得成功的特点，改牲畜放养为舍养，通过大量种草来发展生态型畜牧业，也可把造林种草与养禽相结合，在林下或草地中养禽，形成养禽提高收入、禽肥促进林草生长的良性生态经济模式；③根据石漠化山地生态环境和土地类型，实行立体、多层生态经济模式，形成多层次特殊的土地资源利用形式，大力推行立体农林复合型、林果药为主的林业先导型、林牧结合型、牧农结合型、农牧渔结合型等模式的多目标混农林业复合生态型现代生态农业（罗林，2006）。

6. 加强宣传教育，提高群众的文化素质，形成意识—行为—生态—经济发展的良性

循环

粤北岩溶山区石漠化地区的生态恢复与重建是一项复杂的生态、经济和社会建设工程。民众的理解和参与，是搞好石漠化预防与治理的基础。因此，必须加强宣传教育工

作，通过提高文化素质、道德修养，树立新型的思维方式、生活方式和价值观，使广大山区农民充分认识到生态恶化的严重性和危害性，以及生态环境保护的重要性，树立起浓厚的生态意识和忧患意识，进一步增强对石漠化土地治理的紧迫感和责任感，使他们自觉主动地参加到保护和改善生态环境的活动中去，从而形成"意识—行为—生态—经济发展"的良性循环，保障生态重建，以及经济、社会可持续发展规划的实现（梅再美和熊康宁，2000）。

7. 采取特殊政策，扶持岩溶石漠化地区经济、社会、生态建设发展

粤北岩溶山区是广东省石漠化土地分布的核心区域，石漠化已成为当地首要的生态问题，成为灾害之源、贫困之因、落后之根。石漠化的存在不仅制约当地群众的生存状况和经济社会的可持续发展，而且对北江流域、西江流域、珠江三角洲及港澳地区的可持续发展和生态安全构成严重威胁，甚至影响到广东省国民经济可持续发展和社会主义和谐社会的构建。因此，各级政府应采取特殊政策，扶持粤北岩溶山区经济、社会、生态建设的协调发展。主要措施包括以下几个方面。

1）建立石漠化地区开发与保护专项基金，建立健全农村金融体系，增加财政转移支付规模，并使之制度化、长期性；

2）制定和落实好产业政策，扶持优势特色产业和农产品加工、旅游等龙头企业（公司）发展，加快推进岩溶石漠化地区经济发展；

3）健全有利于岩溶石漠化地区治理、开发和保护的法律法规体系并严格执法，依法开发和保护当地的自然资源；

4）加强区域发展规划，科学引导石漠化地区的综合治理、产业开发和生态环境建设，建立和完善规划实施协调机制，保持规划的稳定性和连续性，保证规划实施取得最佳效果；

5）强化领导干部目标责任制，把"防治石漠化，改善农业生态环境"作为领导干部考核的硬指标和政绩考核的主要内容，实行领导干部层层签订责任状，定期检查、验收。

7.2.3　石漠化治理的优化模式

根据粤北岩溶山区不同地貌类型自然条件和社会经济条件的差异，石漠化治理的优化模式可分为岩溶山区、岩溶高原石漠化防治与农业综合开发模式，岩溶丘陵、洼地石漠化防治与农业综合开发模式两大类。

1. 岩溶山区、岩溶高原石漠化防治与农业综合开发模式

岩溶山区、岩溶高原石漠化地区往往环境与资源条件较差，自然灾害频繁，这些地方通常难以用扩大现有技术条件下的生产活动来促使当地经济发展，生态环境恢复和重建是这一地区的主要任务，极重度石漠化与重度石漠化地区，一般岩石裸露率高、土壤很少、土层极薄，地表水极度匮乏，立地条件极差，应采取生态移民和封山育林的方法进行石漠化的治理；中度、轻度石漠化区域坡度>25°的坡耕地应实施退耕还林和人工造林，以营造生态公益林为主，经济林营造应结合当地农村产业结构调整，有计划地发展水果、中药材等经济树种,薪炭林营造应与农村生活能源需求相结合;半石山及部分条件相对较好的石山,经过局部整地,通过"栽针(叶)、留灌(丛)、补阔(叶)"或"栽阔、抚灌"的措施人工补植(聂朝俊和罗扬, 2003),补植树种主要有任豆(*Zenia insignis* Chun)、香椿[*Toona sinensis*(A. juss.) Roem.]、降香黄檀(*Dalbergia odorifera*)和竹类等。

岩溶山区、岩溶高原中度、轻度石漠化区域的农业综合开发可从以下四个方面进行:一是发展特色生态产业,种植任豆、阴香(*Cinnamomum burmanni*)、柏木(*Cupressus funebris* Edls.)、油桐(*Aleurites fordii*)、板栗(*Castanea mollissima* Blume.)、枇杷[*Eriobotryajaponica*(Thunb.)Lindl.]、猕猴桃(*Actinidia* sp.)等经济林、果和杜仲(*Eucommia ulmoides* Oliv.)、何首乌(*Polygonum multiflorum*)、黄柏(*Phellodendron amurense* Rupr.)、石斛(*Dendrobium nobile*)、金银花(*Flosjaponica*)、天麻(*Gastrodiaelata*)等地道中药材,发展食用菌,以及苗木、花卉来改善农民的经济收入状况。二是利用荒山草坡和灌丛,在人工种植优质牧草和银合欢(*Leucaena glauca*.)、肥牛树[*Cepha lomappa sinensis*(Chun et How)Kosterm.]等牛羊喜食的灌丛的基础上,发展食草节粮型畜牧业,但应尽快改变目前掠夺性经营方式,扭转超载、滥牧、草场退化趋势。同时,充分利用村寨附近缝隙地、荒坡地种植木薯等饲料作物,广辟饲料来源,发展家禽养殖。三是积极研究开发岩溶区植物资源,如调料、香料资源竹叶椒、桂花,油脂植物粗糠柴、石岩枫、檵木花椒簕、黄连木等,纤维植物五节芒、棕榈、苎麻等,药用植物海金沙、野菊花、黄荆、鸡血藤等。四是利用当地的瑶、苗等少数民族风情、森林公园、茶园等发展民俗风情旅游、森林生态旅游,以及茶园、花卉观光旅游,提高农民经济收入(图 7-1)。

2. 岩溶丘陵、洼地石漠化防治与农业综合开发模式

岩溶丘陵、洼地石漠化地区是粤北岩溶山区耕地资源的集中分布区,人口数量大,大多属传统农业区。极重度、重度石漠化区域的防治仍然应采取生态移民和封山育林的方式,中度、轻度石漠化区域石漠化的防治应在退耕还林和人工造林、提高植被覆盖率的同时,以生态农业型植被恢复为主,进行农业综合开发,以资源的合理配置与利用为条件,结合各区域自然资源的特点,实施以改土、配水节水为主的低产田改造工程、坡改梯工程、退耕还林还草工程、水利水保工程等,合理调整与配置农业产业结构,大力发展特色生态农业、食草型畜牧业、农林牧产品加工业和特色旅游业,从而实现岩溶山区生态恢复与区域经济可持续发展的统一(图 7-2)。

(1)特色生态农业

岩溶丘陵、洼地石漠化地区特色生态农业的发展主要有林(草)牧结合型、林果药为主的林业先导型、林果农复合型、猪沼果菜结合型等模式。耕地资源数量少质量差且分布零散,基本农田少,而荒山草坡面积大且集中连片,畜牧业有一定基础的乡镇,农业综合开发应以林(草)牧结合型生态农业模式为主,搞好退耕还林还草及水源涵养林和人工草地建设的同时,有计划、分步骤改革畜群结构和放牧方式,增加农民经济收入,最终步入林牧协调发展的道路。林果药为主的林业先导型生态农业模式的实施可围绕三个方面展开:一是在 35° 以上的石山、裸岩、旮旯地等难以利用的坡地及沿河一带,综

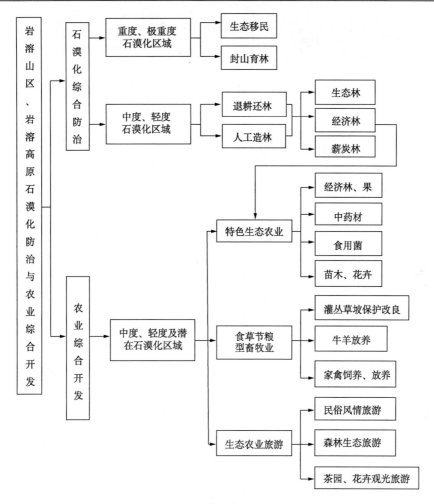

图 7-1　粤北岩溶山区、岩溶高原石漠化防治与农业综合开发模式

Fig.7-1　Model for rock desertification control and agricultural comprehensive development in Karst

mountainous area and plateau in northern Guangdong

合运用封、造、补措施，恢复植被，建造成生态防护林体系，在兼顾经济效益时侧重生态效益；二是在 25°～35° 坡耕地统一规划，有计划地种植适宜喀斯特地区生长的经济林，如香椿、漆树[*Taxicodendron vernicifiuum*（Stokes）]、猕猴桃、油桐、油茶（*Camellia oleifera*）、柿树（*Diospyros kaki* Thunb）、枇杷、桃（*Amygdalus persica*）、李子（*Prunus* spp.）等，在兼顾生态效益时侧重经济效益；三是利用当地中草药资源丰富的优势，大力发展中草药种植，如金银花、石斛、杜仲等，把中草药种植及产业化开发作为农村新的经济增长点来培植,引进技术和设备建立药材加工企业,逐步形成药材生产和加工基地。坡耕地面积较大，果业生产有一定基础的乡镇，应以林果农复合型生态农业模式为主，依据当地土壤、气候条件，在山体上部立地条件差、水土流失严重的地段或坡度较陡的山腰采取"封山、造林、退耕"，乔灌草结合，营造保持水土、涵养水源保护林，主要发挥生态效益，山腰坡度较缓的坡耕地种植经济果林，同时提高果园科学管理水平，使

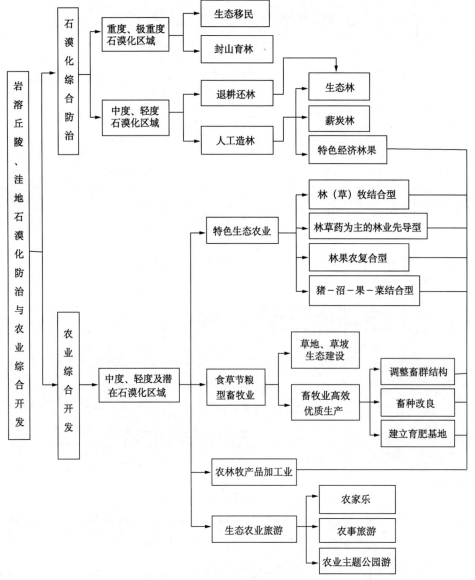

图 7-2　粤北岩溶丘陵、洼地石漠化防治与农业综合开发模式

Fig.7-2　Model for rock desertification control and agricultural comprehensive development in karst hill and depression in northern Guangdong

果树优质高产，增加农民经济收入，河谷两岸和山脚坡度较缓、土层较厚，可通过整平、连片、垒堰等措施，进行坡耕地改造，建成保水、保肥、保土的基本农田，改革种植制度，推广先进适用的农业生产技术，提高基本农田单位面积产量，优化农果投入比例，逐步形成农果业互为依托，相互促进的良性复合农业生态系统。此外，广大的岩溶丘陵、洼地石漠化地区还可以大力发展猪沼果鱼菜结合型的庭院生态经济；在城镇附近，有剩余劳动力的农户还可以充分利用靠近城镇的经济区位优势，种植蘑菇、菌类或反季节蔬

菜等来供应城镇居民，从而提高经济收入。

（2）食草节粮型畜牧业

岩溶丘陵、洼地石漠化地区湿润的气候条件极有利于牧草的生长，发展以牛羊为主的食草型畜牧业条件优越。在林草植被建设、恢复时期，限制牛、羊放牧并探索改放牧为舍饲的饲养方式，同时调整优化畜群结构，增加肉羊、肉牛比重，在一些人口密度相对较小，草坡草地面积比较连片集中的地区进行示点示范运作，总结经验，逐步推广，做到以草养畜，以畜养农，完善荒坡合理利用与保护和草场建设机制，大面积改良天然草场（刘艳华等，2007）；建设中期林草植被基本恢复后，应以草定畜，采取有效措施实现畜群结构、饲养方式、饲养目标、经营模式的转变，使畜牧业走上科学化、集约化、规模化、产业化发展的路子，逐步实现草地草坡建设和畜牧业发展互为依托，相互促进的良性循环，逐步建立育肥基地，为畜牧产品加工业的发展提供条件。

（3）农林牧产品加工业

岩溶丘陵、洼地石漠化地区农村经济的发展和农民经济收入大幅度的提高，必须要面向市场，把农林牧产品的生产、加工、销售等环节连成一体，形成有机结合、相互促进的组织形式和经营机制，通过改善产业结构，促进技术进步及提高经营水平，延长产业链，使资源产出率、劳动生产率和经济效益达到最优化（刘茂生和周述实，1999；赵文智和程国栋，2000）。根据粤北岩溶丘陵、洼地石漠化地区农林牧产品资源的现状优势，可选择以下三个方面作为农林牧产品工业发展的突破口：一是道地中药材加工，如杜仲、黄柏、石斛、天麻等系列产品开发，把中草药种植及产业化开发作为农村新的经济增长点来培植；二是建立牛、羊、生猪等生产基地，发展其加工业，提高农产品的附加值和市场竞争力，形成特色经济；三是某些有资源优势的经果林系列产品开发，如刺梨（*Rosa roxburghii*）、猕猴桃、香椿籽等，把资源优势转化为经济优势。

（4）生态农业旅游

粤北岩溶丘陵、洼地地区有丰富的旅游资源，如洞穴、峡谷、自然保护区、森林公园等自然风景点及少数民族风情，可发展洞穴探险、峡谷漂流、民风民俗游等，如九龙英西峰林走廊、洞天仙境、地下河漂流、英德宝晶宫、连州地下河等。同时，还可以以特色果品基地、特色蔬菜基地、特色养殖基地等为依托，发展休闲型观光农业，如农家乐、农事旅游、农业主题公园游等，通过旅游业发展推动第三产业的发展，提高当地农民的经济收入。

7.3　石漠化治理技术

7.3.1　不同强度等级石漠化土地的造林植草技术

1. 极重度石漠化土地的造林植草技术

极重度石漠化土地岩石裸露率在 90% 以上，土壤很少、土层极薄（2～3cm）且破碎化程度高、地表水极度匮乏，立地条件极差，这类土地基本不具备人工造林的条件。因此，对此类地段必须采取全面封禁的措施，通过封禁，利用岩溶山区有利的水热条件，促进植被自然恢复，依靠植被自然演替，从低等植物—草本植物—灌木—乔木，逐渐演替为自然乔、灌、草相结合的植物群落（李品荣等，2006；孟树标，2007），并逐渐促进土壤有效积累及肥力增加。封育的方式主要有三种，一是全封，即在封山时间内，整个封山地段禁止一切不利于林木生长的人为活动；二是半封，即在林木生长季节实行全面封山，其余时间在严格保护目标树种、幼苗、幼树的前提下，可以有计划地进行砍柴、割草、采集等活动；三是轮封，即为了协调农民对放牧、割草、采集等与森林植被恢复需求的矛盾，实行分片区轮流封山，一般情况下前 3～5 年封山初期适宜全封，5 年后可实行半封。

2. 重度石漠化土地的造林植草技术

　　重度石漠化土地区域一般坡陡、基岩出露率高达 70%～90%、植被覆盖率低，土地利用类型主要为石垄地和荒草地，基本丧失农业利用价值，属生态环境严重脆弱型土地。因此，应通过封山育林、人工造林与退耕还林等措施进行植被恢复。对于条件相对较差的地段，可经过局部整地，通过"栽针（叶）、留灌（丛）、补阔（叶）"或"栽阔、抚灌"的措施人工补植（播），再采取全面封禁措施；对于条件相对较好的地段应遵循"适树则树、适草则草"的原则，选用耐干旱瘠薄、喜钙、岩生、速生、适应范围广、经济价值较高的树种、灌木、藤和草种（如香椿、任豆、菜豆树、阴香、南酸枣等），采用种子点播或撒播、小苗或营养袋苗等方式造林，按鱼鳞坑整地、穴状整地或局部块状整地，坑穴大小依苗木或种子类型而定（乔灌木定植穴的规格一般为 40cm×40cm×30cm），无严格的株行距要求，合理密植（150～300 株/亩）。提倡冬春造林和雨季造林相结合，推广吸水保水剂、促根剂、节水技术等高新造林技术，形成乔灌草合理配置的良好生态系统（徐文梅等，2008；梁引库等，2008）。同时，对于坡度大于 25° 的坡耕地实施退耕还林，以营造生态公益林为主，经济林营造应结合当地农村产业结构调整，薪炭林营造应与农村生活能源需求相结合。同时，建立健全村（乡）规民约和封山育林保护公约，实现农村社区参与式发展。

3. 中度石漠化土地的造林植草技术

　　中度石漠化生态脆弱区的人为活动十分强烈，分布着大量的陡坡耕地，由于土层薄、植被覆盖度较低、土壤疏松（石灰土）且呈片状分布于石芽、石缝间，水土流失严重、自然灾害频繁。因此，在植被恢复过程中，应遵循"适地适用"的原则，以蓄水、治土、造林为核心，把生物措施、工程措施、耕地措施、管理措施等进行组装配套，强化资源与生态环境的合理保护与利用，加大天然林保护工程、退耕还林还草工程、坡改梯工程、水利水保工程的实施力度，重建以林为中心的复合农林牧生态系统（徐文梅等，2005；尚爱军，2008）。在实施退耕还林还草工程的过程中，应因地制宜地发展以经果林、竹、药、茶、草为主的立体型、生态型、经济型、复合型混农林业，使生态效益与经济效益相一致、短期效益与长期效益相一致，促进区域内社会和经济的可持续发展。造林树种可选用任豆、菜豆树、光皮树、阴香、柏木、南酸枣、川桂、香椿、天麻、杜仲、竹类、桃、李、梨、枇杷、枣、柿、板栗、柑橘等，要注重林灌草的立体配置及块状混交林的营建，实施林灌草生态群落配置。造林时不全面砍山、不炼山，以小生境片、面、点、坑、窝、沟、槽、谷等进行整地，提倡块状鱼鳞坑整地。定植穴大小依苗木或种子类型而定（一般规格为 40cm×40cm×30cm 或 50cm×50cm×40cm）；一般不设置严格的株行距，乔木一般采用 2m×2m 或 2m×3m 或 3m×3m 的株行距。积极推广造林地植被和造林穴表面覆盖技术，减少土壤水分流失或丧失，实行土壤保墒栽培，以提高造林成活率和保存率。造林可依据区域立地条件的不同而采用小苗或营养袋苗、切根苗上山，实行冬春造林和雨季造林相结合，大力推广节水、促根剂造林技术。同时，要加强造林地的抚育管理、施肥及病虫害防治等工作，实现森林的健康经营。

4. 轻度石漠化土地的造林植草技术

轻度石漠化生态脆弱区是粤北岩溶山区耕地资源的集中分布区，人口密集，大多属落后的传统农业区。土、水、肥及人地矛盾突出，低产田面积比重大，生产方式落后，生产力水平低下。因此，植被的恢复应根据山区坡面自然环境的垂直分布带特性，推行"山顶植树造林戴帽子、山腰坡改梯配置经果林拴带子、山下多种经营及生态农业铺毯子"，大力发展绿色产业、生态产业和"三高"农业，大力推行立体农林复合型、林果药为主的林业先导型、林牧结合型、牧农结合型、农牧渔结合型等生态农业模式（黄金国等，2009），通过土地的合理开发与利用和产业结构的调整，逐步建立经济可持续发展的生态保障系统，为石漠化土地的植被恢复创造必要的条件。造林时根据"适地适树"原则，选择耐旱、喜钙、速生、耐瘠薄的优良的经济植物（特别是一些乡土植物），还可选用香椿、姜、杜仲、桃、李、梨、枇杷、枣、柿、板栗、柑橘等配置植物。提倡块状鱼鳞坑整地或大穴规则整地。经果林种植行距、定植穴大小，以及有关生物工程技术应用等，可参照前述，恕不重复。

5. 潜在石漠化土地的造林植草技术

潜在石漠化土地的生境干燥、缺水、易旱，植被以具旱生性、耐钙喜钙性的种类为主（如香椿、山胡椒、竹叶椒等），生态脆弱，一旦破坏将难以恢复。其主要治理模式是封山育林与保护区建设、山区建设相结合。通过土地资源的合理开发利用、产业结构的合理调整、能源结构的调整，以及社会公众参与等技术手段，实现脆弱生态系统的恢复与平衡。通过各种措施促进植被自然恢复是主要手段，在适宜于自然恢复的地段，可利用区域内丰富的植物资源，通过保护使其实现自然植被的恢复。但自然演替过程中，种间竞争、选择、淘汰、优化所需时间长，为缩短演替周期，加速植被恢复，可适当采取一定的人工措施，如可以根据演替规律，通过补播、补植建群种、优势种，加快自然植被的演替过程，还可以通过增加自然群落与经济效益结合的植物种的数量，及恢复植被来提高经济效益；另外，还可以通过地表环境改善措施，如局部整地、割灌、除草等改善植物种子萌发条件和生长条件，通过间苗、定株、除萌，促进幼苗生长，调整林分种类组成、密度和结构，预防病虫害、森林火灾及人畜破坏，保障植被的正常恢复与生长（喻理飞等，2002；高贵龙等，2003；梅再美等，2004）。

7.3.2　水土保持技术

粤北岩溶山区水土保持技术主要是结合石漠化的防治，根据不同地貌部位、不同环境类型，采取相应的生物技术和工程技术，截断地表、地下流失的主要途径，发展水土保持水源林，改良土壤，可以提高生态环境调蓄水资源和保持水土的能力。

1. 水土保持生物技术

水土保持生物技术主要包括水土保持林的建设技术、水土保持植物篱技术、坡面植物梯化技术等。

（1）水土保持林的建设技术

根据不同地形和不同防护要求，以及配置形式和防护特点，水土保持林可细分为分水岭地带防护林、护坡林、护牧林、梯田地坎防护林、沟道防蚀林、山地池塘水库周围防护林和山地河川护岸护滩林等。水土保持林的建设应因地制宜、因害设防地采取（林）带、片、网等不同形式。山顶部位主要以发展水源涵养林，在封山育林的同时，人工配置多个树种，营造常绿落叶阔叶混交林，在混交林下部种植灌丛林带，形成林—灌—草立体群落结构；陡坡部位种植藤本常绿植物，尽量兼顾以采摘花果及嫩芽为主的经济型藤本植物，如金银花等；缓坡部位在修建多级水平沟的同时，沟埂外侧种植豆科类乔灌林带，内侧种植豆科类灌草，在满足种植需要的条件下，间隔一定距离适当留出一定宽度梯地，用作灌木林防护缓冲带，主要种植豆科类灌木，构成绿色篱笆；洼地或谷地严重石漠化地段或经常受水淹的低洼部位，种植任豆等豆科速生树，配套种植牧草，实施牧草+树的立体种植。水保林的建设顺序为牧草—藤本植物—灌、乔木，同时还应注意，水保林的建设以不破坏原有植被为前提，在石缝地或土层较薄的土地种植水保林时尽量减少动土，可采用营养钵育苗整体种入土壤，或采用种子、发酵后的有机肥、土壤混合物散播在土层表面，辅以适量的草、圈肥覆盖，水保林建设初期，以种植采集花、果、嫩芽的特色经济作物为主，农民易接受，易推广应用（蒋忠诚等，2011）。

岩溶地区的生物气候条件和造林地土壤条件都较差，水土保持林的营造和经营必须注意以下几点：①选择抗性强和适应性强的灌木树种，同时注意采用适当的混交方式；②在规划施工时注意造林地的蓄水保土坡面工程，如小平条、鱼鳞坑、反坡梯田等；③可采用各种造林方法，以及人工促进更新和封山育林等，造林的初植密度宜稍大，以利于提前郁闭。

（2）水土保持植物篱技术

植物篱水土保持技术是在坡地上一定间距种植草本或木本植物，以减少水土流失、保护坡地的技术。植物篱水土保持技术在坡地上应用不仅能防治水土流失、改善土质，还能增加收入，实现生态效益与经济效益。植物篱选择应考虑生物学特性、环境适应能力、植物功用、水土流失防止效果和增收效应，同时还应以本土物种为主，以有利于保持生物多样性和区域生态系统稳定。根据粤北岩溶山区的实际情况，可推广应用的植物篱有薜荔植物篱、裸露石芽植物篱、砌墙保土地埂植物篱、隔坡式植物篱等。

薜荔植物篱技术。薜荔（别名凉粉果、鬼馒头、木莲、凉粉子、木馒头），常绿藤本，攀附能力强，覆盖性好，适宜生长在裸露岩石上，繁殖能力强。在地埂内侧或外侧种植间距 20～30cm 的单行薜荔，2～3 年内即可将整个地埂表面覆盖，在裸露基岩表面的石缝、溶洞、溶孔等填充 0.5kg 左右的土壤，并且采用少量的混凝土砌块石拦住土壤，在填充的土壤中种植 1 棵或 2 棵薜荔植物，裸露基岩上的薜荔植物种植密度为每平方米的基岩面种植 2 棵或 3 棵（蒋忠诚等，2011）。这种植物篱成本低，操作简单，农户易接受，薜荔果可作凉粉及药用，具有较好的经济效益和生态效益。

裸露石芽植物篱技术。在裸露石芽表面的石缝、溶洞、溶孔等填充 0.5kg 左右的土壤，并且采用少量的混凝土砌块石拦住土壤，种植红背山麻杆，种植密度为每平方米的石芽面种植 4 棵或 5 棵，沿裸露石芽的周围土块种植金银花等常绿藤本植物覆盖，种植密度为每 $2m^2$ 石芽裸露面种植 1 棵（蒋忠诚等，2011）。

砌墙保土地埂植物篱技术。在水土保持砌墙保土地埂的内外侧，种植单行金银花等藤本植物，植物覆盖地埂，形成篱笆，种植间隔 80～100cm；在地埂内外侧种植象草、狼尾草等牧草形成篱笆。

隔坡式植物篱技术。在坡度较陡、梯级较多、采用块石垒砌的低等级梯形地，沿坡面向下，每隔 10～15m 的距离，选择相对狭窄的地块，沿等高线方向种植牧草、金银花等植物，形成条状植物篱笆（蒋忠诚等，2011）。

（3）坡面植物梯化技术

1）牧草+金银花的组合种植模式。岩溶石漠化区坡面土壤分布不连续，常被裸露石芽间隔，为充分合理利用土壤斑块中的水土资源，减少岩石裸露，改善植被+土壤+岩石组成的生态环境，采用牧草+金银花的组合种植模式，金银花靠土壤斑块的外侧单行种植，内侧种植牧草，利用金银花发达的根系拦水固土，利用其半常绿的匍匐藤覆盖土壤斑块外侧裸露岩石，改善岩面小气候环境，减少岩面径流对岩面土壤颗粒和土壤斑块的冲蚀，促进岩面地衣、藻类、苔藓、蕨类等植物群落的发育，种植 3 年以上的金银花就可以获得良好的效益。土壤斑块内侧种植牧草，一方面可以起到蓄水保土、改良土壤的作用；另一方面，通过牧草+畜+沼气+沼肥循环经济利用模式，当年就可获得良好的经济效益，以弥补金银花的长期经济效益，这种技术农民易接受，易向整个岩溶区推广（蒋忠诚等，2011）。

2）牧草+火龙果的组合种植模式。火龙果耐旱、耐瘠薄、种植技术简单、农民易掌握。但是，种植在石漠化严重的石缝地上，因夏季中午裸岩升温过高而影响火龙果产量。为了获得较高的生态经济效益，在石漠化中度以下的坡面上，设计牧草+火龙果组合种植模式，火龙果单行种植在土壤斑块内侧，外侧种植牧草。利用内侧裸岩作为火龙果攀岩的支撑，3 年后火龙果可挂果，此时火龙果的枝条刚好对内侧裸岩起到好的遮阴覆盖作用，外侧的牧草不仅在当年可以获得良好的经济效益，多年生牧草还具有较好的蓄水保土作用，与火龙果一起改善周围的小气候环境，促进岩面地衣、藻类、苔藓、蕨类等植物群落的发育,降低周围岩石夏季中午的温度,实现火龙果的高产,从而获得较高的生态效益及社会效益(蒋忠诚等,2011)。

2. 水土保持工程技术

水土保持工程措施是岩溶地区防治水土流失,保护、改良和合理利用水土资源,并充分发挥水土资源的经济效益和社会效益,建立良好生态环境的一项重要措施,它与水土保持生物措施同等重要,不能互相替代。

（1）坡面治理工程技术

坡面治理工程技术主要措施:①对于坡度较缓的坡耕地,清除石芽,采用浆砌块石作地埂,整理土地成水平梯地;②在石缝地土壤斑块周围基岩面采用浆砌块石修建小型截水沟;③从垭口到洼地修建排水沟,排水沟大小视汇水面积及降水量大小而定,沟壁采用浆砌块石,沟底只需敲掉突出的石芽整平即可;④沿排水沟向下,在自然跌水部位及与截水沟相交部位修建沉沙池,沉沙池内径约为1m;⑤在坡面陡坡与缓坡转换部位,梯形地与耕地交汇部位,修建截水沟,截水沟材料同排水沟;⑥在截水沟较低部位修建小型蓄水池或水窖,单个蓄水池容积为10~30m^3,单个水窖容积为8~10m^3,均可采用混凝土盖板盖顶,减少水分蒸发,在水流进蓄水池或水窖之前修建内径1m的沉沙池;⑦在土坡覆盖相对连续的坡面汇水地形自然转换部位修建多级拦沙坝或谷坊,采用浆砌块石结构;⑧在季节性或降水后短暂排水的表层带泉水集中排水口修建蓄水池,蓄水池因水量大小而定,单个容积大小控制在30~100m^3(蒋忠诚等,2011)。

（2）洼地（谷地）治理工程技术

洼地（谷地）治理工程技术主要措施:①洼地沿降水径流沟,修建排水沟,沟底尽量挖深见基岩,清除沟底石芽,保持沟底水力坡降为5%~8%,沟壁采用浆砌块石,高出地面30~50cm;②对于汇水面积较大的洼地(谷地),在洼地(谷地)底四周,修建排水沟,并与下山排水沟正交,最终排入落水洞,沟深以尽量深挖,依据最大汇水量设计沟深、沟宽;③在物探的基础上,清理堵塞落水洞的泥沙与碎石,并挖土石扩充落水洞口,以水泥沙浆砌石筑成近圆形洞壁,洞口大小视最大来水量而定,洞壁高出地面30~50cm,沿洞口外侧种植灌草隔离带;④排水沟水进入落水洞前,距离落水洞5~10cm处修建沉沙池和拦枯枝落叶网,沉沙池大小视汇水量大小而定,通常长、宽各2m,深度尽量大于2m或见基岩面;⑤在自然汇水沟近洼地(谷地)部位修建拦水(沙)坝,防止水流冲蚀洼地耕地;⑥对于尘土地耕地面积超过100亩的大型洼地,在上述措施无法解决涝灾的情况下,考虑修建排水隧道,将洼地积水排到洼地系统以外,来达到治理目的(蒋忠诚等,2011)。

7.3.3　土地整理技术

土地整理是一项以提高耕地质量、增加耕地数量、改善农村生产生活环境、提高土地水土保持能力等为直接目的的系统工程。粤北岩溶山区的地质生态特点决定了其具有与非岩溶地区不同的土地资源特点：①以石山坡地为主的土地资源结构，水土分离、协调性差；土层普遍浅薄且不连续，地块分散面积小，陡坡耕地过大；土壤侵蚀严重，且发生逆向演替；中低产田土比重过大，田少土多，耕地质量差，土壤养分和水分普遍存在限制因子。②植被生长缓慢、覆盖率低，植被逆向演替，保水保土能力差，形成湿润气候条件下的干旱-岩溶性干旱；由气候、地质、地形、土壤因素决定的以旱涝灾害为特征的生态灾害频繁，水土流失和石漠化问题严重。因此，积极开展土地整理工作，对增加耕地数量、提高水土保持能力、改善农民的生产生活条件和保护农业生态环境等都具有重要的现实意义。根据粤北岩溶山区土地资源的特点，土地整理主要有以下几个方面。

1. 不同地貌部位的土地整理技术

（1）上坡部位土地整理

上坡部位通常坡度陡，土壤极缺，只在石缝中见少量土，一般配置为生态用地，土地整理主要是封山育林，或见缝插针，或采用客土人工造林恢复植被。造林整地采取的措施如下：①石缝（石窝）土壤造林，首先采用浆砌块石或混凝土料石混合物堵住土壤可能流失的岩石裂缝或缺口，砌体厚为 5～10cm，在土壤周围有明显岩面产流冲蚀的岩面砌筑小型截流沟，截流岩面产流排出；②造林时尽量少扰动原位土壤，种树浇水后即可采用草、圈肥、秸秆等有机肥覆盖 5cm 厚；③在无土的裸露基岩地段，采用客土填充溶窝、溶槽、岩石裂缝等溶蚀空间，或者爆破坑填充客土造林，爆破坑面积大小为 0.5～1m^2，深为 30～50cm；④为减少爆破震动影响，爆破坑宜在所有造林整地工作之前完成，要求采用小规模爆破；⑤在填充客土之前，采用浆砌石堵住坑内大的裂缝和缺口，采用碎石堵塞细小裂缝，底层垫上草、秸秆、圈肥等有机肥后，填充客土，土层厚大于有 20cm，植树后用有机肥覆盖土表（蒋忠诚等，2011）。

（2）中坡部位土地整理

中坡部位坡度相对较缓，但大多仍大于 25°，通常优化配置为生态用地或农用地，农用地以园地、草地、生产性林地为主。优化配置为生态用地和生产性禁地的土地整理方法同上；生产性林地内可种植多年生牧草，实现林+草立体种植，种植方式主要有两种：一是在土壤斑块中间预留内径 50cm 左右的空地覆盖有机肥，围绕空地四周种植牧草，1～2 年后再在空地上植树；二是在土壤斑块四周种植藤本植物，中间种植多年生牧草。优化配置为园地和牧草的土地，土地整理措施如下：①石漠化中等的土地，土地整理前沿坡面向下，每间隔 5～8m 沿等高线方向修建梯形地地埂，地埂高为 50～100cm，建成坡式梯地，在地埂内侧种植宽 50cm 左右的牧草、灌木、藤本植物条带，用作植物篱笆；②待植物篱笆基本形成后，爆破清除地块内的石芽、碎石，依据地形起伏特点，归并地块，分段采用浆砌块石建设梯形地，回填客土，平整土地；③回填客土前，用碎石垫底，铺上秸秆等有机肥；④小于 1m^2 的土壤斑块作园地时，爆破取石扩穴至大于 1m^2，碎石垫底，铺上秸秆等有机肥，回填客土；⑤岩石裸露率高，难以客土整地的石缝地地段，采用浆砌块石堵塞大的裂缝及缺口后，种植类似金银花的藤本植物覆盖裸岩；⑥园地四周及果树（茶树等）间隔空地上，距离果树 50cm 种植牧草（蒋忠诚等，2011）。

（3）下坡部位土地整理

下坡部位坡度较缓，大多小于 25°，土地整理优化配置主要为耕地、园地、牧草地。配置主要为园地、牧草地的土地整理可参照中坡部位的土地整理，配置为耕地的土地整理可实行坡耕地梯化。

（4）洼地（谷地）土地整理

洼地（谷地）一般土地水肥条件较好，但旱涝灾害频繁，主要优化配置为耕地，对于淹水时间短、短期内无法治理的低洼部位，配置为园地和牧草地，土地整理主要是清除石碴、石芽归并地块，平整土地，建设排灌渠系和田间道路，改良土壤（蒋忠诚等，2011）。

2. 坡改梯工程技术

坡改梯工程主要是对缓坡地沿等高线修筑阶梯式梯地，按照地形变化，大弯就势，小弯取直，修筑各种类型的梯地。坡耕地梯化主要是针对坡度小于 25° 的坡耕地进行。对于强度石漠化坡耕地采用牧草或饲料灌木建设坡式耕地，中度石漠化坡耕地改造成隔坡梯地，轻度石漠化坡耕地整理成水平梯地，水平梯地设计时，设计梯级间高差为 1～2m，梯地水平宽度分大于 2.5m 和小于 2.5m 两种，沿等高线分段修筑石坎梯地。对于宽度小于 2.5m 的梯地或石旮旯地，清除地块内面积小于 1.5m^2 的石芽及碎石，保留面积大于 1.5m^2 的石芽，但石芽四周种上类似金银花等藤本植物覆盖石芽，人均耕地小于 0.4 亩的区域，优先设计为旱作耕地，人均耕地大于 0.4 亩的区域，优先设计为药材、林果、茶园梯地或牧草梯地；梯地内大于 2.5m 的梯地，尽量清除地块内碎石块和石芽，回填客土补坑，整理成水平梯地，根据用途设计为旱作梯地、经济作物梯地。

坡耕地梯化工程中，整个坡面的梯地逐台从下向上修，将地坎修好后，在靠近梯埂内侧留出约 10cm 的宽度，梯埂内侧从下往上，沿等高线方向，随梯埂弯曲方向，结合分层挖沟法改良土壤，去除碎石和石芽用作梯坎修筑材料，以 300kg/100m^2 的比例混硅质沙土，平整土地（蒋忠诚等，2011）。

3. 平整土地工程技术

岩溶区平整土地主要是针对岩溶洼地或岩溶谷地中坡度小于 8° 的耕地、中轻度石漠化耕地。对洼地底坡度小于 8° 的耕地、乱石缝地，根据土层厚度，在不破坏土层主要基岩面的前提下，去除碎石和石芽，回填客土，以 300kg/100m^2 的比例混硅质沙土，平整土地，局部低洼地段以秸秆、绿肥、有机肥垫底，表层盖土，总体整理高效旱地；面积小于 5 亩的小型洼地，调整各地块的权属，尽量整理成单块面积大于 1 亩的土地，在允许的条件下将整个洼地底整理成一块土地，洼地四周沿山脚结合排水沟，排水沟采用浆砌石，剖面宽深均为 20cm，土地权属调整困难需分割成多个地块时，清除各石块间的石坎，以宽约 20cm 的牧草带分割各地块；面积大于 5 亩小于 100 亩的中型洼地，结合排水工程尽量沿洼地中间修建连接落水洞与汇水沟的排水沟，排水沟剖面内径宽深均为 50cm（蒋忠诚等，2011）。

7.3.4　水资源开发及其高效利用技术

1. 表层岩溶水资源开发技术

粤北岩溶山区表层岩溶带广泛分布，在不同的地段或不同的地貌部位分别构成具有不同类型的表层岩溶水系统。因此，对不同类型表层岩溶水系统水资源的利用，宜采用不同的水资源开发方式。

洼地水柜山塘蓄水。水柜山塘蓄水技术主要是在洼地周边山坡或坡脚地带的有利部位筑建水柜或在洼地底部的低洼处修筑山塘，以蓄积出露于洼地周边山坡或坡脚地带的表层岩溶水，供零星散布于峰丛洼地区洼地内居民饮用和农作物浇灌。

山腰水柜蓄水、管渠引水。在峰丛山坡中上部地段，经常有表层岩溶泉，修建山坡水柜可在表层岩泉附近积蓄表层岩溶域的水资源，并通过配套的管渠系统将水资源输送到供水目的地。对岩溶石山区的大型岩溶洼地或坐地范围内流量较大，出露位置较高且距供水目的地较远的表层岩溶泉水，采用水柜蓄水、管渠引水的水资源开发技术可取得较好的效果。

山麓开槽截水、水柜山塘储蓄、管渠引水。山麓开槽截水、水柜山塘储蓄、管渠引水技术是在岩溶石山地区山体坡麓地带散流状表层岩溶水系统，采取开挖截积水槽聚积表层岩溶水资源，同时修建水柜或山塘进行储蓄，并配套管渠系统将水资源输送到供水目的地。

泉口围堰、管渠引水。泉口围堰、管渠引水技术是在泉域范围内植被土壤覆盖好、流量动态变化较小、出路位置较高的表层岩溶泉口，采取围堰的方式，并通过配套管渠系统将水资源直接输送到供水目的地。

洼地底部人工浅井。人工浅井技术是在宽缓洼地或谷地边缘地底部、表层岩溶带发育较均匀且表层岩溶水资源较丰富的部位，采用人工开挖浅井，并配套小型提水设备对表层岩溶水资源进行开发（蒋忠诚等，2011）。

2. 地下水开发技术

粤北岩溶山区发育分布着众多的地下河，地下水资源开发潜力大。由于不同的地下河系统开发利用条件存在很大的差别。因此，对不同类型地下水资源的利用，应采用不同开发技术。

高位地下河出口引水。粤北岩溶山区地下河出口位置通常较高，具有自流引水的有利条件，高位地下河出口引水技术主要利用高于供水目的地的地下河出口，地下河出口处围堵后利用天然落差进行自流引水，用于居民生活、发电及农田灌溉等不同供水目的。

地下河天窗提水。地下河天窗提水技术主要是利用地下河天窗建设有一定扬程的提水泵站抽取地下水，并在比供水目的地高的有利部位修建蓄水设施，配套输水管、渠系统，利用蓄水设施与供水目的地的高差以自流引水的形式将水输送到供水目的地，作为当地居民生活、农田灌溉用水。

地下河堵洞成库。地下河堵洞成库技术主要是在地下河道中寻找合适部位建地下坝（堵体）堵截地下河，利用地表封闭性好的岩溶洼地为库容蓄水或抬高水位，用于发电或供水。在峰丛洼地区大多为封闭性较好的岩溶洼地，洼地底部常有地下河相通的消（落）水洞或天窗，在地下河中的有利部位建地下坝（堵体）堵截地下河，并利用地表岩溶洼地蓄水成库，可取得较好的效果。

地下河出口建坝蓄水。地下河出口建坝蓄水技术主要是利用地下河出口附近下游河谷地段的有利地形作为市库区，在适宜筑坝的有利部位构筑水坝进行蓄水并抬高水位后，引水发电或供下游地区各种不同用水目的的使用。

地表与地下联合水库。建设地表与地下联合水库是岩溶地区地下河水开发的一项较为有效的技术。主要是利用岩溶谷地的地表空间和地下岩溶空间共同作为蓄水空间，在一些由地下河补给的河流，尤其是在明暗交替的伏流中，在地下河段堵截，利用上游的地表河槽、谷地及伏流管道等地下岩溶空间作库蓄水，构建地表与地下联合水库，提高地下河水资源利用率。

岩溶地下水联合开发。岩溶石山区常发育着一些穿越不同地貌类型的大型地下河，通常表现为地下河的上游段主要流经峰丛地区，而中下游段主要流经峰丛谷地或峰丛盆地，最终流出峰丛峡谷或以地下河的形式大落差地流入分割高原面的深切峡谷河流。对这种类型的地下河，采用联合开发技术对其水资源进行分段开发可获得更好的效果。通常是在上游段采用天窗提水技术进行开发，在中下游段采用拦坝引水或泵站提水等技术进行开发，而在地下河出口附近采用筑坝建库的技术进行开发，以求分散、多模式地利用地下河水资源和提高地下河水资源的利用率（蒋忠诚等，2011）。

3. 岩溶水资源高效利用技术

粤北岩溶山区虽处于我国降水较多的区域，但由于降水时空分布不均，农业的季节性、区域性干旱缺水问题十分突出，可利用水资源短缺，水土资源配置失衡已成为当地农业发展的主要制约因素。因此，开源和节流并重，结合工程技术、生物技术、农耕技术等"三大措施"，抓好水源—输水—灌水—保水等"四大环节"，逐步建立和完善农艺、生物、工程和管理等综合节水技术体系，因地制宜地推广多种形式的节水高效农业技术和配套措施，是粤北岩溶山区农业生产带有方向性、战略性的重大问题。

节水高效农业的关键在于高效节水技术体系的构建，现阶段粤北岩溶山区节水农业的发展应根据各地区不同的自然地理特征、水源条件，以提高灌溉水的利用率、单方灌溉水的产粮数和单位降水量的生产力为中心，在优化种植结构、选育有本地地域特色的耐旱耐瘠薄、低耗水、高效、优质、高产的新品种的基础上，从节水机理、节水关键配套技术、成套节水技术的组装集成等全方位出发，强调各种节水技术的综合，寻求多种农业节水技术的最优配置，形成一套综合的，由节水栽培、节水灌溉、节水管理有机结合的节水农业高效持续发展综合技术体系（表 7-2），从而达到提高水资源利用效率的目的。

表 7-2　节水农业高效持续发展综合技术体系

Tab.7-2　Comprehensive technical system of water-saving agriculture efficient sustainable development

项目	主要内容	具体措施
节水栽培技术体系	抗旱节水品种，农田覆盖，少耕免耕，节水增产栽培，化学节水，以肥调水，农业结构调整	抗旱节水品种选育与引进、地膜覆盖、耙糖保墒、抗旱剂、保水剂、种子包衣技术、调整物复秧比等
节水灌溉技术体系	节水灌溉制度，节水输水系统，节水灌水技术	确定作物最适宜的灌溉时间、灌水次数和灌水量；推广渠道防渗工程和低压管道输水；改进地面灌水，发展喷滴、微灌等新技术；高效型多水源联灌技术等
节水管理技术体系	节水灌溉的宏观管理、微观调控；节水方案的制订；配水调度的优化；节水灌溉的科学评估；精确灌溉技术的研究；节水观念的树立	分层管理；成本核算，计价征费；灌区水量优化调度；灌溉动态配水；节水农业的科学论证、系统规划；节水潜力、效益评估；节水宣传教育等

参 考 文 献

高贵龙, 邓自民, 熊康宁, 等. 2003. 喀斯特的呼唤与希望. 贵阳: 贵州科技出版社.

黄金国. 2002. 粤北山区农业生态环境问题与综合整治战略. 水土保持通报, 22(1): 72～75.

黄金国. 2007. 粤北岩溶山区水土流失现状与治理对策. 水土保持研究, 14(5): 73～75.

黄金国, 李森, 魏兴琥. 2008. 粤北岩溶山区土地石漠化治理与农业综合开发模式研究. 中国沙漠, 28(1): 39～43.

黄金国, 李森, 魏兴琥. 2009. 粤北岩溶山区石漠化土地综合治理模式及实施途径. 西北林学院学报, 24(5): 171～175.

姜丹玲. 2008. 广东省岩溶地区石漠化分布特性与防治对策分析. 广东林业科技, 24(2): 109～114.

蒋忠诚, 李先琨, 胡宝清, 等. 2011. 广西岩溶山区石漠化及其综合治理研究. 北京: 科学出版社.

孔淑琼, 陈慧川, 支兵发. 2005. 粤北岩溶区的石漠化及其治理对策探讨. 污染防治技术, 18(4): 19～22.

李品荣, 陈强, 常恩福, 等. 2006. 滇东南石漠化地区封山育林前后群落生态学特征比较. 西北林学院学报, 21(5): 7～10.

梁引库, 傅明星, 李雷权, 等. 2008. 汉中水源涵养林建设探讨. 西北林学院学报, 23(5): 198～200.

林中衍. 2004. 广西岩溶地区石漠化生态经济治理模式. 广西师范学院学报: 自然科学版, 21(2): 34～37.

刘茂生, 周述实. 1999. 黄土地上的绿色希望. 兰州: 兰州大学出版社.

刘艳华, 宋乃平, 王磊. 2007. 黄土高原地区退耕还林还草模式案例研究. 中国沙漠, 27(3): 419～424.

刘肇军. 2007. 农业经济转型与喀斯特山区石漠化防治. 福建师范大学学报(哲学社会科学版), (4): 75～78.

罗林. 2006. 毕节地区石漠成因及防治途径. 中国水土保持, (6): 15～17.

梅再美, 王代懿, 熊康宁, 等. 2004. 不同强度等级石漠化土地植被恢复技术初步研究——以贵州花江试验示范区查尔岩试验小区为例. 中国岩溶, 23(3): 253～258.

梅再美, 熊康宁. 2000. 贵州喀斯特山区生态重建的基本模式及其环境效益. 贵州师范大学学报(自然科学版), 18(4): 9～17.

孟树标. 2007. 河北坝上地区土地荒漠化现状及生物对策研究. 西北林学院学报, 22(5): 222~225.

聂朝俊, 罗扬. 2003. 浅谈贵州省石漠化治理的基本思路和对策. 贵州林业科技, 21(3): 62~65.

饶懿, 况明生, 李林立, 等. 2004. 西南岩溶山区石漠化成因及其农业生态恢复对策. 广西师范学院学报
　　(自然科学版), 21(4): 62~65, 71.

尚爱军. 2008. 黄土高原植被恢复存在的问题及对策研究. 西北林学院学报, 23(5): 46~50.

苏维词, 杨华, 李晴. 2006. 我国西南喀斯特山区土地石漠化成因及防治. 土壤通报, 7(3): 447~451.

王德炉, 朱守谦, 黄宝龙. 2005. 贵州喀斯特石漠化类型及程度评价. 生态学报, 25(5): 1057~1063.

徐文梅, 李亚妮, 廉振民. 2005. 陕北黄土高原退化生态系统的恢复与重建. 西北林学院学报, 20(3):
　　23~25.

徐文梅, 李亚妮, 廉振民, 等. 2008. 北洛河流域退化植被的生物恢复措施. 西北林学院学报, 23(5):
　　51~54.

叶玉瑶, 张虹鸥, 陈静, 等. 2012. 山区县生态发展的路径探索——以广东省阳山县生态发展规划为例.
　　热带地理, 32(1): 59~65.

喻理飞, 朱守谦, 祝小科, 等. 2002. 退化喀斯特森林恢复评价和修复技术. 贵州科学, (1): 7~13.

曾士荣. 2009. 粤北连江流域岩溶石山地区干旱缺水成因及防治. 科技创新导报, (28): 126.

赵文智, 程国栋. 2000. 人类土地利用的主要生态后果及其缓解对策. 中国沙漠, 20(4): 369~373.

附　　图

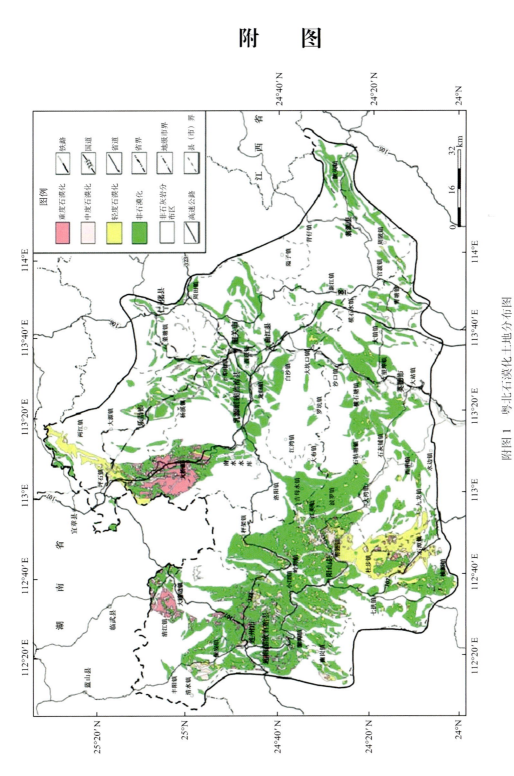

附图 1　粤北石漠化土地分布图

Fig.1　Rocky desertification land distribution map in north of Guangdong province

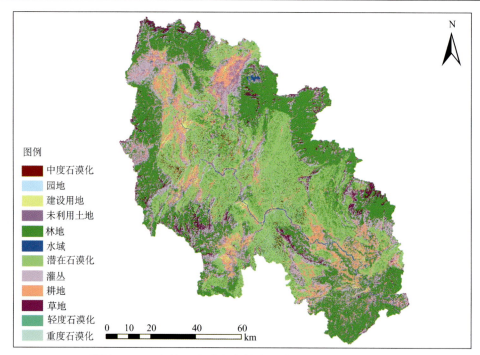

附图 2　1988 年连江流域土地利用/覆盖及石漠化土地分布图

Fig.2　Spatial distribution of rocky desertification lands in Lianjiang in 1988

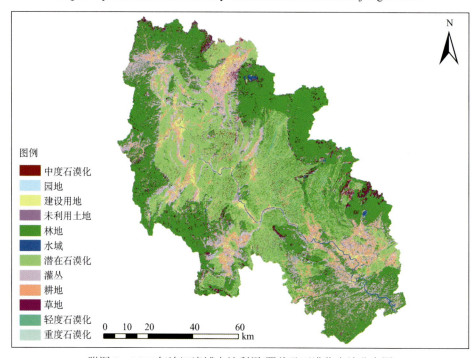

附图 3　2013 年连江流域土地利用/覆盖及石漠化土地分布图

Fig.3　Spatial distribution of rocky desertification lands in Lianjiang in 2013

附图4　极重度石漠化土地（魏兴琥摄）

Fig.4　Very severely rocky desertified land

附图5　重度石漠化土地（魏兴琥摄）

Fig.5　Severely rocky desertified land

附图6　中度石漠化土地（魏兴琥摄）

Fig.6　Moderately rocky desertified land

附图7　轻度石漠化土地（魏兴琥摄）

Fig.7　Slightly rocky desertified land

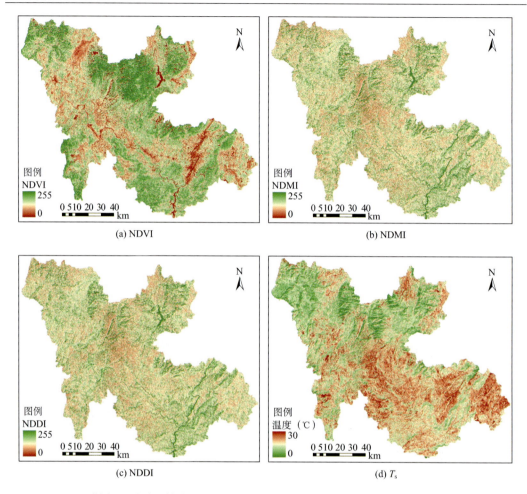

附图 8　试验区植被指数、湿度指数、退化指数和地面温度空间分布图

Fig.8　Spatial distribution of NDVI, NDMI, NDDI and T_s in study area

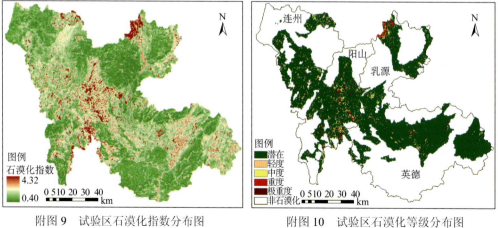

附图 9　试验区石漠化指数分布图　　　　附图 10　试验区石漠化等级分布图

Fig.9　Distribution of rocky desertification index　　Fig.10　Distribution of rocky desertification grades

附图 11　黄花镇石漠化调查样地地貌景观（魏兴琥摄）

Fig.11　Geomorphological landscape of sample field in Huanghua Karst area

附图 12　轻度石漠化样地（陆冠尧摄）

Fig.12　Slightly rocky desertified land

附图 13　中度石漠化样地（陆冠尧摄）

Fig.13　Moderately rocky desertified land

附图 14　重度石漠化样地（陆冠尧摄）

Fig.14　Severely rocky desertified land

附图 15　极重度石漠化样地（陆冠尧摄）

Fig.15　Very severely rocky desertified land

附图 16　人工降水模拟试验（陆冠尧摄）

Fig.16　Artificial simulation rainfall test

附图 18　中度石漠化土地模型（陆冠尧摄）

Fig.18　Model of moderately rocky desertified land

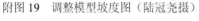

附图 19　调整模型坡度图（陆冠尧摄）

Fig.19　Adjusting the slope of model

附图 17　过滤土壤（陆冠尧摄）

Fig.17　Filtering soil

附图 20　地下水采集（陆冠尧摄）

Fig.20　Groundwater collection